高等职业教育土木建筑类专业新形态教材

建筑应用文写作规范与实务

（第2版）

主　编　唐元明　徐友辉
参　编　陈兴帮　汪静然
　　　　谭一心　李　静

北京理工大学出版社
BEIJING INSTITUTE OF TECHNOLOGY PRESS

内容提要

本书系统介绍了建筑应用文写作基础知识、党政公文和机关事务文书写作相关知识，并对常见应用文文种进行了范例剖析。书中重点介绍了建筑工程招标投标文件、建筑合同文书、建筑工程日志、技术交底文件、工程变更单、建筑纠纷起诉状与答辩状、建筑工程验收文书，对其含义、特征、格式、写作要求均作了比较详细的分析，并提供了例文及例文简析。每章之后都设计了实训演练，不仅给学生提供了写作样板，还能帮助学生将理论及时消化并运用于写作实践中。

本书专业性突出、可操作性强，可作为高职高专院校建筑工程技术等相关专业的写作教材，也可供建筑工程从业人员参考使用。

图书在版编目（CIP）数据

建筑应用文写作规范与实务 / 唐元明，徐友辉主编. —2版. —北京：北京理工大学出版社，2019.7（2022.1重印）

ISBN 978-7-5682-7316-9

Ⅰ.①建…　Ⅱ.①唐…　②徐…　Ⅲ.①建筑业－应用文－写作－高等学校－教材　Ⅳ.①TU

中国版本图书馆CIP数据核字（2019）第157294号

出版发行 / 北京理工大学出版社有限责任公司
社　　址 / 北京市海淀区中关村南大街5号
邮　　编 / 100081
电　　话 / （010）68914775（总编室）
（010）82562903（教材售后服务热线）
（010）68944723（其他图书服务热线）
网　　址 / http://www.bitpress.com.cn
经　　销 / 全国各地新华书店
印　　刷 / 北京紫瑞利印刷有限公司
开　　本 / 787毫米×1092毫米　1/16
印　　张 / 17.5
字　　数 / 414千字
版　　次 / 2019年7月第2版　2022年1月第3次印刷
定　　价 / 45.00元

责任编辑 / 王俊洁
文案编辑 / 王俊洁
责任校对 / 周瑞红
责任印制 / 边心超

图书出现印装质量问题，请拨打售后服务热线，本社负责调换

第2版前言

目前高职高专院校建筑工程技术等相关专业开设“建筑应用文写作”课程的并不多，有的院校甚至从未开设过，但在对建筑单位、企业的调研中，我们发现实际工作中非常需要能规范写作建筑应用文、制作填写相关表单的人才。为此，我们组织编写了《建筑应用文写作规范与实务》一书，以期解决建筑行业对高质量人才的需求与人才培养不足之间的矛盾。

本书具有专业性突出、可操作性强等特点，参加编写的人员都具有较丰富的教学经验，有的还有一定的建筑从业经历，他们在教学和实际工作中接触的典型案例为本书提供了新颖、生动的材料。书中的“案例分析”为学生提供了范例，“实训演练”注重培养学生分析问题、解决问题的能力。本书的编写充分体现了“基于工作过程”的理念，从招投标到各类合同，从施工日志、技术交底到工程验收，从建筑纠纷到房屋产权，几乎涵盖了工程建设过程的所有环节，并以此体现其与众不同的特色。

本书共分为九章，由四川职业技术学院唐元明、徐友辉担任主编并统稿，四川职业技术学院陈兴帮、汪静然、谭一心、李静参与了本书部分章节的编写工作。具体分工如下：唐元明编写第一、二、三章，陈兴帮编写第四章，谭一心编写第五章的第一、二、三、五节，李静编写第六、七章，徐友辉编写第八章，汪静然编写第五章的第四节和第九章。

在编写过程中，我们参考了有关论著、教材及建筑类专业书籍，在出版过程中，得到了北京理工大学出版社的大力支持和帮助，在此表示诚挚的谢意！

由于编者水平有限，本书难免有不妥之处，敬请读者批评指正，以便改版时改进和提高。

编　者

第1版前言

目前高职高专院校土建专业中开设“建筑应用文写作”课程的并不多，有的院校甚至从未开设过。但在对建筑单位、企业的调研中，我们发现实际工作中非常需要能规范地写作建筑应用文、制作填写相关表单的人才。为此，我们组织编写了《建筑应用文写作规范与实务》一书，以期解决建筑行业对高质量人才的需求与人才培养不足之间的矛盾。

本书具有专业性突出、可操作性强等特点，参加编写的人员都具有较丰富的教学经验，有的还有一定的建筑从业经历，他们在教学和实际工作中接触的典型案例为本书提供了新颖、生动的材料。本书中的“案例分析”为学生提供了范例，“实训演练”注重培养学生分析问题、解决问题的能力。本书的编写充分体现了“基于工作过程”的理念，从招标投标到各类合同，从施工日志、技术交底到验收，从建筑纠纷到房屋产权，几乎涵盖了整个建筑工作过程的所有环节，并以此体现出了其与众不同的特色。

本书共分九章，由唐元明副教授、徐友辉教授担任主编并统稿，四川职业技术学院王金星教授负责主审。具体分工如下：四川职业技术学院唐元明老师编写第一、二章，四川职业技术学院彭艳老师编写第三章，四川职业技术学院陈兴帮老师编写第四章，四川职业技术学院陈文建、汪静然老师编写第五章第一、二节和第九章第一、二节，四川职业技术学院李仁全老师编写第五章第三、五节，贵州交通职业技术学院文豪老师编写第六、七章，四川职业技术学院徐友辉老师编写第八章，四川职业技术学院敬朝友老师编写第五章第四节和第九章第三节。此外，在编写过程中，四川职业技术学院杜春海教授参与了部分章节的编写指导工作，李建强、李凌云、唐寻等老师也参加了部分章节的资料收集和文字校对工作。

本书在编写过程中参考了有关论著、教材及土建类专业书籍，在出版过程中得到了北京理工大学出版社的大力支持和帮助，在此表示诚挚的谢意！

编　者

目录

Contents

第一章 建筑应用文基础知识

第一节 建筑应用文概述

一、建筑应用文的含义

1. 应用文

应用文是国家党政机关、企事业单位、社会团体和个人在处理公私事务、开展工作、进行社会交际时形成和使用的、具有约定俗成体式和实际效用并普遍惯用的文体。

2. 建筑应用文

建筑应用文是在建筑行业中普遍使用的，由建设施工方、监理方、验收方或相关单位及个人制作，用法定或约定的体裁和术语写成，以资交际和信守的书面文字材料。建筑应用文可以是文本形式，也可以是表单形式。

二、建筑应用文的特点

1. 功能的时限性

从功能上看，绝大多数建筑应用文都具有较强的时限性，它不仅要求在一定的时间内写成，而且与某项工作的规定时间紧密相连。工作完成后，与之有关的建筑应用文也就失去了现实效用，转化为档案材料。例如，一份请示，得到了上级的批复就结束了现实效用；一则通知，当通知的对象接到了通知就结束了现实效用；一份建设工程合同，当工程竣工经过验收就结束了现实效用。如果以后出现问题，需要核对，就是历史档案的作用了。有些法律法规性文本的现实效用时间可能会长一些，但也不是永久性的。

2. 格式的规范性

建筑应用文中的各种文本或表单通常都有比较固定的格式，包括书写、排印、行款样式、结构环节、习惯用语、称谓、落款等。格式的规范有两种情况：一种是党政机关以法规形式固定下来的，如党政公文，甚至用纸的规格、样式、字号的大小等都有国家标准规定；另一种是在长期的实践中约定俗成的，如何开头、结尾、过渡照应等都有明确的要求与规定。建筑应用文只能按照固定的格式写作，每一种文体都有各自的格式要求。固定统一的格式，便于统一写作、阅读、承办、归档、查询，以此保证建筑应用文的完整性、准确性和合法性。

3. 内容的真实性

建筑应用文以解决建筑施工各个环节的实际问题为目的，是应现实需求而写作的，因此它的内容必须真实，必须坚持实事求是的原则。它不像文学写作那样，可以进行艺术概括、塑造典型、虚构和夸张。建筑应用文所反映的各种事情都是真实的。工作中的成绩与不足、经验与教训、正确与错误，都要实事求是。一分为二，既不能歪曲事实、文过饰非，也不能任意夸大或缩小。因此，它必须如实反映事情的大小、问题的轻重、质量的高低等，并据实分析判断，提出解决问题的具体方法。

4. 语言的简明性

建筑应用文应简约、朴实；不使用烦琐冗长和华而不实的形容、修饰成分；不用拟人、夸张、比喻、反语等修辞手法；也不委婉含蓄，要求语言简朴，表达明确。

建筑应用文多数具有法定的权威性和约束力，具有明显的规范作用，因此用词必须准确，不能含糊其词，模棱两可，以免发生歧义或误解。

三、建筑应用文的作用

（一）应用文的性质

要了解建筑应用文的作用，应先了解应用文的性质。

1. 工具性

应用文是文章的一大类别，它是人们在社会生活中为处理事务、进行交际而产生的，它与人们的工作、学习、生产、生活联系最直接、最紧密、最广泛，它是机关单位和个人处理事务，进行交际、沟通的重要工具。其中，党政公文是传达、贯彻党和国家方针政策，公布法规和规章，指导、布置和商洽工作，请示和答复问题，报告、通报和交流情况等的重要工具。事务文书是反映上级机关方针、政策的贯彻执行情况或为上级机关制订方针、政策提供参考的不可缺少的常用工具；财经文书是指导财经部门和企事业单位按客观经济规律办事的工具；礼仪文书是人们实现各种礼仪交往的重要手段和工具。

2. 通用性

为了表达特定的内容，应用文在长期写作实践中逐渐形成了相对固定的惯用格式，这些惯用格式常常具有约定俗成的性质，各行各业、各条战线、各个地区的人们都必须遵守，这就具有了通用的性质。它有助于统一写作、阅读、承办、归档和查询。当然，格式也不是一成不变的，但这种变化必须以社会公认为前提。

（二）建筑应用文的作用

1. 规范管理作用

上至国家住房和城乡建设部，下至规模小的施工单位，如果要正常运转和发展，都要使用建筑应用文这个中介工具。自上而下的各种文件，是党和政府治理社会、管理国家的重要工具。在社会管理中，通常党和政府通过有关部门颁布法律法规来发挥其管理的领导与指导作用，这些法规文件具有严肃的法制约束力，必须遵守和执行，已经成为个人、团体在某一方面行为的规范。各级各类行政管理机关、部门对下属实施领导或指导的重要形式，常常是下达有关文件。例如，通过命令、意见、批复、决定、通知等，传达党和国家的方针、政策，部署工作任务，提出措施和要求，以此保证国家法律法规执行作用的发挥。

2. 联系沟通作用

社会是一个有机的整体，各部门、各单位、个人与个人之间形成一个网络系统。上级需要向下级传达方针、政策、意见，下级需要向上级反映情况、汇报工作、请求指示，同级或不同部门之间需要互通情况、交流经验、商洽工作、协作共事等，所有这些联系都可以用应用文作为桥梁、纽带。通过应用文，能够把各方面的工作联系起来，使全社会这个网络系统成为运转协调的有机整体，让社会更加和谐、有序。这一作用不仅是建筑应用文应该具备的，也是所有应用文都应该具备的。

3. 依据凭证作用

建筑应用文是一种记录实事的书面材料，也是处理工作、解决问题的依据。上级单位在制定方针政策和指导工作时，除了依据耳闻目睹的实际情况外，最重要的依据是下级上报的简报、报告、计划、总结等文字材料；而下级单位和部门在开展工作、处理问题时，也自然要依据上级的有关文件。单位之间、个人之间的横向联系，也常以某一份文书为凭证，如施工合同、劳务承包合同、材料采购合同、工程监理合同、购房合同等，这些文件是确定、变更或终止签约各方权利和义务的凭证；一些法规文件、财经文书、司法文书在传达意图、联系工作的同时，都不同程度地起着凭据、佐证的作用。建筑应用文中一些有保存价值的文书在阅读办理完毕之后，必须立卷归档保存起来，转化为档案，以备查验，因而它具有“备忘录”的史料价值。

四、建筑应用文的种类

1. 应用文的分类

为了正确识别各种应用文，了解和掌握它们在格式、内容、语言风格等各方面的特点和规律，使应用文写作更加规范化、科学化，充分发挥其社会效用，有必要对应用文加以分类。

随着社会历史的发展和科学技术的进步，社会活动领域不断拓宽，应用文的使用范围日益广泛，新文种不断涌现。应用文的分类标准丰富多样，按不同标准可以分成不同的类别。例如，以时间为标准，可分成古代应用文、现代应用文；以专业为标准，可分成法律文书、军事文书、外事文书、财经文书、科技文书、信息文书等；以行文方向为标准，可分成上行文、下行文、平行文；以区域为标准，可分为内地文书、我国港澳台文书等；以性质功能为标准，可分成指挥性应用文、报请性应用文、知照性应用文、联系性应用文、规范性应用文等。

根据指导实践、便于应用的原则，以应用文的适应范围为标准，对应用文作如图 1-1 所示分类。其中，通用文书是指普遍通行的应用文，而专用文书则是专业性很强的应用文。可见，建筑应用文是属于应用文中专用文书的范畴。

2. 建筑应用文的常见种类

建筑应用文的种类很多，依据不同的标准，从不同的角度可以划分不同的类别。本书主要介绍的类型有建筑工程招投标文书、建筑合同文书、建筑工程日志、技术交底文件、工程变更单、建筑纠纷文书、建筑工程整改文书和建筑工程验收文书。

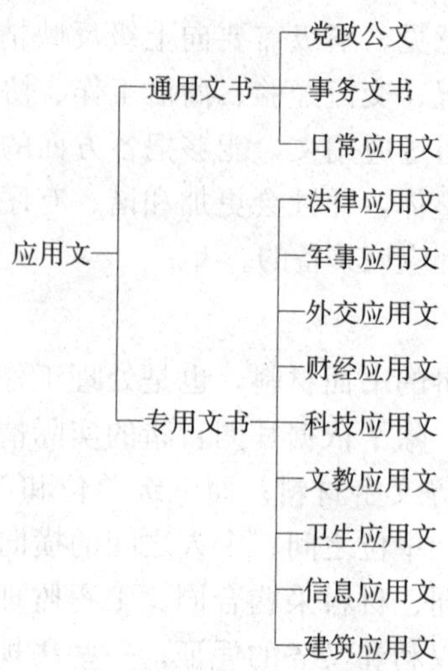

图 1-1　应用文的分类

五、建筑应用文写作者的基本素养

建筑应用文与其他应用文体的写作活动一样，尽管写作者在很大程度上是代言人的身份，所进行的是一种客体的写作，所运用的是对象化、模式化的思维，但是，一旦进入具体的写作情景时，写作者便是写作活动的中心、写作行为的主体，就具有相对独立的话语权，因此，写作者的基本素养、素质的高低，直接关系着写作活动的成败。建筑应用文写作并非简单的技术操作，相反，由于它是为建筑事务服务的，要接受社会的检验，要受到来自主、客体的诸多制约，因而在素质、素养方面较其他应用文体的写作者有着更特殊的要求，应该引起建筑应用文写作者的高度重视。

（一）政治理论素养

在政治理论素养方面，建筑应用文与其他应用文的要求基本一致。从应用文源流的考察中可以看到，应用文之所以历史悠久、源远流长且经久不衰。其根本原因是它与时代、与社会、与社会生活的方方面面是密切相关并紧密地融合在一起的，在于它具有很强的时代性、社会性和鲜明的政治性，既是统治阶级治理国家、管理社会的基本工具，也是广大人民群众社会生活中的必然需求，在社会生活中具有很强的组织领导、引领指导、宣传教育、促进推动的功能。因此，它对于写作者的政治理论素养要求特别高，因为只有这样，才能高屋建瓴、洞察一切，写出能适应社会需求、高质量、高水平的应用性文体，用以推动工作，促进人类社会的健康运行和发展，这大概也是历史上很多语言文学名家大都是政治家或社会活动家的根本原因之一。

在当今时代和社会生活中，建筑应用文写作者应当具备以下政治理论素养：

（1）马列主义、毛泽东思想、邓小平理论和“三个代表”重要思想、科学发展观、习近平新时代中国特色社会主义思想。包括哲学、政治经济学和科学社会主义理论，包括辩证唯物主义、历史唯物主义，既有政治理论，又有思想方法，是我们的指导思想和锐利武器，必须学习和掌握，以便用以分析和解决问题，透过现象看本质。以习近平新时代中国特色社会主义思想为指导，高举中国特色社会主义伟大旗帜，全面贯彻党的十九大精神，增强“四个意识”，坚定“四个自信”，践行“两个维护”，深化社会主义核心价值观，不忘初心，立德树人。

2. 党和国家的路线、方针、政策。包括政治、经济、社会生活等方方面面的政策，也包括地方党委和政府的重大决策和举措，以便指导写作，不与相关方针、政策相违背、相抵触。建筑应用文写作者应随时保持清醒的头脑，与党中央保持思想与行动上的高度一致。

(3) 相应的建筑法律法规。法律法规是党和国家意志的集中体现，任何机关、团体与单位都不能与之相违背。因此，掌握建筑行业的法律法规是从事建筑应用文写作的先决条件。

(二) 文化知识素养

建筑应用文写作的涉及面广，遇到的问题很多，因而，对写作者的文化知识素养要求很高，既要成为有多学科、多领域知识的“杂家”，成为通晓各方面知识的通才，又要具备建筑领域的相关知识与一定的理论素养，成为本职工作的行家里手，成为这一领域的专才，应比应当具备以下知识。

1. 基础知识

包括自然科学和社会科学两个方面的常识。

2. 专业知识

主要包括两个方面：一是本职工作，即与建筑行业相关的业务知识，且一定要熟悉了解并掌握到一定程度；二是文秘方面的业务知识，包括基础写作、公文写作、机关事务文书写作，文书处理、档案的制作与管理，会议、信访、信息科学、保密工作，现代办公机具的使用等。

3. 相关知识

例如，语言学、文字学、社会学、心理学、传播学、公共关系学、美学、领导科学、计算机科学、统计学等。读万卷书，行万里路，16 世纪英国哲学家弗朗西斯·培根说过：“读史使人明智，读诗使人聪慧，演算使人精密，哲理使人深刻，伦理学使人有修养，逻辑修辞使人长于思辨。”各门学科都有其特定的价值和特殊的功用，刘勰在《文心雕龙》中写道：“积学以储室，酌理以富才。”要想写好建筑应用文，没有广博的知识、丰富的经验是不行的。否则，写出来的东西必然浅薄。

(三) 职业道德修养

道德是社会意识形态之一，是人们在社会生活中约定俗成并共同遵守的行为准则和规范，就好比社会生活中的交通规则一样，对于每个人都是十分重要的。职业道德准则与人们所从事的工作紧密地联系在一起，是从事这一职业的人们所信奉和遵从的行业行为准则和规范。在社会生活中，人们既要具备和遵从职业道德，也应具备和遵从社会公德。建筑应用文写作者属文秘人员范畴，应用写作的基本属性和地位作用决定了写作者在遵守社会公德的同时还应当具备良好的职业道德素养，其主要内容包括以下四个方面：

1. 强烈的事业心和高度的责任感

一般来说，从事建筑应用文写作的主体大多是建筑行业的公职人员，大多是文秘工作者，所写的除了党政公文和机关事务文书之外，主要是涉及建筑行业领域的一些通用、专用文书，且大多是领导者的助手或其身边工作人员他们大多公务缠身、事务繁杂，因而必须有强烈的事业心和高度的责任感，热爱自己的工作，热爱自己的单位和所从事的事业，全身心地投入到工作中去，本着对企业、对社会负责的态度和精神认真看待每一份文书的起草，而不能凭个人好恶、主观愿望来随意处置，更不能不负责任地简单应付、草草了事。

2. 公而忘私，埋头苦干

建筑应用文写作不是个体行为，很多是为单位、企业、集体、社会写作的，涉及建筑施工单位以及其他社会公益事业，而且往往是代表领导和单位立言，既责任重大，繁难艰巨，而又默默无闻，且没有署名权；遇紧急情况、紧急任务、重大活动、重大会议时，还需要快速成稿甚至于废寝忘食、通宵达旦地工作，每篇文章都需要字斟句酌、咬文嚼字，常常是数易其稿，推倒重来，很难一挥而就，大有“为求一字稳，拈断数茎须”的感觉，其艰辛程度是可想而知的。因此，作为一名建筑应用文写作者，必须以事业和大局为重，必须公而忘私、埋头苦干，不计得失和报酬、不计名利和地位，有奉献精神，甘于吃苦，乐于奉献，当好无名英雄，为社会、为企业、为单位的事业奉献一切。

3. 谦虚谨慎，团结协作

建筑应用文写作者的身份和地位特殊：在单位的首脑机关，在领导身边工作又不是领导；所涉关系复杂，既涉及与领导相处，代领导处理相关事务和立言，又涉及与同事共事，相互间协同配合，共同完成目标任务，树立机关单位整体形象；既涉及内部团体，也涉及社会公众；既涉及上级机关单位、主管部门的领导同仁，也涉及下级单位的领导和相应同志，因而必须谦虚谨慎，善于合作。另外，不能在领导面前俯首帖耳，溜须拍马，越权办事；不能在同事面前沾沾自喜，扬扬得意；不能在公众面前不屑一顾，专横跋扈；不能在下级面前趾高气扬，盛气凌人。建筑应用文写作者应当严于律己，宽以待人，永不自满，不断前进，以此来推动工作，建立领导对自己的信任，提高自己在群众中的威信。

4. 严守秘密，遵纪守法

建筑应用文写作可能涉及国家或企事业单位乃至个人秘密，就建筑公文写作而言，还涉及公文办事的诸多程序，而且很多还是法定的必须遵守的程序，涉及公务处理中的诸多政策界限、纪律规定，涉及建筑行业的行规。古人云：“事以密成，语以泄败。”因此，作为一名建筑应用文写作者必须高度重视、严格遵守，一定要在公务活动中保持高度的自觉性和警惕性，绝不能因一己私利泄漏了党和国家机密，更不能违反相应政策规定，见利忘义，因利失节，出卖或变相出卖国家、行业、企业机密，即使是商务活动中涉及的相关信息和社会交往中涉及的个人隐私、私人秘密，也都要恪守信用、严格保密。建筑应用文写作还涉及各种利益，作为一个公职人员，一定要把党和国家的利益、人民的利益、民族的利益放在首位，正确处理党的利益、集体利益和个人利益之间的关系，做到公私分明、公平公正、一身正气、两袖清风、清正廉洁、光明磊落、是非分明、客观公正、奉公守法、勤政为民，而不能假公济私、损人利己、模糊界限、混淆视听，或者偏听偏信、纵容包庇，更不能颠倒黑白、恶意伤人，一定要维护党和国家，维护企业单位、团体、个人的基本信誉，树立良好的形象。

第二节 建筑应用文写作要素及表达方式

一、建筑应用文写作要素

(一) 应用文的材料

1. 材料的含义

材料是指构成文章内容并在文章中表现主题的一系列事实或理念。事实是指客观存在的一切有形、有态、有声、有色的事物和现象，它们是形象直观的；理念多指人们的思想观念和情感体验，它们是抽象概括的。

在文学艺术创作中，人们经常使用素材和题材的概念。素材是指写作者从社会生活中采撷到的，尚未经过加工处理的原始材料，是分散、零星、自然状态的生活现象；题材是写作者对素材进行选择、提炼、加工之后，写入作品中用来表现主题的一组或几组生活现象。在各类实用文体写作中，人们还经常使用资料这一概念，资料是指实用文章中所使用的文字依据、图表、影视胶片等。总之，在各类文章的写作中，材料是一个具有普遍适用性的概念。

2. 材料的作用

材料在文章写作中具有十分重要的作用。任何人写文章，总是具有一定的创作意图，并要表现某种思想认识或思想情感。而这种意图、认识或情感，往往是在某种实际材料的引发下产生的，或者是从广泛丰富的材料中提炼、概括出来的。因此，动笔写作之前，材料是形成观点的基础；在写作过程中，材料是表现观点的支柱。观点一旦形成，就需要写作者用大量具体典型的材料将其表现出来。作为文章构成要素之一，材料也影响着文章的形式，从文体的选用到结构布局的设计，都要视写作者手中材料的具体形态而定，材料在写作活动中占有举足轻重的地位，它决定着文章的思想内容与表现形式，关系到写作活动的成败。材料所要解决的是言之有物的问题。

3. 材料的类型

(1) 事实性材料和观念性材料。事实性材料是指客观存在的社会生活现象，或书籍、文章中提供的具体情况，包括人物、事件、数据、图表等；观念性材料是指经典著作、文件、重要理论文章中的理念性内容，以及人们日常生活中流传的格言、警句、谚语等。

(2) 直接材料和间接材料。直接材料是指写作者从生活中通过观察、调查、体验等方式直接获取的材料，又称第一手材料；间接材料是指写作者从书籍、文献、刊物或其他媒体上通过阅读、检索等方式间接获取的材料，又称转手材料。

(3) 现实材料和历史材料。现实材料是指发生于现实生活中，距今较近的材料；历史材料是指发生于历史上，距今较远的材料。

(4) 概括材料和具体材料。概括材料是指反映写作对象总体情况的面的材料；具体材料是指反映写作对象个别情况的点的材料。

(5) 中心材料与背景材料。中心材料是指直接揭示主题的主要材料；背景材料是对主题的表现起辅助作用的次要材料。

总之，写作材料的类型较复杂，依据不同的标准，从不同的角度可以对它作出不同的分类，如国内材料和国际材料、正面材料和反面材料等。

4. 选用材料的原则和要求

选用材料是写作过程中非常关键的一步，它直接关系到文章质量的高低。因此，在选用材料时应当遵循和满足以下原则和要求：

（1）围绕主题选材。无论写什么文章，都要考虑主题和材料之间的关系，选择材料的目的是用最精当的材料，将主题表现得更加充分、突出、深刻，使材料更好地为主题服务。围绕主题选材就是以主题的表现为依据来决定材料的取舍。与主题有关，并能有力地说明、烘托、突出主题的材料，就选而留之；与主题无关或关系不大，不能或不能很好地说明、烘托、突出主题的材料，就弃而舍之。总之，在一篇文章中，所有的材料都应具有或隐或现的“向心力”，这里的“心”就是文章的主题。

（2）选真实可靠的材料。这是指要选择确切可靠，符合客观情况的材料。文章的生命在于真实，而材料是构成文章内容的要素。因此，文章选取的材料真实与否，关系十分重大。真实有生活真实和艺术真实之分，文学艺术创作所追求的是一种艺术的真实，即生活中不一定发生了这件事，但按照生活发展的逻辑性进行推理，可能会发生这样的事。应用文写作所追求的则是生活的真实，即它不是虚假的、编造的，而是现实生活中曾经出现过，或正在出现与即将出现的事实。即使是使用间接材料，也要确保材料确凿可信，必要时需注明材料的出处。

（3）选典型性材料。所谓典型材料，是指那些能深刻反映事物本质，具有广泛代表性和强大说服力的事实现象或理论依据。无论任何文章，都只能是通过个别反映一般，通过个性反映共性，这样就势必有一个对个别、个性的精心挑选问题，材料不典型就会影响主题的表现，削弱文章的力量，而典型的事实或理念具有广泛的代表性，能以一抵十，是大量原材料矿藏中的精华，选择了它们就能够很好地说明问题、反映本质、揭示规律，具有很强的说服力。

（4）选新颖生动的材料。这是指要选择新鲜活泼、生动有趣的材料。新鲜活泼是就材料的时效性而言；生动有趣是就材料的表现力而言。新颖生动的材料，就是别人未见、未闻、未使用过，或即使使用过，但未能用出“新”意、“深”意的材料，既包括社会生活中的新事物、新动态、新风尚、新面貌，也包括人们对宇宙自然、人生社会的新观念、新思想、新感受、新体验。要选新颖生动的材料，一方面，要从现实社会生活中去摄取；另一方面，还要善于从过往材料中努力去“发现”“发掘”。

（二）应用文的主题

1. 主题的含义

主题是写作者在说明问题、阐述道理或反映生活现象时，通过文章的全部内容所表达出来的基本观点。它是文章所表达的基本思想，是写作者从一定的立场出发，通过描述的对象或提出的问题所反映出来的主要写作意图。主题是写作者经过对现实生活的观察、体验、分析、研究以及对材料的处理、提炼而得到的思想结晶，既包含所反映的现实生活本身蕴涵的客观意义，又集中体现出写作者对所反映的客观事物的主观认识、理解和评价。

“主题”一词源于德语，最初是音乐术语，指的是乐曲中最富有特征并处于优越地位的那一旋律，即“主旋律”。后来，这一术语被移植到文学理论之中。在我国古代写作理论中，对它有很多称谓，如意、义、理、旨、道、气、主旨、主脑、主意等，虽然提法不同，但意思基本相似，都是写作者对客观事物的感受、理解和认识的集中体现。

在不同的文体中，主题也有不同的表现形式和称谓。记叙性文体中一般称为中心思想，议论文中一般称为中心论点或基本论点，抒情性文章中称为情感基调，说明文、应用文中主题通常体现为写作目的或意图。

2. 主题的作用

主题是文章的灵魂和统帅。这一句话高度概括了主题的作用和在文章中的地位。主题是衡量一篇文章价值的主要标准，也是一篇文章生命的主宰，其他要素虽然也很重要，在各自的位置上各司其职，不可或缺，但都不能成为衡量文章高低、优劣的主要尺度，它们都要为主题所统领和制约，都是为表现主题服务的。“山不在高，有仙则名；水不在深，有龙则灵。”主题恰如这山中之仙，水中之龙，处理好了就会使整篇文章神采飞扬，反之，则黯然失色。主题是文章的统帅，说的是一篇文章的材料如何取舍、结构如何措置、语言如何遣用等，都要依据表现主题的需要来加以裁定。总之，作为精神产品的文章，作为言志载道工具的文章，主题的统治地位是不可动摇的。它在写作中的基本功能是要解决言之成理的问题。

3. 主题的要求

（1）正确。正确是对主题最基本的要求，只有主题正确，读者才会从中受益，否则会引起不好的社会后果，乃至造成很大的社会危害。主题的正确，就是要符合生活的真实和历史的真实，要正确地揭示客观事物的本质和规律。单纯做到材料的真实，还不能确保主题的正确，还必须善于从材料中去发掘其本质内涵，这就要求写作者善于明辨是非、真伪，力求对客观事物作由表及里的开掘，在先进的世界观指导下，加强自身的思想修养，从而确保主题的正确。

（2）鲜明。托尔斯泰说过，只有文章的思想正确是不够的，还应当善于把这些思想表达得通俗易懂。所谓主题鲜明，就是说一篇文章中所阐明的观点、态度要明朗，绝不能模棱两可，似是而非。当然，由于文体特点不同，对主题表现要鲜明的理解也应该有所不同。一般来说，非文学作品的主题，应直接公开、明显地表现出来，而文学作品的主题，则应间接、含蓄地从场面和情节中自然而然地流露出来。

（3）集中。主题的集中，是强调主题要单一，重点要突出，不能分散零乱、漫无拘束，不能形成多中心，多中心实际上也就成了无中心。一篇文章，无论篇幅多长，材料多么繁杂，一定要确立一个表述重心。虽然有的文章涉及面广，内容丰富，其中可能会有许多分论点，特别是一些并列式结构的文章，分论点之间常常是并列的，但这并不表明是多中心，它们总是围绕一个总的中心思想来展开。能否做到主题的集中，与写作者对材料本身意义的认识有关，更与写作者的综合概括能力有关。

（4）深刻。主题的深刻，就是要尽可能纵深发掘，把潜藏在生活素材中的妙谛、真谛，所包含的意蕴汲取出来，要见人所未见，发人所未发。有精辟的认识，有独到的见解，使文章表现出深刻的思想性，从而使读者受到启示、感染和教育。主题深刻与否，取决于写作者对客观事物的认识程度，认识得越透彻，主题就开掘得越深。这就要求写作者加强思想修养，善于发掘事物的思想意义和社会意义，论事析理，剖析矛盾，从材料中概括总结出本质性、规律性的东西来。

（5）新颖。主题的新颖，就是强调写作者要有新的观点、新的见解，能够给读者以新的启迪，而不应该是人云亦云，老生常谈。这并非有意追求新奇，而是强调写作者要有自己独到的见地，即使借鉴前人的观点，也应提炼出新意。新颖的主题主要得力于选取角度的新颖独特，写作者要多角度、多侧面、多层次地看问题，选准最佳切入点，把握事物的个性特征，才能提出"人人心中皆有，人人笔下皆无"的新见解，从而体现出主题的新意。

4. 主题的提炼

主题的提炼，是指将从材料中得来的思想认识加以集中深化，进而形成一篇文章所要表达的中心思想的过程。提炼主题的过程是从感性认识上升到理性认识的过程。

提炼主题要注意从以下四个方面入手：

（1）准确概括全部材料的思想意义。这是提炼主题的基础和前提，任何正确的思想都来源于客观实际，文章的主题则来源于写作者所掌握的材料之中。主题是全部材料思想意义的集中概括，是写作者对全部材料的一种认识和评价。提炼主题的过程也就是从材料中引出结论的过程。

（2）深入发掘客观对象的本质内涵。主题有正确、错误之分，也有深浅之别。提炼主题要力求深刻，克服表面化和一般化。主题深刻的程度是和作者对事物的认识程度成正比的，没有认识的飞跃，没有思想的升华，就不会有富于理性的主题，只有反映了事物内部规律，提示了事物本质特征的文章，才真正完成了提炼主题的任务。

（3）结合现实，体现鲜明的时代精神。不同时代有不同的生活内容，有不同的社会问题，作为反映一定时代现实生活的文章，必须带有鲜明的时代特征，凡是成功的文章，无一不是准确地反映了那个时代的精神，并对时代的前进起过推动作用的。写作者要在当代最先进、最科学的思想指导下，洞察生活的本质，根据客观现实的需要选好角度，提出在一定历史时期人们最关心的和迫切需要解决的问题，以引起人们的深思，这样的主题才能发挥出强大的社会作用。

（4）力求在与同类文章的比较中表现出新意。主题贵在出新，提炼主题还要考虑同类题材的文章已经达到的高度，在和同类文章的比较中，尽可能表现出新意。如果能在某一点上有所突破，能解决现实中没有解决或解决得不充分的问题，是十分可贵的。如果只是重复别人已经形成的结论，提不出新观点，写不出新意，那就没有多大价值。这就要求写作者提炼主题要有新的认识角度和新的发现，力争使人们在思想认识领域内上升到一个崭新的境界。

（三）应用文的结构

1. 结构的含义

结构，原为建筑学上的术语，本义是指建筑物的内部构造及整体布局，后借用到文章写作理论中，它是指文章内部的组合与构造。具体体现为文章中整体与部分、部分与部分之间的关系，结构是一种组分为合、组局部为整体的文章构造艺术。

2. 结构的作用

在一篇文章的制作过程中，组织结构是一个重要步骤，如果没有合理的结构，尽管作者所要表达的思想观点非常深刻，所选取的材料非常丰富典型，也无法形成一篇文章；即使勉强地拼凑起来，也不能组合成一个既有自身逻辑性，又有恰当形式的有机整体。恰当的结构布局有利于揭示文章的主题，调度文章的材料，安排文章的层次。表面上看，结构似乎是一个形式问题，但它与文章内容密不可分，不仅要受到文章内容、体裁的影响，而且还能体现出作者的思想水平、审美情趣和组织才能，甚至反作用于文章的内容、体裁。结构的基本任务是要解决言之有序的问题。

3. 结构的原则

(1) 恰当地反映客观事物内部的本质联系。文章是客观事物在作者头脑中的反映，而任何客观事物都有其内部的本质联系。古人说的“物中有序”“有条则不紊”“有绪则不杂”，这其中的“序”“条”“绪”指的就是条理和内部规律。文章的结构形式就必须反映出这种条理和内部规律。

(2) 服从并服务于文章主题的表达。主题既然是文章的灵魂和统帅，便应该对包括结构布局在内的其他要素起统领作用。主题是统领思路发展的红线，文章结构实际上就是思路在文章中的具体体现，因此，安排结构要从表现主题出发，要服从写作意图的需要。

(3) 适应不同文体的特点和要求。文章的体式多种多样，不同的文体反映生活的容量不同，角度不一样，表现形式也有差异，所以安排结构的方式也有所不同。一般来说，叙事类的文章多以写人记事为主，谋篇布局多从时间、空间顺序着眼，以人和事为线索安排结构；抒情类文章多以情感发展变化为前提安排结构；议论类文章多以“纲举目张，条分缕析”为基本格局，按提出问题、分析问题、解决问题的思路安排结构；而应用型文章一般都有较为固定的结构形式。

4. 结构的主要环节

结构的具体内容很多，其中最基本的有以下三个方面：

(1) 结构的基本内容——开头和结尾。开头和结尾是文章结构的基本内容，在文章中占据显赫、重要的位置。元人乔梦符有“凤头、猪肚、豹尾”之说，明代谢榛在《四溟诗话》中指出：“起句当如爆竹，骤响易彻，结句当如撞钟，清音有余。”这些论述都对开头、结尾提出了形象而生动的具体要求。

开头的具体方法是灵活多样的，归结起来，主要有以下两大类型：

①“开门见山”。可以落笔入题，直接进入事件，迅速展开故事；可以交代缘由，表明写作目的和动机；可以提出全文中心，阐明观点主张；可以竖起靶子，指明批驳对象。总之，这种写法开始就接触文章的中心内容。

②“曲径通幽”。可以抒发感情以渲染气氛；可以讲述故事以引出深刻道理；可以借诗词谣谚作叙事的开端。总之，这种写法由远及近，娓娓道来，使读者自然而然地被文章的内容所吸引。

无论采用何种开头方法，要求做到：善于切入，找准下笔点；抓住读者，吸引读者注意力；有利于文章内容的展开。

结尾的方法也是多种多样的，归结为以下两大类型：

一是总结全文，强化生发，卒章显志，深化全文思想内容。

二是出人意料，含蓄隽永，回味无穷，给人以启示、教益。

无论采用何种结尾方式，要求做到：缩结全文，深化主题；“行于所当行，止于不可不止”。

（2）结构的基本单位——层次和段落。层次，指的是文章思想内容的表现次序，又称作“意义段”“部分”。它体现着写作者思路展开的步骤，是事物发展的阶段性和人们认识事物的顺序性在文章中的反映。划分层次要着眼于文章思想内容，合乎事物发展的自然过程和人们思维的逻辑顺序，体现出写作者对全文发展阶段性的布局安排。

段落，是指在表现文章思想内容时因转折、强调、间歇等情况所造成的文字上的停顿，它是构成文章的基本单位，又称作“自然段”。凡是段落都具有换行另起的明显标志。划分段落时要注意到文章内容的单一、完整、连贯，还要注意到形式上的匀称、和谐、优美。

层次着眼于文章思想内容的划分，段落则侧重于文字表达的需要。

（3）结构的基本手法——过渡和照应。为文章设计了大的板块以后，还应考虑这些板块的拼接。因此，过渡和照应的重要性不言而喻。

过渡，是指上下文的衔接和转换。其解决的是相邻句子、相邻段落的连缀问题，起承上启下、穿针引线的作用，使全文内容紧密连接。文章中需用过渡的情况主要有：内容的开合处；内容的转换处；表达方式的变换处。在转换较大的情况下用段落过渡，在转折不太大的情况下用句子或词语过渡。

照应，是指文章内容上的前后关照和呼应。其着眼于全文内容的连缀，使全文内容具有内在逻辑性。照应的方式有：文题照应，行文和标题的呼应；上下文照应，文中重要内容的相互呼应；首尾照应，文章的开头和结尾的呼应。

总之，过渡和照应是使文章前后连贯、脉络畅通的重要手段。要把各段文字和各层意思衔接得严丝合缝，浑然一体，就必须巧妙地安排过渡和照应。

（四）应用文的语言

1. 语言的含义

写作活动是运用语言文字将思想观点及情感进行外化的过程，文章就是这种外化的结晶，所以，写作就是使用语言的艺术。

所谓语言，是以语音为物质外壳，以词汇为建筑材料，以语法为结构规律而构成的一种符号系统。

从语言使用的形式来看，语言可分为口头语言和书面语言；从语言使用的领域来看，语言可分为文学语言和非文学语言；从语言使用的阶段来看，语言可分为“内语言”（构思阶段的语言）和“外语言”（表述阶段的语言）。

2. 语言的作用

语言是人类思想交流最有效的物质媒介，是思维的工具，是构成文章和传递信息的载体，它或是承载科学理论、经验总结，或是承载艺术感觉、审美情趣。文章之所以能动人以情、晓人以理，就在于把语言作为一种思想情感交流的媒介，将写作者和读者联结起来，充分发挥了其交际功能，而离开了语言的外化，无论多么深刻的思想、多么美好的感情、多么奇特的故事都不可能为他人所获知，因此，写作就是一种通过书面语言来进行传达、交流的手段。高尔基说：“文学的第一要素是语言。”其实，何止是文学作品，一切文章的第一要素都应该是语言。语言对于写作的重要性体现在它是表情达意的唯一工具，语言表达的效果直接关系到写作成果的质量。如果一个人具备很高的语言素养，就能准确生动地描述客观事物，反映思想情感，做到意到笔随，流转自如；相反，语言表现能力差，即使有所思也难以表述清楚，总是文不逮意，处处捉襟见肘。要解决这个问题，就必须学会准确、晓畅、艺术地使用语言。

3. 运用语言的基本要求

（1）准确。准确，是对文章语言最基本的要求。准确是指用恰当的词语和表达方式确切无误地传达写作者的感受、印象和认识。这涉及用词、造句、语法、逻辑、修辞等方面的种种规定和要求。

①用词注意准确。要精心选择最恰当、最确切的词语，准确地再现事物的状貌，贴切地表达自己的思想感情；要仔细辨析词义，特别是注意区分近义词在含义和用法上的细微差别；要区别词语的感情色彩，做到褒贬适宜；还要根据语言环境选用词语。

②选句符合语法、逻辑。句子结构要完整；词语搭配要妥帖；语序要得当；句义要有逻辑性。

（2）简练。简练，就是以相对俭省的文字传递尽可能丰富的信息，按古人的说法，就是要“辞约而意丰”“辞约而旨达”。语言的简练是思维缜密的表现，只有思想深刻，才能把握对象的本质，形成完整的认识，从而使思路清晰，富有条理性。思维混乱，思想糊涂，是不可能写出简练的文章的。

语言的简练还要提炼最精粹的词语，避免堆砌。写文章时要注意节约用字，做到言简意赅，注意删繁就简。写完文稿后还要努力压缩，使文字尽量简短。熔炼含蓄的词语，注意留有余地；还要学会选用适当的文言词语。

（3）生动。生动，就是新鲜别致，富有鲜活灵动的气息。运用语言，在确保准确、简练的情况下，还力求讲究语言的文采，使语言富有形象性和感染力。

写文章要选用含义具体，富有形象感的词语；要注意选用修辞手法，使句式富于变化；要注意音韵和谐，使语言富有节奏感；要灌注感情，使语言具有感染力。

（4）适体。适体，是指语言适合文章体裁的特征和要求，同时，也包含着要适应表现对象特点的意思。

写文章必须树立明确的文体意识，必须适合不同写作对象的特点，尤其是应用文体，要根据不同的读者对象，选用不同风格的语言，如给上级的公文，用词要谦恭诚挚；给下级的公文，用词要肯定平和；给平级单位的公文，用词要谦敬温和。总之，应用文往往受对象、场合的制约，使用语言必须考虑得体的问题。

4. 提高语言运用能力的途径

怎样才能提高自己运用语言的能力呢？一方面，要加强思维训练，写作的过程实际上是思维的过程，写作的语言实际上是思维的结晶；另一方面，要加强语言的培养。老舍曾经概括自己的经验说：“总起来说，多念有名的文艺作品，多练习各种形式的文艺写作和多体验生活。这三项功夫，都对语言的运用大有帮助。”

（1）多听——在生活中积累。生活中充满了生机勃勃、极富表现力的“活”的语言。学习语言必须投入到社会生活中，学习人民群众的语言，注意倾听社会各阶层群众的丰富多彩的话语。群众的语言就像矿藏一样，里面藏着许多闪光的宝石，需要写作者去发掘，但写作者不能全部照搬，听了之后还须思考、分辨、比较，不可认为凡新鲜、“新潮”的就好，就可以无条件地，不顾文体、语体和语境地写进自己的文章。

（2）多读——在阅读中感悟。经典性的文章或作品的语言都是经过精心加工，努力炼制而成的，因此，阅读经典作品，总结语言规律，也是培养语言能力的一种有效手段。

古人说：“熟读唐诗三百首，不会作诗也会吟。”阅读就是为了从书中学习语言技巧，寻找法度规则。要注意精选各种体裁的作品，读熟读透，仔细揣摩其中的遣词造句，乃至声音节奏，以唤起灵敏的语感。同时，阅读过程中还要勤于记载，形成自己的“语言手册”。

（3）多练——在写作中锤炼。阅读积累只是知识的储存，而语言表达能力的培养和提高，在很大程度上依赖于写作实践。准确、简练、生动、适体的语言都是作者在精心写作、精心修改的过程中锤炼出来的。古今中外许多有成就的文学家、作家都非常重视语言的锤炼。“两句三年得，一吟双泪流”（贾岛），“百炼成字，千炼成句”（皮日休），“语不惊人死不休”（杜甫），这些话语表明古代诗人对待语言是何等的严肃。

锤炼语言应该从字、词、句着手，先解决这些基本的语言材料，再逐步过渡到篇章的练习。同时，还要注意练习写不同体裁的文章，把握不同的语体色彩。

二、应用文的表达方式

表达方式是指由作者的表达目的所决定的使用语言的手段。人们运用语言文字进行表达时，或是想让读者知晓一件事情的原委；或是想给读者以具体形象的感受；或是想阐明自己对某一问题的看法；或是想抒发自己内心的情感；或是想使读者明了一种事物、一个事理，这就必须采取不同的表达方式。常见的文章表达方式有叙述、描写、议论、抒情和说明五种。但应用文的文体特点决定了其使用描写和抒情方法的情况非常少。因此，本节主要讲述叙述、议论和说明三种表达方式。

（一）叙述

1. 叙述的含义和作用

叙述是将人物的经历、行为或事物发展变化的过程表述出来的一种表达方式。运用叙述方法的目的是让读者对所叙事件的来龙去脉有一个清晰明了的认识。

叙述是写作中最基本的表达方式，它的使用范围非常广，几乎各种文体的写作都要运用到，但是它在不同文体中所体现出的作用有所不同。在议论文中，可以运用叙述方法来概括某些事实，从事实中引出论点，或以事实为根据来论证论点；在说明文中，可以运用叙述方法来介绍事物的发展变化，或提供典型事例，使事物的特征和本质说明得更加具体；在应用文中，叙述是表达自然现象的发展过程或工作实验操作过程等内容的方法之一；在记叙性文章中，常运用叙述来介绍事件的发生、发展过程，人物的经历和事迹以及环境的状况和衍变，使读者对整个事件有完整的印象，对人物有全面的了解，对环境有充分的认识。叙述的使用频率高，文中只要涉及事实的表述，不管是历史事实、现实事实，还是未来事实，也不管是真实的事件还是虚构的故事，都需要用叙述来表达。只要是行为现象所造成的运动过程及其结果都是其表述对象。

2. 运用叙述的基本要求

（1）交代明白。所谓交代明白，是指要把事实的要素交代明白。事实的构成要素通常包括时间、地点、人物、事件、原因及结果。其中最重要的是时间、地点、人物和事件四个要素。运用叙述方法必须清楚地告诉读者：什么时间，什么地方，什么人，做了什么事，他为什么要做这件事，这件事最终做得如何。当然，在某些文章中，有的要素或是因为与文章内容关系不大，或是因为已被读者熟知，是可以视其情况省略的，但前提是不会影响到叙事的效果。

（2）线索清楚。线索是贯穿于整个叙事性作品情节发展过程中的内在脉络。它能将各种材料串联为一个有机整体，它是写作者安排材料、组织情节和非情节因素的根据，也是写作者的思路在文章中的反映。由于写作材料千差万别，作者的思路千变万化，所以叙述的线索在不同文章中的体现也多种多样，有的以时间延续为线索，有的以空间变换为线索，有的以事件为线索，有的以人物活动为中心线索，有的以具有某种代表性或象征意义的事物为线索，甚至还可以人物情感和认识发展为线索，以人物意识流动为线索等。应用性文体中使用叙述方法，往往用时间、空间及材料之间的内在联系等充当线索，一般不人为地颠倒事物发展的客观过程。

（3）详略得当。使用叙述方法，一定要分清材料的主次，分别进行详叙或略说，以突出重点，避免记流水账。

叙述要做到详略得当，首先要着眼于表现主题的需要。用以表现主题的重点材料，理应浓墨重彩；反之，则应轻描淡写；其次要着眼于满足读者的要求。读者未知、难知、想知道的内容该详叙，反之，读者熟知、易知、不想知道的内容该略说。这样，就能使叙述有点有面，既有深度又有广度，获得较好的表达效果。

3. 叙述的人称

叙述的人称是指写作者的立足点或观察角度。

叙述的人称涉及写作者应当站在什么角度，什么基点去观察纷纭繁杂、扑朔迷离的社会现象，去发现美，去反映生活中的问题。写作中人称的选择，就好比摄影师调试镜头，选择拍摄角度一样，在很大程度上，决定了作品内容是否能以最佳方式得以表达。因为，同样一个对象，反映视点不同，取景不同，效果必然不一样。选择人称就是选择视点和角度。

叙述的人称分为两大类：主观人称和客观人称。

主观人称，也称第一人称，写作者以“我”或“我们”的口吻，以当事人身份出现在文章中，讲述所见所闻。其优势在于：“我”直接面对读者叙述，缩短了双方的距离，能增强文章的真实感和亲切感；其局限在于：只能叙述“我”的活动范围以内的人和事，表现范围较窄。客观人称，也称第三人称，写作者以局外人的身份，用“他”“她”或“他们”“她们”等称呼，靠记叙他人的言行把人和事物展现在读者面前。其优势在于：不受“我”活动范围的限制，反映现实较灵活，可以在广阔的时空范围内表现众多的人物与复杂事件；其局限在于：不及主观人称那样便于直接表达思想感情，也不及主观人称使人感到亲切、真实。

使用第二人称代词进行叙述应归于主观人称范畴。

4. 常见的叙述方法

（1）顺叙。顺叙就是按照事件发生、发展和结束的自然时间顺序进行叙述。这是一种最常见、最普通的叙述方法。使用顺叙方法，有头有尾，来龙去脉非常清楚，文章的段落、层次划分与事件的发展过程一致，符合人们的阅读习惯。顺叙主要是按时间的推移展开，也可根据事件发展的阶段性进行叙述。为了成功运用顺叙方法，写作者必须注意对材料进行剪裁，要有主有次，有详有略，突出重点，不能平均使用笔墨，有话则长，无话则短。否则平铺直叙，过多罗列现象，记流水账，文章就会变得平淡无味。

（2）倒叙。倒叙就是将事件的结局或关键情节有意地放在开头，然后回过头来依次说起的叙述方法。运用倒叙法的目的不在于把事情倒过来叙述，而是为了突出和强调有特殊意义的结果，或为了造成悬念，引起读者寻根究底的兴趣。

倒叙的方法有两种，一种是结局提前，先叙“去脉”后表“来龙”；另一种是“拦腰写起”，把事件中扣人心弦的关键情节提前，造成悬念，然后再从事件的起始叙述到结局。无论哪种倒叙，都应该在转接处使用必要的文字过渡，衔接要自然。否则，会使文章脉络不清，头绪不明，反而影响文章内容的表达。

（3）插叙。插叙就是在叙述主要事件的过程中，暂时停顿，插进另外一些与中心事件有关的内容。插叙结束后，再回到原来的事件上继续叙述。插叙可以使文章内容得到充实，也可使行文富于变化，但需掌握好插叙的技巧，在什么地方中断，插入哪些内容，怎样衔接，这些问题如果没有处理好，就会影响到叙事的效果。

（4）补叙。补叙就是在叙述过程中，对某些事物和情况作补充解释或说明，补叙文字一般不宜太长，它并不发展原有情节，仅仅是补充上文叙述之不足，或对下文做必要的交代；取消补叙文字，也不会影响到原有事件的陈述。

（5）平叙。平叙，也称分叙、间叙，是指在叙述同一时间、不同地点所发生的两件事或多件事时，采取的先叙一件、再叙一件或交叉进行的方法，即古小说中所谓的“花开两朵，各表一枝”。平叙一般用于对比较复杂的事件或有众多人物出现的环境进行叙述，这种方法运用得恰到好处，可以增强文章的立体感和叙述的厚重度，但单一事件不能用平叙。

（二）议论

1. 议论的含义和特点

（1）议论的含义。作者运用事实材料和逻辑推理，来直接阐明自己的观点、见解的表达方式，叫作议论。

议论是各种理论性文体的主要表达方式，同时，也是应用性文体的主要表达方式之一。议论的运用范围非常广。

（2）议论的特点。

①说服性。运用议论方法的目的，是要说服读者相信并接受自己的观点。为了保证议论具有说服性，首先要避免就事论事，而应该就事论理，要上升到一定的理论高度看问题；其次要有针对性，包括针对现实社会中的热点问题和读者的思想状况，这样才能真正解决实际问题，达到和读者交流意见的目的。

②逻辑性。通常所谓的逻辑，是指思维之间的组织结构，衡量一篇文章是否具有逻辑性，一要看它是否层次清楚，文理通顺；二要看它是否具有正确的思维方法和合理的思维过程。运用议论方法，必须具备一定的逻辑知识，尤其是必须遵循形式逻辑的普遍规律，否则，就会犯“自相矛盾”“偷换概念”“循环论证”等逻辑错误。

2. 议论的三要素

成功的议论都是由论点、论据、论证三要素组成的。

论点，也称论断，是作者提出的观点。论据，是证明论点的材料，也就是论点得以成立的理由和依据，包括事实论据和理论论据；论证，是运用论据证明论点的过程和方法。

论点、论据、论证三要素在一段完整的议论中是紧密联系、互相依存的，其中，论点提出“证明什么”，论据回答“用什么证明”，论证解决“怎样证明”。成功的议论总是以正确、鲜明的论点为前提，以确凿、充分的论据为基础，以严密有力的论证为手段，三者缺一不可。

3. 议论的类型

议论可以分为立论和驳论两大类。

立论，也称证明，是运用确凿的事实和充分的事理从正面把自己的论点树立起来，并证明其正确性；驳论，也称反驳，是运用充分有力的论据来批驳他人的观点，从而证明他人的观点是错误的。

议论的这两种类型是对立的统一，因为立任何一个论点，就意味着否定和它相对立的论点，立中有驳；同样，驳斥一个错误观点，也必然要树立一个与之相对立的正确观点。议论文往往以一种议论类型为主，以“立”为主的文章称“立论文”，以“驳”为主的文章称“驳论文”。立与驳相辅相成，立论文里会出现反驳，驳论文里也会出现立论，在运用时，只是有所侧重而已。

4. 论证的方法

（1）例证法。例证法是选择个别具有典型代表性的具体事实来论证观点的方法。“事实胜于雄辩”，例证法是很有说服力的。运用例证法，可以用具体事例，也可以用概括性的事实，甚至还可以用统计数字，关键在于“据事取义”。

运用例证法证明观点，必须注意以下三个方面：

①叙述事例不可过详。议论文中事例只是一种论据，是为证明论点服务的，因而要简明扼要，不能铺叙细描，否则就会喧宾夺主，改变文体的议论性质。

②事实论据不可“单一罗列”。写议论文是要证明论点的普适性，如果只是某一类型事例的单一罗列，就会暴露论点的片面性。因此，在列举较多事例时，应注意角度的变换，要善于将思维的流畅性与思维的变通性结合起来。

③不能有例无证，忽略论证环节。列举出事例后，要及时进行分析，把事例中与论点结合最紧密的那部分意义抓住，才能“证”“据”结合，从而证明自己的论点。

（2）引证法。引证法是运用一般原理等理论论据证明论点的方法。引用名家名言、格言谚语、科学定理等作为论据证明论点，可以加强文章的思想深度，从而证明自己论点的“权威性”。

引证法分直接引证和间接引证。照录原文、原话的，叫作直接引证，应当用引号引起来，表明未做任何改动。如果只是叙述大意，或原话较长，引用时进行了概括，叫作间接引证，不能加引号，以表明并非原文。

运用引证法证明观点，必须注意以下三个方面：

①引言必须是真理。用来作为论据的引言，必须是被历史、事实所检验、证明了的真理。

②引言要恰当。引言要能恰当地证明论点，而不能生拉硬扯，牵强附会，更不能张冠李戴。

③引言要少而精，并与自己的分析相结合。如果引言过多，会让人感到写作者是在东抄西摘，自己并无主见。

（3）比较法。比较法是将两种事物进行比较以证明论点的方法，包括类比、对比和喻比。类比是从已知的事物或结论中推出同类事物或结论的比较，是性质相同者进行比较。对比是将两种性质不同的事物或结论进行比较。喻比是采用比喻的方法进行论证。

（4）分析法。分析法是通过分析事理，揭示事物之间的因果关系以证明论点的方法，可以用因证果，或用果证因，也可以因果互证。运用因果分析时，要特别注意事物发展过程中的客观联系，使“因”的发展能够合乎逻辑地推导出“果”。

另外，还有反证法、归谬法等多种论证方法。需要说明的是，以上各种论证方法，并非孤立存在的，往往要综合运用多种论证方法才能充分证明自己观点的正确性。成功的议论，通常是论证方法的多样性与和谐性的完美统一。

（三）说明

1. 说明的含义及特点

（1）说明的含义。说明，是用简洁通俗的语言解说客观事物、阐释抽象事理的表达方式。它可以用于解说实体事物，如人物的经历、事迹，事物的形状、构造、功能等，也可以用于阐释抽象事理，如事物的本质、规律，事物之间的关系等。

在应用文写作中，说明与叙述、议论是三种主要表达方式，经常结合着使用，但叙述侧重于“动态”的表述，说明侧重于“静态”的表述，议论侧重于“主观”，说明侧重于“客观”。

（2）说明的特点。

①知识性。运用说明方法的目的是要将被说明对象的知识告诉读者，知识性是说明方法的出发点，也是其最终的落脚点。因此，写作者必须掌握被说明对象的有关科学知识，不能仅凭一知半解敷衍成文。

②客观性。既然以介绍知识为目的，说明必然具有客观性。客观的对象本身是怎样的，就对它作怎样的解说和阐释，其间不能带有个人的主观臆测。

2. 运用说明的基本要求

（1）抓住特征。要成功说明一个对象，必须抓住该对象独具的特点，因为正是这些特点使被说明对象与其他对象，尤其是与同类对象有所区别。

（2）选好角度。不同的读者群对说明的角度有特殊的规定，即使是对同一事物做介绍，读者对象不同，说明的角度也应该有所不同。只有说明角度适合读者需求，说明的价值才能真正体现出来。

（3）客观冷静。由于说明的目的是要把知识告诉读者，所以写作者个人的主观感情是不能轻易流露于说明过程中的，否则会影响知识的准确性。说明毕竟不是评论，更不是抒情，写作者的态度应该是冷静的。

（4）准确简明。说明的语言要有文体感，准确简明是它的语言风格。无论是解说实体事物，还是阐释抽象事理，都应该在确保准确简明的前提下，力求生动。

3. 说明的方法

(1) 概括说明。概括说明就是对事物或事理的内容、特征等给予概括，作出简明扼要的介绍，其目的是让读者对对象有一个轮廓性的认识。概括说明的语言表述要简练，常用来写出版说明、内容提要以及文物或产品的概括介绍等。

(2) 定义说明。定义说明就是用简洁的语言对某一对象所包含的本质特征作规定性说明，以揭示概念的内涵和外延。定义说明必须包括三个部分，即被定义概念、内涵揭示语和下定义概念，定义说明经常和诠释结合使用。

(3) 分类说明。分类说明就是按一定的标准对事物或事理的不同成分或方面，分别加以解说。分类时首先要保证标准的统一，使分出的子项之间是并列关系，其次要保证完整，各子项相加的总和等于被分的母项。

(4) 比较说明。比较说明就是把具有可比性的事物或同一事物的不同阶段，不同侧面进行比较，借以说明它们的特征和性质。比较，是人们认识事物的一种基本思维方法，也是说明常用的方法。

(5) 举例说明。举例说明就是用列举实例的办法把比较复杂的事物或事理解说得具体明晰。

(6) 引用说明。引用说明就是引用各种文献资料、古今诗词、农谚俗语等对事物或事理加以解说。引用可以使内容显得确凿充分，使语言更为精练。

(7) 数字说明。数字说明就是运用数字说明事物或事理，用事物"量"反映其外观状况或变化过程的方法。

(8) 图表说明。图表说明就是用绘图、列表的形式来解说客观对象的方法，它可以增强解说的直观性。

实训演练

1. 什么是应用文？什么是建筑应用文？
2. 建筑应用文的特点主要有哪些？
3. 建筑应用文的主要作用是什么？
4. 建筑应用文有哪些常见类型？
5. 建筑应用文写作者应具备哪些基本素养？
6. 应用文的要素有哪些？
7. 文章的表达方式有哪五种？建筑应用文常用哪几种表达方式？

第二章　党政公文

第一节　党政公文概述

一、党政公文的含义

公文是党政机关、社会团体、企事业单位在行使管理职权、处理日常工作时所使用的，具有直接效用和规范体式的文书。

公文有广义和狭义之分。广义的公文，指的是所有在公务活动中所使用的文书，除党政机关公文外，还包括政治、军事、法律、外交、文教、卫生、工商、经贸、税务的公文等；狭义的公文一般指的是中共中央办公厅、国务院办公厅 2012 年 4 月 16 日所发布的《党政机关公文处理工作条例》中所规定的文种。

党政机关公文是党政机关实施领导、履行职能、处理公务的具有特定效力和规范体式的文书，是传达贯彻党和国家方针政策，公布法规和规章，指导、布置和商洽工作，请示和答复问题，报告、通报和交流情况等的重要工具。

二、党政公文的特点

党政公文之所以成为一类独立的文种，是因为其具有独立的品貌和风格。党政公文包含以下特点：

（1）鲜明的政治性。党政公文的政治性主要体现在：第一，公文是党和国家路线方针政策的基本载体，很多公文都是直接发布路线、方针、政策的；第二，公文的写作者是党政机关、团体、企事业单位等一定社会层面中的政治性实体；第三，公文与社会政治生活密切相关，一旦运行，就要产生现实的社会效用，就可以促进、推动社会进步。例如，各类体制的改革、税收的增加与减免等，便是十分敏感的政策性、政治性问题。

（2）法定的权威性。从行文规范上看，上级的公文下级必须执行，必须服从；从行文内容上看，有的公文本身就是颁布法律法规的，是法律法规的载体，它体现了党和国家的意志，只能遵照执行，不得违背，更不能修正、篡改；公文需措辞严谨、庄重严肃，不允许含糊其词、模棱两可；有法定的写作者，公文的写作者是依法建立的机关团体、企事业单位，是国家授权的法人，法人就具有权威性；具有严格的行文程序、审批手续，不能随心所欲，恣意妄为，包括传递、办结的时间等，都只能在一定的时间范围内起效用。

（3）内容的可靠性。党政公文的写作者是法人，是法定的，即便是党和国家领导人，各级政府首长以个人名义发布的命令（令），也是受委托，是法定的、可靠的，因为写作者本来就是法人代表。另外，内容的真实、准确、可靠（包括引用的事实和数据不能弄虚作假，随意夸大缩小等）也是公文写作的基本原则。

（4）体式的规范性。在《党政机关公文处理工作条例》中，文种的选择，行文的体式，包括用纸、用印，书写格式，制发过程、审批程序、办结时间、制发程序等都做了明确的限制和规定，用纸及其印刷规格等都纳入了国家相应的技术规范，都有国家标准。

（5）功用的时效性。党政公文是针对一定时间、范围内的公务活动而制发的，制发的目的性、功利性非常明确，就是为了推进某一工作或解决某些问题，因而它具有特定的对象、范围和时间限制，而且一旦发出，就会产生现实的效用，就得雷厉风行、令行禁止，故其具有很强的现实效用。

三、党政公文的作用

（1）领导与指导作用。一个国家幅员辽阔、地域广大、人口众多、结构复杂，要统一意志和行动，要健康发展，必须靠路线、方针、政策，靠管理，而其基本的手段和办法就是依靠公文运行来实施。其间，公文所起的领导、指挥作用是十分明显的，否则，各司其职，一盘散沙，后果不堪设想。

（2）制约、规范作用。国家要统一，民族要团结，人们要生存，社会要发展，都得有相应的保障，除社会制度和组织形式外，主要靠公文来发布路线、方针、政策，颁布法律法规，以此统一人们的思想认识，规范、制约人们的行动，维护正常的学习、工作和生活秩序，让人们知道该怎么做，不该怎么做，有所为，有所不为。

（3）联系、沟通作用。公文有上行、下行、平行三个行文方向，分别起到了上情下达，下情上送，相互联系、沟通，反映情况、交流信息、商洽工作的作用，没有它，会导致信息不畅，工作脱节，后果很难想象。

（4）宣传、教育作用。任何一份公文总是针对具体工作而言的，无论起领导、指导作用，还是起联系、沟通、规范、制约作用，都有宣传教育的问题，都要摆事实讲道理，讲明是什么，为什么要做这项工作，该怎么做，不该怎么做，该做到何种程度，制定文件的依据是什么。只有这样才能起到很好的组织领导、联系沟通、规范制约作用，否则，就达不到发文的目的，或没必要发文；即便发了，人们也很难理解和贯彻执行。可见，其宣传、教育作用是十分明显的。

（5）依据、凭证作用。除以上功能外，公文还有明显的依据、凭证作用。上级发布的公文是下级决策、开展工作的依据；下级上报的公文，是上级的决策依据之一；机关单位自己的公文，是开展工作、履行职能的真实记录与凭证，在考核验收时能起到依据、凭证作用。一个机关单位的工作好坏，管理是否科学、规范，除了考察实情之外，单位在工作中生成的公文就成了很重要的凭证和依据。甘肃武威出土的西汉《王杖诏书令》便成了中华民族是礼仪之邦、文明古国的重要凭证。因为《王杖诏书令》规定，凡 70 岁以上的老人均由朝廷赐予王杖，持王杖者可以自由出入王宫，做生意可以不交税；侮辱持王杖的老人以侮辱王者问罪，且最高可判处死刑。

四、党政公文的种类

1. 公文的类别

我国现行公文一般有以下六种分类方法，按使用体系可分为：党政公文、军队公文、企事业单位公文、机关团体公文；按行文方向可分为：上行公文、平行公文、下行公文；

按使用范围可分为：专用公文、通用公文；按密级可分为：绝密公文、机密公文、秘密公文；按办结时间可分为：特急公文、加急件公文；按性质功用可分为：指挥类公文、报请类公文、知照类公文、记录类公文、法规类公文。

2. 党政公文的类别

按照中共中央办公厅、国务院办公厅 2012 年 4 月 16 日发布的《党政机关公文处理工作条例》规定，党政公文为 15 种。具体如下：

（1）决议：适用于会议讨论通过的重大决策事项。

（2）决定：适用于对重要事项作出决策和部署、奖惩有关单位和人员、变更或者撤销下级机关不适当的决定事项。

（3）命令（令）：适用于公布行政法规和规章、宣布施行重大强制性措施、批准授予和晋升衔级、嘉奖有关单位和人员。

（4）公报：适用于公布重要决定或者重大事项。

（5）公告：适用于向国内外宣布重要事项或者法定事项。

（6）通告：适用于在一定范围内公布应当遵守或者周知的事项。

（7）意见：适用于对重要问题提出见解和处理办法。

（8）通知：适用于发布、传达，要求下级机关执行和有关单位周知或者执行的事项，批转、转发公文。

（9）通报：适用于表彰先进、批评错误、传达重要精神和告知重要情况。

（10）报告：适用于向上级机关汇报工作、反映情况，回复上级机关的询问。

（11）请示：适用于向上级机关请求指示、批准。

（12）批复：适用于答复下级机关请示事项。

（13）议案：适用于各级人民政府按照法律程序向同级人民代表大会或者人民代表大会常务委员会提请审议事项。

（14）函：适用于不相隶属机关之间商洽工作、询问和答复问题、请求批准和答复审批事项。

（15）纪要：适用于记载会议主要情况和议定事项。

五、党政公文的基本格式

（一）基本格式

党政公文是具有惯用格式（基本格式）的，这既是党政公文权威性和约束力的表现形式之一，又是规范化、程式化和办公自动化的必然要求，还是提高办事效率，适应快节奏社会发展要求的必要手段，而绝不是可有可无、故弄玄虚的形式主义。因此，必须首先解决好这一认识问题，从思想上重视起来。否则，一旦产生抗拒心理，就会出差错，这肯定是不允许的。

正因为公文的格式问题不是一个简单的形式问题，因此，党和国家，甚至于西方的资本主义发达国家都很重视。就我国而言，为了提高公文质量和管理水平，自新中国成立以后，国务院办公厅就对机关公文的格式做过不少规定，并制定了不少管理办法，在公文的规范化方面作出了巨大努力。1987 年 7 月，国家技术监督局又正式颁发了《国家行政机关公文格式》，从排版格式到相应内容，用纸的长短、大小、厚薄和装订规格等都作了明确而详尽的规定，1999 年又做了修订。2000 年 8 月 24 日修订的《国家行政机关公文处理办法》又从拟稿、成文到归档管理都再次做了具体而明确的规定。2012 年又颁发了《党政机关公文格式》和《党政机关公文处理工作条例》。综上说明这并非形式主义。

《党政机关公文处理工作条例》规定：公文一般由份号、密级和保密期限、紧急程度、发文机关标志、发文字号、签发人、标题、主送机关、正文、附件说明、发文机关署名、成文日期、印章、附注、附件、抄送机关、印发机关和印发日期、页码等组成。

（1）份号。公文印制份数的顺序号。涉密公文应当标注份号。

（2）密级和保密期限。公文的秘密等级和保密的期限。涉密公文应当根据涉密程度分别标注“绝密”“机密”“秘密”和保密期限。

（3）紧急程度。公文送达和办理的时限要求。根据紧急程度，紧急公文应当分别标注“特急”“加急”，电报应当分别标注“特提”“特急”“加急”“平急”。

（4）发文机关标志。由发文机关全称或者规范化简称加“文件”二字组成，也可以使用发文机关全称或者规范化简称。联合行文时，发文机关标志可以并用联合发文机关名称，也可以单独用主办机关名称。

（5）发文字号。由发文机关代字、年份、发文顺序号组成。联合行文时，使用主办机关的发文字号。

（6）签发人。上行文应当标注签发人姓名。

（7）标题。由发文机关名称、事由和文种组成。

（8）主送机关。公文的主要受理机关，应当使用机关全称、规范化简称或者同类型机关统称。

（9）正文。公文的主体，用来表述公文的内容。

（10）附件说明。公文附件的顺序号和名称。

（11）发文机关署名。署发文机关全称或者规范化简称。

（12）成文日期。署会议通过或者发文机关负责人签发的日期。联合行文时，署最后签发机关负责人签发的日期。

（13）印章。公文中有发文机关署名的，应当加盖发文机关印章，并与署名机关相符。有特定发文机关标志的普发性公文和电报可以不加盖印章。

（14）附注。公文印发传达范围等需要说明的事项。

（15）附件。公文正文的说明、补充或者参考资料。

（16）抄送机关。除主送机关外需要执行或者知晓公文内容的其他机关，应当使用机关全称、规范化简称或者同类型机关统称。

（17）印发机关和印发日期。公文的送印机关和送印日期。

公文从左至右横排，少数民族文字按其习惯书写排列，有签批用笔、公文数字问题的规定，还有纸型及其他，如天头、地脚、订口翻口等规格，这在《党政机关公文格式》中有具体明确的规定，如图 2-1～图 2-3 所示。

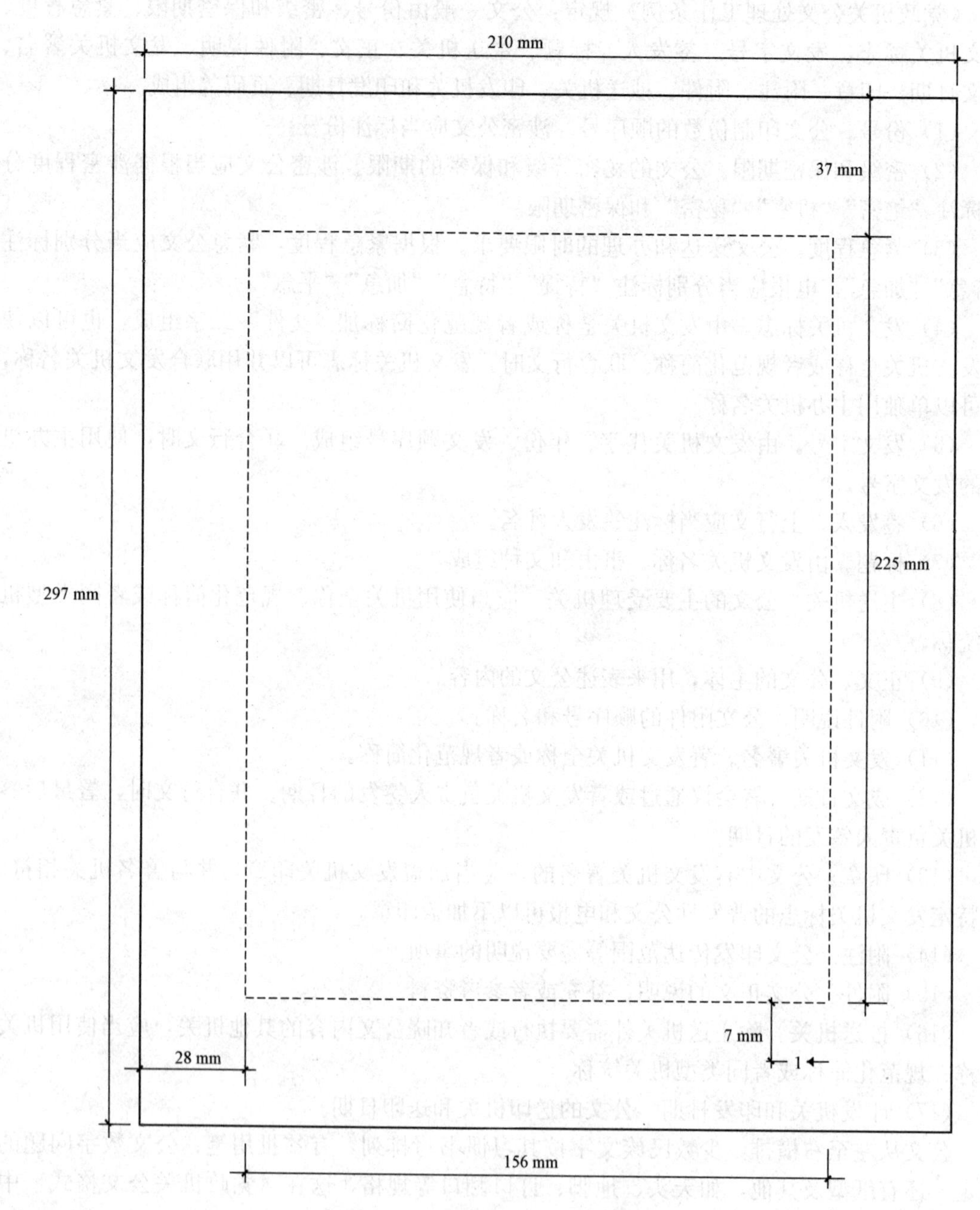

图 2-1　党政公文用纸印装规格图

000001

机　密★1年

特　急

××××××文件

×××〔2012〕10号

×××××关于××××××的通知

××××××：

×××××××××××××××××××××××××××
×××××××××××××××××××××××××××××
×××××××××××××××××××××××××××××
×××××××××××××××××××××××××××××
××××××。

×××××××××××××××××××××××××××
×××××××××××××××××××××××××××××
×××××××××××××××。

××××××××××××××××××××××××。

×××××××××××××××××××××××××××
×××××××××××××××××××××××××××××
×××××××××××××××××××××××××××××
×××××××××××××××××××××××××××××
×××××。

— 1 —

图 2-2　公文首页版式

图 2-3　公文末页版式

（二）特殊格式

（1）信函格式。信函格式的特殊之处在于：一是排版规格不一，发文机关名称上边缘距上页边的距离（天头）为 30 mm，“地脚”为 20 mm；二是标志不同：上反线为武文线（上粗下细），下反线为文武线（上细下粗），且均为红色；三是发文字号顶格标注于武文线下一行版心右边缘。

（2）命令格式。命令格式的特殊之处在于：一是发文机关名称加“命令”或“令”组成；二是令号在发文机关标志之下居中排列，加“第”字而不受年度限制；三是没有反线，且“天头”为 57 mm。

（3）纪要格式。会议纪要格式的特殊之处在于：一是标志由“××××××会议纪要”组成，且同样套红印刷；二是发文字号由发文机关自定；三是不加盖印章。

第二节　常用党政公文写作

一、通知

（一）通知的含义和特点

1. 通知的含义

通知是一种具有告知性、部署性和指示性等多重属性的公文，也是公文中使用范围最广、使用频率最高、使用权限最不受限制的文种。其主要用于上级机关批转下级机关的公文，转发上级机关和不相隶属机关的公文，传达要求下级机关办理和需要周知的事项等。

2. 通知的特点

（1）功能的多样性。在下行文中，通知的规格虽不及命令、决议、决定等文种高，但功能却是最丰富的。例如，布置工作、传达指示、晓谕事项、发布规章，批转、转发文件等，几乎具备了所有下行文的功能。

（2）运用的广泛性。运用的广泛性是由其功能的多样性决定的。除此之外，还在于它在适用内容、使用范围和作者的无限制等方面，可以说是各机关单位中使用频率最高的一个文种，而且是党政机关、社会团体、企事业单位常用的文种。

（3）一定的指导性。从表面上看，通知没有多大指导性。但事实上，多数通知都带有一定程度的指导性，布置工作、传达指示、晓谕事项、发布规章等，都带有明显的指导性，清晰地为受文者表明了该怎样、不该怎样、为什么要这样、为什么不那样等基本问题。只有部分晓谕性通知的指导性相对要弱一些。因此，部分通知也可划归到指挥性公文之中。

（4）较强的时效性。通知是一种较为具体实在、可操作性强的文件。因此，通知的事项往往带有较强的时间性。例如，开会通知、布置性通知、发布性通知等。其时效性大都很强，清晰地表明了在什么时候、什么时间范围内起效应或办结，不允许随意处置。如会议通知、考试通知、工作安排部署性通知，其时间性都是很强的。

（二）通知的分类

通知的种类很多，依据其功能作用可分为如下类型。

1. 发布性通知

发布性通知即用来发布指示、布置工作的一类通知。往往是在需要对某一事项作出相应处理，对某些工作作出部署安排，又不宜用命令、决定等文种来运作的时候采用，诸如春运工作、安全生产、防治非典等，这类通知常常要写明干什么、为什么、怎么干等内容，因而有些类似于意见的写法。

2. 颁发性通知

颁发性通知是一种用于颁布实施规章性文件（如条例、规定、办法、细则、实施方案等）时所使用的一种通知。与发布性通知相比，主要是适用对象不同，且颁发更为严肃、庄重，但又不及用命令颁布的规格高，是介于二者之间的一种特定通知。如原人事部《关于印发〈人事争议处理办法规则〉和〈人事争议仲裁员管理办法〉的通知》。

3. 转发、批转性通知

转发、批转性通知是两种看起来相似，实则大为不同的通知。转发性通知是针对上级来文没有新的意见直接贯彻而言的。批转性通知是就下级来文因涉及平行的相关机关时所使用的。二者的适用对象、功能均不一致。

4. 晓谕性通知

晓谕性通知是一种没有指导性的告知性通知。它虽然没有指导性，但其适用范围却是很广的，功能作用也是不能低估的。例如，召开会议、停水停电、通航、机构变动、人事调整、印章启用、变更办公地点或电话等，目的是让大家知晓。

（三）通知的写作

1. 通知的结构

虽然通知的种类较多，但在结构安排上大致相同。

（1）标题。标题要求写明发文机关名称、事由和文种。

（2）主送单位。通知一般都以受文对象作为主送单位。

（3）正文。通知的正文通常由通知缘由、通知事项和执行要求组成，但在具体行文时，不同类型的通知写法各异。

指示性通知开头明确阐述制发通知的政策法规依据和行文目的，主体部分具体写明工作任务，结语提出执行要求和希望；颁发性通知只需写明所颁发的规章名称、实施时间及要求；转发、批转性通知开头先写明被转发、被批转公文的制发机关与标题，若是批转通知需写明批转机关的态度，主体部分针对所转公文的内容，作进一步阐述与论证，指明意义、执行重点、执行要求及注意事项，一般没有结语；晓谕性通知开头简要说明缘由、依据和目的，主体部分写明具体事项，结语一般用“特此通知”即可。

（4）发文机关名称、发文时间及印章。

2. 通知的写作要求

（1）正确有序地确定主送单位。通知的适用对象较多，故主送机关往往较多，写作时要分清层次类别，尽可能地使用统括语。但要注意层次性和周延性，不能因为多而乱，乱而疏，因此导致遗漏或失误。

（2）恰当地交代通知缘由。缘由不是所有的通知都有，发布规章性的通知多数无须交代缘由。但发布指示，安排工作，晓谕性的通知就有缘由交代，其内容主要是写明在什么情况下依据什么，出于什么目的发通知，让人们很好地理解并贯彻执行。

（3）明确交代通知事项。这是通知的主体，也是通知发生社会效用的关键所在，因而一定要交代清楚、明白。要考虑不同类型的相应要求，要注意理清思路和层次，避免冗繁和混乱。对指示性、部署安排工作的通知还要恰当地提出执行要求，使之能落到实处。

（四）案例分析

【例文】

国务院办公厅关于调整2019年劳动节假期安排的通知

国办发明电〔2019〕3号

各省、自治区、直辖市人民政府，国务院各部委、各直属机构：

经国务院批准，现将调整2019年劳动节放假安排通知如下：

一、2019年5月1日至4日放假调休，共4天。4月28日（星期日）、5月5日（星期日）上班。

二、各地区、各部门要抓紧做好本地区、本领域的劳动节假期调整落实工作，采取有效措施，保障交通运力，加强旅游服务，丰富产品供给，强化综合调控，确保平稳运行。

三、劳动节期间，要妥善安排好值班和安全、保卫等工作，遇有重大突发事件，要按规定及时报告并妥善处置，确保人民群众祥和平安度过节日假期。

国务院办公厅

2019年3月22日

（选自中华人民共和国中央人民政府网站）

【简析】

这是一份周知性通知，知照有关单位关于2019年劳动节的放假安排，正文部分先写发文的缘由，承启语后写具体的事项和要求，直截了当，具体明确。

二、通报

（一）通报的含义和作用

1. 通报的含义

通报是党政机关、社会团体和企事业单位用来表彰先进、批评错误、传达重要精神和告知重要情况时使用的一种晓谕性的公文。

2. 通报的作用

通报有三个方面的功能作用：一是表彰先进，激励、教育、鼓舞人们积极向上，奋发图强；二是批评错误言行，教育、警示人们，避免重蹈覆辙；三是传达重要精神，告知重要情况，沟通信息，确保政令畅通，推动促进工作。

3. 通报与通知的异同

通报与通知的相同点有：一是文体属性均属法定的晓谕性公文；二是其功能作用一致，都是传递情况，沟通信息；三是使用的范围均十分广泛。不同点主要有：一是通知的内容比通报广泛，凡是需要有关单位、部门、人员办理或周知的事项都可以纳入通知的范畴，重大的、一般的、事无巨细都可以；二是通报的功用不及通知实在，多是倡导、警戒、启发、沟通、教育、警示类的，属务虚性的，而通知可操作性强，务实的成分很重。

（二）通报的特点

1. 题材的典型性

通报的基本功能作用决定了通报的选材必须典型。所谓典型即所用材料具有广泛的代表性、很强的说服力而且是新鲜重大的事实，否则很难起到通报的相应作用。

2. 思想的导引性

无论是先进的、守旧的，还是正面的、反面的，一旦通报出来，都具有积极的思想意义，对人们具有某种导引作用，或让人鼓舞、振奋、感动、佩服、景仰；或让人愤慨、震怒、感慨、惋惜，从中吸取教训或获得教益，催人奋进或警醒。

3. 制发的时效性

制发的时效性主要体现在两个方面：一方面是通报所涉及的事实必须是真实的，要把通报事实发生的时间、地点、过程和结果都写清楚，如洪灾、井喷、空难等问题；另一方面是通报要讲时间性，要尽可能地迅速及时，才能收到其应有的效果。

（三）通报的类型及写作

通报可依据其内容属性分为表彰性通报、批评性通报和情况性通报三种类型。

1. 表彰性通报的写作

（1）表彰性通报的含义。表彰性通报即用来表彰先进人物、事件，介绍先进事迹，推广先进经验的一类通报。

（2）表彰性通报的内容。

①介绍先进事迹。在写表彰性通报时，首先要简要地介绍受表彰者的先进事迹，因为这是通报表彰的缘由和客观基础，如果没有或写得不好，后面的表彰就失去了依据，所以一定要写好，一定要写明事件发生的时间、地点、经过和结果等内容，并注意突出重点，将一些能体现人物思想品质和精神境界的内容写得具体、详尽些，其他无关紧要的可一笔带过。

②揭示事件的性质和意义。既然是表彰，就要首先分清事件的性质，是爱国主义还是集体主义、英雄主义；是助人为乐还是公而忘私或见义勇为，其价值意义在哪里。既要准确定性，又要准确揭示，如此才能很好地进行表彰，表彰也才能服人，否则就有可能被嗤之以鼻，让人反感。

③表彰决定。即要写明表彰的具体内容，是授予荣誉称号，还是既要授予荣誉称号又要给予经济或物质上的奖励。如果涉及的人很多，则应分别或分类分级列出。总之，要把奖什么，奖到什么程度交代清楚。

④提出希望、要求或号召。这是结尾部分，也是通报发挥社会效用的部分，既有对奖

励者个人或单位的，也有对社会其他公众成员或单位的，否则就会失去表彰的意义。当然，这不是喊空口号，而是要紧密结合表彰对象的事迹，要从其先进事迹、精神品质中提炼和引申，而不能游离于事迹本身之外。

2. 批评性通报的写作

(1) 批评性通报的含义。批评性通报是针对某一错误事实或某些有代表性的错误倾向所发布的一种通报。

(2) 批评性通报的种类。批评性通报主要有两种：一是针对某一部门、单位的不良现象的通报；二是针对某一错误事实或某一错误倾向的通报。无论是哪一种，都应具有代表性。

(3) 批评性通报的内容。批评性通报应写明以下内容：

①表述错误事实或现象。这种情况一般有三种情形，包括对个人的、对单位部门的、对普遍存在的现象或问题。三种情形要区别对待，要表述清楚和准确，诸如何时何地、何人何事。特别是第三种，既然具有普遍性，就既要点出最突出的、最严重的问题，要分清主次，突出重点，又要作相应的综合概括，把面上的情况反映出来、反映准确。无论是哪种情形，都要将最基本的何因何果交代清楚，这是批评定性的基础，一定要准确明晰，否则，后面就很难继续写下去。

②对问题性质的认定和危害的分析。这也是写作的重点，一定要客观准确，深入透辟。要由表层到深层，由现象到本质，把问题说够，把本质说透，把实质要害抓准，不能避重就轻，隔靴搔痒，更不能文过饰非，轻描淡写，这样才能达到通报的目的。在写法上可以先分析后定性，也可以先定性后分析，但无论采取怎样的方式，实质要害是不能不指出的。

③提出处理意见或整顿治理措施。这部分是结论性意见，是通报发生效用的关键所在，因而一定要写明处分处理的依据和过程及其合法有效性（经谁批准以及其基本的程序），写明给什么样的处分。对普遍存在的现象或问题，要提出正确可靠的治理整改措施或保障性措施，以便达到通报处理的相应目的。

④希望和要求。这是通报批评的落脚点、目的所在。这部分内容仍然涉及两个方面；一是对当事者的；二是对社会公众或系统单位、行业干部职工的。通报批评的目的是使当事者和其他人或其他单位从中吸取教训，避免重蹈覆辙。

3. 情况性通报的写作

(1) 情况性通报的含义。情况性通报是以传达重要的精神、告知重要的情况、沟通信息，指导和协调工作为主要目的的一类通报。

(2) 情况性通报的内容。情况性通报应集中写明三个内容：

①开头要介绍相关背景，说明情况性通报的基本缘由和目的依据。

②要写明通报的具体内容和情况。这是主体内容，一般来说，篇幅都较长，需要认真梳理，分项说明，注意其逻辑关系和层次。必要时可分部分、条款列出，以清楚明白、准确为原则。

③希望和要求或指导性意见。这部分内容要紧扣情况，成为对情况、信息的意义、主旨的揭示，这也是情况性通报的目的、意义所在，是全文的落脚点，应予以准确提炼和表述。

（四）案例分析

【例文】

辽宁省交通厅关于对中铁七局集团郑州工程有限公司虚假投标的处罚通报

辽交基建发〔2015〕269号

各市交通局，省公路局、高速局、高建局：

5月31日，省厅收到有关辽宁中部环线高速公路铁岭至本溪段项目路基工程施工招标第四合同段第一中标候选人虚假投标的举报线索。资格预审申请文件申报的企业业绩包括张石公路化稍营至蔚县（张保界）段高速公路工程L14合同段，但中标通知书、合同协议书和交工验收证书等相关证明材料造假，实际中标人为中铁七局集团有限公司。经调取、查阅有关文件，函询、核实有关情况，并听取被投诉人的陈述和申辩后，查实中铁七局集团郑州工程有限公司在投标过程中出具虚假企业业绩等资料骗取中标。

中铁七局集团郑州工程有限公司严重违反《中华人民共和国招标投标法》《中华人民共和国招标投标实施条例》以及交通运输部、辽宁省公路建设管理有关规定，省厅依法依规对其虚假投标行为作出处罚决定如下：

依据《中华人民共和国招标投标法》第五十四条和《中华人民共和国招标投标法实施条例》第六十八条规定，取消中铁七局集团郑州工程有限公司在辽宁中部环线高速公路铁岭至本溪段项目路基工程施工招标第四合同段的中标候选人资格，作为不良记录记入辽宁省公路建设市场信用信息管理系统，自此文件发布之日起1年内禁止在辽宁省公路建设市场投标。

希望各单位认真贯彻国家、交通运输部和辽宁省公路建设管理有关规定，以开展公路建设市场秩序专项整治活动为契机，在工作中认真查找自身存在的问题和不足，同时加大对招投标过程中弄虚作假等违法违规行为的处罚力度，营造运行规范、竞争有序、诚实信用的公路建设市场环境。

特此通报。

辽宁省交通厅

2015年7月1日

（选自辽宁省交通厅，有改动）

【简析】

这是一份典型的批评性通报。作者首先重点介绍了错误的基本事实，指出了其造成的主要危害，以此作为通报的缘由和事实依据，且写得比较详尽；然后交代了判定错误事实和通报的立论依据，既让被通报者心悦诚服，又让其他人觉得有理有据；接着明确了处理意见；最后提出了相应警示和要求。所有这些，都是批评性通报的基本内容要素，必须将其写好，并且要注意处理好详略轻重的关系，否则很难让人心悦诚服，很难有效实现通报目的，收到预期效果。

三、公告

（一）公告的含义和特点

1. 公告的含义

公告是国家机关使用的一种向国内外宣布重要事项或法定事项的晓谕性公文。例如，党和国家领导人出访、任免、逝世，公布重大科技成果，重要决定等。

2. 公告的特点

较之其他或同类文种，公告有以下特点：

（1）发文权力的限制性。公告不是任何人都可以发的，也不是任何机关、任何事情都可以用公告形式来发的，而是有限制的。这种限制表现在两方面：从内容上讲，只限于重大事项和法定事项，且不是一般单位的重大事项，而是面对全国和全世界的重大事项，如果达不到这个尺度，就不能用这种文体，这是最主要的限制；从发文者看，只限于国家行政机关及其职能部门，其他的地方行政机关和党团组织、社会团体、企事业单位一般不发布公告。

（2）发布范围的广泛性。公告虽然使用的单位有限制，但适用的范围是国内外的，也应该是最广泛的。

（3）题材的重大性。对于公告的题材，从其适用对象中可以明显地看出，一是重要的；二是重大的；三是庄重严肃的。一般性的公告就不宜以这种形式也没必要向国内外发布。

（4）内容和传播方式的新闻性。一是内容上的新闻性。新闻有三个要素，即新、事实、报道，还有两个特性，即“新”和“真”。就公告的内容看，显然是符合这一要求的，而且不是一般新闻，是属于重大新闻的范畴。因为它是由重大事件构成，这是内容上的新闻性是很充分的。二是形式上的新闻性，它不是以红头文件形式发布的，往往是在报刊上公开刊登，有的甚至是国家授权新华社发布。

（二）公告的分类

公告可依据其内容属性分为重大事项公告和法定事项公告两类。

1. 重大事项公告

重大事项公告是用来宣布有关国家的政治、经济、军事、科技、教育、卫生、人事、外交等方面的重大事项的公告。诸如党和国家领导人的变动，出访以及其他重大活动，重大科技成果的公布，主要军事行动（如军事演习）等。

2. 法定事项公告

法定事项公告是按照有关法律法规的规定就一些重大事项的主要环节所作的公告。比如，《中华人民共和国专利法》第三十九条关于专利申报事项的公告；《企业破产法》规定的破产公告；《国务院公务员暂行条例》第十六条关于录用公务员要“发布招考公告”的规定，还有法院方面的登记、送达、开庭，宣告死亡、失踪、财产认领、强制执行等，均属此列。

（三）公告的写作

1. 公告的结构要素及内容

（1）公告的标题。公告的标题可以分为两类：一是全称式，即由发文机关＋事由＋文种组成；二是简明式，即省去某些成分的一类标题，它包括三种情形：省略事由的，由发文机关＋文种组成；省略发文机关的，由事由＋文种组成；省略事由和发文机关的，只有“公告”二字。具体使用哪种更好，视具体情况而定。

（2）发文字号。公告一般不用常规的发文字号，而是在标题之下、正文之上标注“第×号”即可，也有不用字号的。

（3）正文。公告的正文与很多文种一样，分为导言、主体和结语三部分。

导言的主要内容和任务是讲明公告的发布依据、缘由、目的和意义等，使之师出有名。但也有不写导言直接入题的。

主体部分写明公告的具体事项。其写法有两种：一种是贯通式，一般用于内容较单一的公告；另一种是条文式。不管是哪种形式，都应以条理清楚、意旨明确为基本原则。

结语部分有三种情形：一是惯用式，即以“特此公告”作结；二是用一个自然段来写执行要求；三是什么都不写，公告内容写完即可，干净利落，明确简洁。这三种形式中以第一种形式最普遍，第二种和第三种形式使用相对少一些。

2. 写作要求

对于公告写作，除结构要素外，还应该注意满足以下写作要求。

（1）郑重选材，谨慎使用。既然公告有特定含义、特定使用对象，就不能随意用之，不属于重大事项，不涉及国际、国内的全局，就不能用公告，不能将其用滥了、用俗了。

（2）反复锤炼，庄重严肃。公告是代表国家机关发布的，其内容的重大性也决定了在写作中要反复从语言文字上加以锤炼，使之准确、简明、庄重、严肃，既不能因此而影响了表达效果，更不能因此而损害了国家、国家机关和政府的形象，损害了国家的信誉和尊严。

（四）案例分析

【例文】

四川省人民政府公告

为表达全省各族人民对“4·20”芦山7.0级地震遇难同胞的深切哀悼，省政府将2013年4月27日设为全省哀悼日。当天停止一切公共娱乐活动，8时2分起，全省人民默哀3分钟，届时汽车、船舶鸣笛，防空警报鸣响。

四川省人民政府

2013年4月25日

（选自四川省人民政府网）

【简析】

这是一份重要事项公告，文中以“为……”作为开头，引入主体，以秃尾形式结束。全文用语精炼，适于处在救灾的紧急时期的人们阅读。

四、通告

（一）通告的含义和特点

1. 通告的含义

通告是国家机关、社会团体和企事业单位用于公布在一定范围内应当遵守或周知的事项的一种晓谕性公务文书。

通告与公告既有相同点，也有不同点，表现如下：

二者的相同点在于：都是晓谕性公文，其功用和文体属性是完全相同的，且都有一个“告”字；发布者也有些相同之处，即主要的都是国家机关、行政机构。

二者的区别在于：一是内容有别。公告是重大事项、法定事项；通告则是需要周知或遵守的事项，二者有重大程度上、事物属性上的差异。二是发文机关有异。公告的适用对象和范围决定了其制作者的级别高，范围窄；通告的内容属性、功能作用决定了其制发者的级别相对较低，范围也扩大到了基层单位、社会团体和企事业单位，面就宽泛得多了。三是发布的范围不同。公告是国内外，通告是一定范围内。四是发布方式不同。公告多以在报刊上、广播电视上刊登、播发为主要形式，一般不以“红头文件”形式下发，也不以布告的形式印行张贴，而通告则用上面几种方式都可以，相比之下要灵活得多。

2. 通告的特点

（1）法规性：通告通常用来颁布地方性法规，因此，其内容带有很强的法规性。

（2）周知性：在一定范围内让大家了解、遵守。

（3）务实性：通告所涉及的是具体事项，很实在，解决的是现实社会生活中的具体问题。

（二）通告的分类

1. 法规性通告

法规性通告是以发布地方法规为主要内容的一类通告。

2. 知照性通告

知照性通告是让大家了解、熟悉相关事宜的通告。

（三）通告的写作

1. 标题制作

通告的标题主要有以下两种：

（1）全称式：发文机关＋事由＋文种，如《××省人民政府关于春运期间加强交通安全管理的通告》。

（2）简明式：即发文机关＋文种。

2. 发文字号编排

通告的发文字号编排因类而异：政府发布的，按公文发文字号编排；行业发布的以“第×号”形式出现；也有基层单位不用发文字号的。

3. 正文拟写

通告的正文一般由以下三部分组成：

（1）通告缘由。主要应概括地写明发布通告的原因、背景和理由。包括通告的依据、目的、意义等，以便让人明白、理解和接纳，产生积极效应。

（2）通告的具体事项。着重写明应当让人周知或遵守的具体事宜与相应要求。这是通告的主体部分，也是最关键、最重要的部分。写作时要以清楚、明白为基本目标；要注意归纳、提炼，使之条理分明，层次清晰，便于操作。如果内容多而杂，则可分条款列出；若内容少，也可用全文贯通式。

（3）总体要求部分，也是结尾部分。可以提出希望和要求，也可以说明执行范围和违反者查究处理的办法。若无必要，也可用“特此通告”“望遵照执行”之类的惯常语作结。

（四）案例分析

【例文】

鞍山市人民政府关于划定机动车及非道路

移动机械低排放区的通告

鞍政发〔2018〕10号

为进一步改善环境空气质量，保障人民群众身体健康，根据《中华人民共和国大气污染防治法》《中华人民共和国道路交通安全法》《辽宁省机动车污染防治条例》等法律法规，市政府决定在我市划定机动车及非道路移动机械低排放区。现将有关事项通告如下：

一、低排放区范围为建国大道以东、中华南路以西、千山中路以南、民生东路以北（含以上道路）的区域。

二、自2018年7月1日起，国Ⅲ以下排放标准的柴油货车、国Ⅲ以下排放标准的非道路移动机械，未经批准，不得在上述低排放区内通行和使用。

三、对违反本通告规定的，由公安机关交通管理、环境保护等相关部门依法予以处罚。

鞍山市人民政府

2018年5月29日

（选自鞍山市人民政府网）

【简析】

这是一份制约性通告，结构清晰，标题采用了三元素形式，正文由发文缘由和通告事项组成，结尾采用了秃尾形式，最后落款。在通告事项的第三条中“对违反本通告规定的，由公安机关交通管理、环境保护等相关部门依法予以处罚”，这句话体现了制约性。

五、报告

（一）报告的含义

《党政机关公文处理工作条例》规定：“报告，适用于向上级机关汇报工作、反映情况，回复上级相关的询问。”

报告是党政机关、社会团体、企事业单位在向上级机关汇报工作、反映情况，回复上级机关询问时所使用的一种报请性的上行公务文书。

需特别注意的是，党政机关公务活动中所使用的报告类不同于从事业务工作的业务部门在业务工作中所使用的标题中带有“报告”二字的行业文书，诸如审计报告、评估报告、立项报告、调查报告、分析报告等，尽管它们的功能作用差不多，却不能混为一谈；也不能与领导在会议上所作的工作报告混用。

此外，要注意将其与请示严格区别开来。

（二）报告的特点

1. 行文目的的单向性

报告只汇报工作、反映情况或回复上级相关的询问，不需要上级机关给予答复。

2. 行文语气的陈述性

一是以陈述的口气，不是小心翼翼，更不是低声下气，当然也不是盛气凌人、趾高气扬或理直气壮、不屑一顾，而是心平气和、坦诚相见；二是要把一些基本的要素交代清楚，把问题、情况讲清楚，不做理论阐发和议论。

3. 行文时限的灵活性

有的称为行文时限的“事后性”或“滞后性”，其实都不妥当。“事后”容易被误解为是结束之后，有很多并不是如此，而需要事前或事中，因此，“随机性”似乎更妥当些，据需而定，这个“需”既可以是上级的，也可以是实际的客观需求，只要有必要，事前、事中、事后都是可以的，故而有随机之说。

（三）报告的种类

报告是一种适用面很广的公文，因而其类别较多，可以从不同的角度划分出不同的类别。

1. 按内容划分

报告按内容可分为工作报告、情况报告、答复报告和报送报告四类。

2. 按性质划分

报告按性质可分为综合性报告和专题性报告两类。综合性报告即向上级机关全面反映一定时期内各项工作情况的报告；专题性报告则是向上级机关专门反映某一方面工作情况的报告。

3. 按时限划分

报告按时限可分为年度报告、季度报告、月报告和旬报告等。

（四）报告的写作

1. 标题制作

报告的标题一般由发文机关、事由、文种三者组成，也有只出现事由和文种的。

2. 主送机关

主送机关一般只有一个，不能越级，需了解者可抄送。

3. 正文

报告的正文可分成导言（引语）、主体和结语三部分。这与其他文种基本一致，但有内容、要求上的差异，故分述如下：

（1）导言（引语）。导言之所以不称为“导语”，主要是为了避免与新闻中的导语混淆。

导言是报告的开场白，对全文起引导、交代、说明作用。报告的导言写法是多种多样的，主要的方式有以下四项：

①背景式导言：交代报告产生的背景。

②根据式导言：交代报告产生的根据。

③叙述式导言：开头叙事，引发出相关问题。

④目的式导言：讲清报告的目的。

（2）报告主体。报告的主体是十分重要的部分，对这一部分的总体要求是要依据报告的性质来决定和取舍所写的内容，把该写的交代清楚、明白。一般来说，应当据不同情况来安排。

①对于反映工作情况的报告，应当写明什么时间范围内做了哪些工作，如何做的，进展情况或工作的成效怎样，还存在哪些问题，今后的打算和努力的方向是什么？内容的详略要根据目的和内容属性确定。如果是上级要求汇报的重大工作，则应尽可能地详尽一些；若主动汇报常规性工作事项，则尽可能简略一些，把基本情况（含成效、进展、做法）写清楚即可，但在写的过程中要注意以下三点：

a. 要实事求是、一分为二、报喜报忧。不要只写成绩或问题，甚至文过饰非，虚报浮夸，欺上瞒下，一害上级，二害人民，三害自己；或者把形势说得一团漆黑，只看见阴暗面，而应实事求是，并尽可能翔实、具体。

b. 要突出重点、点面结合。特别是综合性总结，要抓主要的、关键的，不要甲乙丙丁，开中药铺，什么都想说而又什么都没说清楚，让人越看越糊涂。要处理好局部与整体的关系，既有面的关照，又有点的深入，且要重点突出。

c. 要综合分析、适当概括。不要平铺直叙，罗列现象，记流水账。要把情况怎样、做了哪些工作、主要措施是什么、进展情况怎样、效果如何、成功的经验、失败的教训、问题是哪些、努力的方向如何，分门别类，条分缕析，清清楚楚、明明白白，有数量、有质量地写出来，让人一听就清楚、一看就明白，而且很信服。

②对反映情况或回复询问的报告，则应把基本情况或回复意见写清楚，少加或不加分析，力求目标明确，内容集中单一，既简明扼要，又有很强的针对性。是反映情况的报告就把情况说清楚，且要实事求是；是回复上级询问的报告，则更应针对询问的内容集中准确、实事求是，不能避重就轻。

总之，无论是哪类报告，其基本要求都是内容集中、准确，有针对性，实事求是、简明扼要。

（3）结语。结语一般采用惯用格式即可，如“特此报告”或“请审阅”。

（五）案例分析

【例文】

××市城建局文件

（2011）字号

关于报送二〇一二年工作计划的报告

市政府办公室：

根据市“二〇一二年工作要点”精神，结合我局实际情况，业已订好“二〇一二年工作计划”，并经局党委××次会议讨论通过，现随文附送，请审批。

××市城建局局长办公室

2012年1月10日

【简析】

这是一份报送性报告，看似很简单，却存在很多问题，主要是：

（一）行文关系不对。

既然是城建局的工作计划，又是市政府的直属部门，就应当以局的名义行文，而不能因为办公室是报送的职能部门就以办公室的名义行文。主送机关不当，因为政府办公室与局办公室不一样，前者只是政府的职能部门，局办公室（不应当设为“局长办”）是内设办事机构。

（二）行文不规范。

1. 缺了发文字号和机关代字。

2. 年序号不该前置且错用圆括号。

（三）表述上有很多问题。

1. 指代不明。“二〇一二年工作要点”是谁的，是市委还是市人民政府，而且应用全称。

2. “订好”一词也欠妥。应将“业已订好”改成“我们制订了”。

3. “随文附送”不妥。“附送”有附带送上之意，既与本意相悖，也不庄重严肃，可改为“现予报送”。

4. 祈请语不当，宜改为“请查收”。

六、请示

（一）请示的含义

1. 定义

请示是党政机关、社会团体、企事业单位在向上级领导机关请求指示、批准时所使用的一种公务文书。从功能作用上讲是报请性文书，从行文方向上看是上行文。

请示是同时在党内外使用的一种适用面很广，且很容易出差错的公务文书。

在请示使用中存在的问题：请示与报告不分，整合误用为“请示报告”；分不清适用对象，造成混用、乱用；动辄打报告，把该用报告的用成了请示，该用请示的用成了报告；不分对象，在平行机关中用请示等误区。引发原因主要有：1951 年政务院《公文处理暂行办法》中无请示文种，请示的事项用的是报告（但 1957 年就明确要求分开了）；官僚主义、衙门作风；办事单位的特殊心态；都是上行文，功能有近似处。

2. 请示与报告的区别

目的任务不同：报告的任务是汇报工作、反映情况、回复询问；报告的目的是请上级了解。请示的任务则是提出问题和解决问题的意见办法；目的是请求批示、解决、批准、批转等。

内容要求不同：报告只是陈明情况，请上级了解，无请求。请示是既要陈明情况，讲明原因和理由，又要求批复、解决。

行文时机各异：报告事前、事中、事后均可，据需而定，随时都可以进行。请示则事前且只能事前，不能先斩后奏。

（二）请示的种类

请示可按请示目的分为六类，即请求指示、请求批准、请求解决、请求批转、请求解答、请求裁决。

（三）请示的特点

1. 期复性

请示一旦送出，便急切地等待着答复，因为请示的都是急切需要解决的问题，因此，请示中都有明确的期冀批复的内容和愿望要求。

2. 单一性

一份请示只能写一个事项，而不能在同一份请示中写多个事项，因为“一事一报”是请示写作所必须遵循的基本原则。如果在一份请示中包容多个事项，上级机关则不便也不会给予答复。

3. 针对性

请示的目的性很强，目标非常明确，而且所请示的应该是特殊的急需解决的重大问题和事项，一般问题和事项是不应该写请示的。此外，其针对性还体现在其请示内容和主送对象的选择上。

4. 时效性

请示的目的在于解决问题，问题一旦解决，其功用价值也就充分地体现出来了。其时效性还体现在请示内容的特殊重大和急需解决上，因此，以前有超过 15 日不批复就视为同意的相应内部规定。

（四）请示的写作

在写作请示之前，一定要先弄清楚结构要素及其相应写法。

1. 标题

请示的标题与报告相似，一般由发文机关、事由、文种组成，也有只出现事由和文种的。

2. 主送机关

请示的主送机关只能有一个，不能多头请示，否则，将影响办结效果。

3. 正文

（1）正文结构。请示的正文由开头、主体和结语三部分组成。

①开头：也称引言、导言或请示缘由。要写明、写好，写到点子上，写得具体实在，因为这是上级机关批复的理由、依据之一。如果自己都理不直气不壮，那就很难让人信服和认可。

②主体：这是请示的重心所在，一定要充分、清楚、明白。主要应写明请示事由，即原因和理由；请示事项，即请示的具体内容和请示的愿望要求。希望解决什么问题，达到什么目的，一定要目标明确，简明具体，层次分明，重点突出，条理清晰。

③结语：请示的结尾一定要以祈请用语表达愿望要求，以惯用语和特有格式结束全文。例如，“可否，盼批复”“妥否，请批示”“如无不妥，请批转相关部门执行”等。

（2）写作要求。请示有明确的写作要求，如下：

①内容要集中单一。一事一请示，一文一事。

②用语要准确、简明、朴实、庄重。因为这是上行文，而且是祈请性的，呈请上级办事、解决问题的，一定要准确简明，把握好分寸。

③要懂得行文规则。主要有：一是不越级请示；二是不能同时下发和抄送；三是平行机关不能用“请示”，只能用“函”；四是篇幅过长的还要写出摘要一并上报。需特别注意的是，不能将请示送给个人。双重领导只能一个主送。

④请示应写明附注，包括联系人姓名和联系方式。

（五）案例分析

【例文】

海南省质量强省工作领导小组办公室

关于协调解决省政府质量奖奖励经费的请示

琼质强省办〔2016〕21号

省政府：

2016年8月5日，省质量强省工作领导小组审议表决确定了首届海南省政府质量奖初选获奖企业，齐鲁制药（海南）有限公司、海南航空股份有限公司、海南金盘电气有限公司等3家企业和海南骏豪旅游发展有限公司、海南翔泰渔业股份有限公司、海南海灵化学制药有限公司等3家企业分别获批为省政府质量奖和省政府质量奖提名奖初选获奖企业。根据《海南省政府质量奖管理办法》（琼府〔2015〕22号）第十九条“对获奖的组织或个人，由海南省政府进行表彰奖励，颁发证书，并一次性对获得政府质量奖的组织和获得政府质量奖特别奖的组织或个人各奖励人民币100万元，对获得政府质量奖提名奖的组织奖励人民币10万元”的规定，共需奖励经费人民币叁佰叁拾万元整（￥3 300 000.00）。因评审工作安排原因，2016年度没有编制奖励经费专项预算（2015年度有预算未开展）。为确保拟于今年9月顺利实施表彰奖励工作，恳请省政府协调解决政府质量奖奖励经费事宜。

妥否，请批示。

海南省质量强省工作领导小组办公室

2016年8月23日

（联系人：××× 联系电话：6825××8）

（选自海南省政府门户网，有改动）

【简析】

这是一份请求指示的请示。海南省质量强省工作领导小组办公室请求省政府协调奖励经费事宜，出主意想办法，而不是直接请求省政府批准经费。结尾用“请批示”；标题由发文机关、事由和文种构成；正文由请示事由、请示事项和结尾三部分组成，显得十分简明和规范。请注意成文日期后的附注，与其他党政公文不同的是，请示必须标写附注。

七、批复

（一）批复的含义

批复是上级机关用于答复下级机关的请示时使用的公文。从行文方向上看是下行文，从性质功用上可纳入指挥性公文范畴。

（二）批复的特点

1. 被动性

批复是用来答复下级机关请示事项的，与请示是一一对应的关系，要下级有请示上级才批复，否则没必要使用这个文种，这是其他文种所不具备的。

2. 针对性

正因为批复是针对下级机关请示事项答复的，且具有一对一的关系，故其具有较强的针对性也是显而易见的，也正因为如此，有人不但将此作为批复的特点，而且将给下级机关请示的事项以应有的答复视为批复的写作宗旨。不仅要答复，而且要明确地予以答复，以免贻误工作，这也是其针对性的另一体现。

3. 客观公正性

客观公正性是说上级在答复下级所请示的问题时要注意两个方面：一方面要充分体谅下级的心境和实际困难，尽可能地给予明确可靠的答复，尽可能地为其解决困难和问题，即一切要从下级的实际需求出发；另一方面要做认真的分析研究，在答复时讲原则，讲政策依据，而不能超出政策原则来批复。要坚持把下级的实际情况与上级的方针政策、指示精神结合起来批复，以保证其客观公正性。

（三）批复的写作

1. 标题制作

批复的标题，一般是由发文机关、批复事项和文种三个要素构成的全称式。

有的甚至还将批复的基本意见反映在标题之中。当然，也有在这种全称式标题上做适当调整的，但最多也只是省掉发文机关而已，这自然也就是通常所说的简明式。不管是哪一种，有一点却是共通的，那就是批复与请示、决定、决议等公文一样，标题中几乎都有“关于……的”这一介词结构短语作定语。如《国务院关于长沙市城市总体规划的批复》《国务院关于同意设立“科技活动周”的批复》。

2. 主送机关

主送机关即批复的收受机关。很简单，既不能没有，也不能多，一般情况下只能是一个，而且应当是与请示写作者对应的那一个。

3. 正文

批复的正文由批复依据、批复事项和执行要求三部分组成。

（1）批复依据：批复依据有三种：一是下级的请示；二是相应的政策法规或基本原则；三是客观实际。其中有批复的基本依据、批复的理论依据和实事求是的基本原则。批复时一定要把握好这三大基本问题，使之具有很强的针对性。

（2）批复事项：即针对下级请示所答复的内容或所作出的决定，有时可能还有补充内容。

（3）执行要求：即为了使下级机关在执行批复时不出偏差而所作的相应规定或提出的明确意见。这要视情况而定，该有则有，并非千篇一律。

4. 写作要求

（1）观点明确、态度鲜明。对请示的问题一定要明确答复，同意还是不同意，不能含糊其词、闪烁其词或模棱两可。不同意的要表明态度并讲清原因，要达此目的，就要先读懂下级的请示，然后有针对性地批复。当然还得有较高的政策理论素养和解决实际问题的能力。对于下级的不同请示目的要区别对待，因为请示有请求指示、请求批准、请求批转、请求解决等多种情形，在答复时不一定都要批复，可区别对待，用不同的文种答复以增强其有效性。诸如：

①请求批示（指示）、解决、批准、解答、裁决的可用批复，这是答复请示的标准文式；

②请求批转执行的可用“通知”，因其涉及面广，有多个单位要执行，故以“通知”出现更为妥帖。

(2) 要处理好点与面、批复与附件的关系。有的请示涉及的可能是共通性的问题，批复时就不要就事论事，简单处置，以免做无用功，搞重复的请示批复。在这种情况下便可把请示作附件，将请示批复到相应范围，以便充分发挥其效用，提高办事效率。

(3) 要讲求时效、准确及时。下级机关总是有了问题才请示的，而且一旦请示，也希求及时得到答复，故上级对下级请示要高度重视、认真严肃处置，不能三请四催都不理，更不能有意拖延，或答复时避重就轻，简单处置，不负责任，反而推卸责任，影响工作，更不能因此而造成失误或损失，导致严重失职。

(四) 案例分析

【例文】

国务院关于西部大开发“十三五”规划的批复

国函〔2017〕1号

国家发展改革委：

你委《关于报送西部大开发“十三五”规划（修改稿）的请示》（发改西部〔2016〕2750号）收悉。现批复如下：

一、原则同意《西部大开发“十三五”规划》（以下简称《规划》），请认真组织实施。

二、《规划》实施要全面贯彻党的十八大和十八届三中、四中、五中、六中全会精神，深入贯彻习近平总书记系列重要讲话精神和治国理政新理念新思想新战略，认真落实党中央、国务院决策部署，统筹推进“五位一体”总体布局和协调推进“四个全面”战略布局，牢固树立和贯彻落实新发展理念，坚持创新驱动、开放引领，充分发挥自身比较优势，紧紧抓住基础设施和生态环保两大关键，增强可持续发展支撑能力，统筹推进新型城镇化与新型工业化、信息化、农业现代化协调发展，在推动经济转型升级、缩小区域发展差距上取得阶段性突破，在持续改善民生、促进社会和谐上取得实质性进展，在巩固边疆安全稳定、维护民族团结进步上作出更大贡献，推动西部经济社会持续健康发展，实现与全国同步全面建成小康社会的奋斗目标。

三、西部地区各省、自治区、直辖市人民政府和新疆生产建设兵团要增强紧迫感，自我加压，奋发有为，依靠改革开放创新增强内生动力，结合本地实际，将《规划》确定的重大工程、重大项目、重大政策、重要改革任务与本地区经济社会发展“十三五”规划做好衔接，完善推进机制，强化政策保障，分解落实各项工作，确保目标任务如期完成，努力开创西部发展新局面。

四、国务院西部地区开发领导小组各成员单位、各有关部门和单位要做好西部大开发与“一带一路”建设、长江经济带发展等重大战略的统筹衔接，在对口帮扶、财政税收、项目布局、融资服务等方面加大对西部地区的支持力度，东中部地区要进一步提升对口支援水平，形成支持西部大开发的新合力。

五、国家发展改革委要加强综合协调与服务，会同有关部门和单位强化对《规划》实施情况的跟踪分析和监督检查，注意研究新情况、解决新问题、总结新经验，适时组织开展《规划》实施中期评估，推动《规划》各项目标任务落实。重大问题及时向国务院报告。

国务院

2017年1月5日

（选自中华人民共和国中央人民政府网站）

【简析】

以上例文属审批性批复，具有以下显著特点：一是要素齐全，从标题和正文中都能体现出来；二是针对性强，请示什么批什么，而且讲明了批复缘由、目的和基本做法，具有可操作性；三是简明扼要，十分简短。

八、函

（一）函的含义

《党政机关公文处理工作条例》规定：“函，适用于不相隶属机关之间商洽工作、询问和答复问题、请求批准和答复审批事项。”函是一种很特殊的公文，在认识、理解其含义时要注意把握以下三点：

（1）函是一种平行公文，主要用于不相隶属的机关之间洽商工作、联系沟通相互情况和事宜，双方是平等的关系。

（2）函是一种使用很广泛、灵活的公文，党政机关、社会团体、企事业单位都可以用。函主要是平行，但也可上行和下行，最为灵便。

（3）函的主要功能有四个方面，即洽商工作、联系沟通、询问和答复问题、请求批准。对此，既要有全面的了解和把握，又要有正确的理解和认识。特别是其间的“不相隶属”和“请求批准”。

“不相隶属”既指同系统、行业的同级职能部门之间，也指不同行业、系统的部门之间，基本点是大家平等，无领导与被领导关系。

“请求批准”带有请示的功能，但又不能写请示，原因在于其适用的对象是“主管部门”。这里的主管部门是指不相隶属的主管部门，这就是在前面讨论请示使用误区时所指出的平行机关用请示的问题，一定要引起足够重视，千万不要弄错了。

（二）函的特点

1. 平等性和沟通性

函主要用于不相隶属的业务主管部门相互商洽工作、询问和答复问题，体现着双方平等沟通的关系。千万不能因需要“请求批准”而改变了平等关系，用错了文种。

2. 灵活性和广泛性

一是使用对象不限。上级可以对下级发函（不需要、不宜用其他法规性文件的一般的事务性工作）联系工作，咨询情况。下级对一般事宜也可函复函发（但对咨询、询查类宜用报告答复）。平级关系就更不用说了，机关、团体、企事业单位都可以用。二是适用的范围、功能和内容的广泛性。

3. 单一性和实用性

函的内容很单一，往往是一事一函，而且往往是针对具体的事件而言的，实用性很强。

（三）函的分类

函的分类较复杂。可以按规格样式和写法分为公函与便函；也可以按行文方向分为去函与复函；还可以按性质功能分为商洽函，询问、答复函，请批、批答函。

（四）函的写作

函的写作与其他公文有相似之处，但也有不同点，写作时要注意以下问题：

1. 标题的制作

函的标题和一般公文的标题内容是基本一致的，写法也大体一致，从总体上看也是全称式和简明式两种。事由和文种基本不变，多少只在发文单位上。但必须同时说明的是，函的标题的写法也有三点不一致的地方：一是从性质功用上看，函的情形较多，有洽商、询问、函复、函告等。写作时一般在标题中不标明公函属性，但也有标明的，而且以复函标明的最多。二是函的标题虽不及意见请示那么普遍，但很多在标题中也加有“关于……的”介词结构作相应的修饰限制。三是有时候会在函的标题的前边加有一个“致”字，成为“致……的函”的特定格式。

2. 发文字号的编排

（1）公函一定要有发文字号，而不能因为它是以“函”的形式出现的，似乎就可以不要，因为它毕竟是在公务活动中产生的，是法定公文，且其中很多内容是很重大的。用字号既是管理上、工作上的需求，也是庄重、严肃性的体现，故不能另眼看待。不但是公函，就是一般的便函也是有实际效用的，因而从管理的角度讲，都该有发文字号。

（2）一般来说，其字号的编排从内容到形式都与其他公文是一致的，但大机关的公文有将“机关代字”中的“字”改为“函”的，以此来表明其属性。

（3）函是一种特殊格式，其发文字号的标注位置不一样。

3. 正文写作

函的正文与其他公文一样可分为导言、主体及结尾三部分，且导言与主体的功能作用和写法都一致，这里只讨论结尾部分。

函的结尾涉及两个内容：一是希望或请求。其内容到底怎么写、性质怎么定，要根据函的性质来定，看是寻求支持帮助，还是予以合作，或是请求提供情况，给予批准等。二是惯用语也要依据函的内容属性来定，而不能千篇一律。因为“函商”与“函复”“函告”“函询”的意义和适用对象是明显不同的，一定要区别对待。

4. 写作的总体要求

（1）函的种类较多，功能较为复杂，使用时要注意区别，以免用错文种。

（2）要坚持一文一事的原则，不能搞大杂烩，一锅熬。

（3）措辞上要得体。无论是平行还是上行、下行，或者是其他哪种类型的函，都要避免生硬和傲慢，既不能盛气凌人，也不能过分谦恭、低三下四、阿谀奉承，甚至卑躬屈膝、行左实右；而要尽力使用平和、诚恳、文明、礼貌的语言，以增强其效果。

（五）案例分析

【例文】

关于要求对××建设工程进行竣工验收的函

××县交通局：

××建设工程由县规划设计所测量设计，按照××标准建设。

该工程的具体情况是：（略）

该工程现已顺利完工，为此要求贵局对其进行竣工验收。

特此函达。

××镇人民政府

××××年××月××日

【简析】

这是一则商洽函，发文单位与受文单位之间没有隶属关系，交通局是负责验收的主管部门，因此镇政府希望县交通局对已完工的建设工程进行验收。

标题中清楚交代了发函事由，正文部分先介绍需要验收的工程的基本情况，然后提出希望和要求。内容单一，表述明确。

九、纪要

（一）纪要的含义

1. 纪要的定义

《党政机关公文处理工作条例》规定："纪要，适用于记载会议主要情况和议定事项。"纪要也称会议纪要，是根据会议记录和会议的其他文件资料生成的集中概括地反映会议内容、成果，传达会议精神和决定事项的公务文书。从性质功用上看，它是记录性公文；从行文方向上讲，它是下行文。

2. 会议纪要与会议记录的区别

会议纪要与会议记录的区别，主要体现在以下四项：

（1）性质不同：纪要是法定公文，记录是原始资料，不该也不可能成为正式公文。

（2）内容有异：纪要择要而纪之，目的在反映"要"，贯彻落实"要"；而记录则重在"录"，详录或略录。前者是有目的、有取舍、有选择的；后者虽有取舍，却只在详略，不在主次上。

（3）生成过程和方式不同：记录是随会议进程而生的，纪要则在会议结束后择要而成；一个是如实记录，一个是择要而生，差异十分明显。

（4）目的要求不同：记录是如实记，越详细越好；纪要是经整理加工而成的，虽然也要忠实会议原貌，但毕竟不是照相式反映，而是概括提炼会议的主要内容和精神。记录的目的是如实地、详尽地、尽可能原汁原味地反映，而且是作照相式地刻板反映；而纪要则是让人们了解、理解会议精神，以便准确全面地贯彻、落实好会议精神。

需要明确的是，第一，会议纪要虽然重要，但并非所有的会议都要有纪要，而是重要的、大型的、涉及全局的会议才根据需求情况做纪要。第二，并非所有重要会议都只能以会议纪要的方式传达贯彻会议精神，其方式、形式是多种多样的，诸如决定、决议、会议公报或专门召开会议传达等，可以自由选择。无论哪种方式，只要能便捷、有效地传达贯彻好会议精神即可，当然也要尊重习惯。第三，要全面、正确认识会议纪要的功能作用，这就是反映会议情况、展示会议成果、揭示会议特点、贯彻会议精神、推动促进工作，并以此作为响应会议号召、贯彻落实会议精神、开展推动工作的凭证和依据。

（二）纪要的特点

1. 纪实性

纪实性是纪要的一个主要的特点，也反映出了纪要的写作要求。它集中体现在两方面：首先，纪要必须是会议基本情况的如实反映，如时间、地点、人物（参会、主持、列席、记录）、议程等；其次，既然是纪要，而且非纪要不可，就有个分析取舍、集中概括的问题，但不等于说不忠实于会议，不等于可以任意取舍、随心所欲，而必须忠实于会议，不能有丝毫的偏差。

2. 概括性

概括性有时又称为提要性。这是纪要的一个突出特点，因为会议纪要不等于会议记录，不是原原本本地照搬会议上的东西，那样就不能称为纪要了，而应该在写作纪要时对会议情况加以综合，对会议内容加以概括，对会议精神加以提炼，使之成为最准确、最集中、最有价值的精华，以便使贯彻执行者能准确地、很好地把握，使会议精神得以很好地贯彻，真正起到撰发会议纪要应有的作用。

3. 指导性

纪要是下级行动的依据，对下级的指导作用是毋庸置疑的。因为纪要不仅仅起依据凭证作用，更重要的还在于传达会议精神，让与会单位和相关部门贯彻落实，让其在贯彻落实时有所遵循。

（三）纪要的种类

纪要的种类很多，分类情况也较为复杂，有的按会议名称，有的按会议性质分出了工作会议、代表会议、座谈会议、办公会议、联席会议、汇报会、鉴定会、学术会等；有的把名称与功能结合起来分；有的分三类，有的分五类，有的分八类，很不统一。这里以会议形态为标准将其分为以下三类：

1. 决策型会议纪要

即以反映会议决定、决议或议定的主要事项为主要内容的一类会议纪要。这主要是从会议形态角度来考虑的，要做决策、决定或决断，这就是会议的基本形态，因此，它包括了工作性会议（高教工作、旅游工作、基建工作、税收征管工作等）、代表性会议（职代会、党代会、团代会、董事会、理事会、学会等）、办公性会议、联系性会议等，包含面很广。其特点是要做决策、决定或决断，指导性、权威性、可操作性很强。一旦形成纪要下发，下级机关、相关方面必须贯彻实施。纪要需清楚明白，很好实施和操作。

2. 交流型会议的纪要

之所以在其间加了个“的”字，是为了区别交流型、决策型会议与交流型、决策型会议纪要，两者不是一回事。显然，这是一种以沟通思想或情况交流为主要内容的会议，其目的在于沟通信息、交流情况、相互学习、取长补短、获得教益、受到启发。当然，这类会议也包括了一些以上下沟通情况、交换意见、统一思想认识为基本任务的理论务虚会。因此，它具有一定的思想引导性、启示性。这样的会议纪要往往以会议的共同思想认识和主要的经验、收获为基本内容。

3. 研讨型会议纪要

这类会议不以布置、安排工作为目的，而是以大家平等交流、共同探讨研究的形式来召开。会议也并不以统一思想认识为目的，而是以发表不同意见和看法，以求更为正确地看待问题，从中获得收益、启示。一些讨论会（如高校后勤改革与发展研讨会、高职高专教育改革与发展研讨会等）、学术报告会或学术会（如李白、杜甫、陈子昂、《红楼梦》、钱钟书国际或全国性学术讨论会，报告会）属此类。大家聚集在一起，报告交流彼此的研究情况（对象、内容、方法、成果等），有相同的，有不同的，甚至可以互相争鸣，互相讨论，相互交流意见、看法，集思广益，或研究、确立以后的研究方向、途径、方法和课题，共同推进其发展，形成百花齐放、百家争鸣的良好风气，促进学术繁荣。因此，这类纪要是以介绍会议中的各种不同的观点、主张和争鸣情况为主要内容的。在形式上，有的以纪要的形式出现在同类成员中，有的也以综述的形式见诸报刊，但其内容写法和目的都是基本一致的。

（四）纪要的写作

纪要的写作应重视以下两个方面的问题：

1. 弄清楚纪要的结构要素和基本的内容写法

（1）标题制作。对纪要的标题，有的说有一种写法，有的说有两种写法，有的说有四种写法。我们认为以两种较为合适：一种为“会议名称+文种”，这是常见的写法；另一种是主副题式的标题，正题概括交代会议的主要内容、精神或揭示会议主题，副标题标明会议名称或文种。例如，今年党风要有决定性好转——中纪委关于加强纪检工作的座谈会纪要。

（2）正文写作。纪要的正文与其他公文不同，应写明三个方面的内容：

①介绍会议的基本情况。会议基本情况包括会议召开的时间、地点、参加人员、主持人、主要议程、基本性质和基本成效等。如果是重大会议，还要介绍会议召开的背景、指导思想和目的。这部分内容及其详略程度要据实而定，其中，时间、地点、参加会议的人员、主要议程和基本成效是必不可少的。叙述时既要清楚、明白、准确（参会人员有的可能较复杂，有特邀代表、正式代表、列席代表等，相关领导要分别排列，且要注意先后顺序，千万不要遗漏，搞错），又要简洁，结束时要有必要的转换性提示。

②会议的基本内容、主要精神和取得的成效。诸如会议研究讨论了哪些问题，在哪些方面取得了共识，达成了协议，形成了决定、决议等。主要精神即会议的基本认识、意见、愿望要求，布置的工作，所作的安排等。这是纪要的核心和关键部分。写作时一定要吃透会议精神，把握住主要的，而且要进行准确的分析、综合、概括、提炼，使之明确可靠，便于下级理解和贯彻执行。由于这部分内容最复杂，而且又很重要，因此一定要注意写法上的问题，可以是条款式的，清楚明白；也可以是块状式的（按材料性质归类列标题）；还

可以是全文贯通式、概述式的。后一种往往以“会议认为”“会议指出”“会议提出”“会议强调”“会议就……”等惯用语来分层次表达。到底哪种好，也可据实而定，切忌千篇一律。

③会议要求。即在纪要的结尾部分要对贯彻会议精神，执行会议决议、决定方面的内容提出相应的希望要求或发出明确的号召，以体现发纪要的基本意图和要求，使之更明确、更紧迫、更具权威性和感召力，以便更好地促进工作。在写法上，这部分内容往往以“会议希望”“会议要求”“会议号召”等惯用语出现，并以此代替结尾。

2. 明确纪要的写作要求

作为纪要写作，不但要弄清楚其结构要求及内容，还要注意满足以下两点要求：

（1）高度概括，条理清晰。会议纪要不是会议记录，不可能把会议的全过程详细地反映出来，不能搞有闻必录，有事必录，把会上会下所有情况和言论都反映出来，这样既无必要，又不可能写好，让其真正地发挥相应的效用，达到相应目的。而应在“纪要”二字上下功夫，做文章。因此，关键是要吃透会议精神，做好分析和概括、提炼，并且要分清主次，分出层次来加以表述，这样才清楚、明白。否则，眉毛胡子一把抓，让人不得要领，也就失去写纪要的意义了，故而一定要把这一关键性的工作做好。

（2）高度重视，审慎严肃。写纪要不是简单地做文字工作，而是涉及会议成效展示、会议精神贯彻落实，涉及全局性工作的大问题。会议开得很好，纪要却没有把会议精神传达贯彻好，这就前功尽弃、劳民伤财了。因此，纪要起草者的责任十分重大，绝不能等闲视之。这就要求写作者一开始就要高度重视，认真参加会议的全过程，很好地了解全面情况，仔细阅读会议的文件资料，认真地分析、研究、把握会议的主要内容，准确地把握会议精神，千万不要主次不分、挂一漏万或曲解了会议精神。在做好相应准备，动手写作之前还要注意听取会议主持者和有关领导的意见。写好后印发前一定要按程序送领导审核，以此来保证纪要的质量。

（五）案例分析

【例文】

××公司第十次办公会议纪要

2017年12月5日上午，××公司第十次办公会议在公司七楼会议室召开。会议由总经理王××主持，公司各部主任及二级企业经理出席了会议。总经理王××传达了上级文件精神，副总经理林××通报了公司目前的经营情况。会议就2018年公司经营计划展开了深入讨论，制定了具体目标。

会议认为，根据当前市政府创汇创利的工作要求，各公司要结合实际情况制订切实可行的计划，充分认识到创利工作的重要性。

会议指出，时近年底，从公司经营业绩来看，创汇指标已经超额完成任务，但创利工作尚不理想，各企业要把重点放在创利上，狠抓经济效益，增产节支，保证实现全年的创利目标。

会议决定，公司要加强内部管理，挖掘内部潜力，严防经营失误。一是财务部要加强对资金的调控管理，真正行使检查、监督的职能作用，现规定二级公司动用50万元以上的资金，必须报公司批准，固定资产的投资（车辆、住房、高等通信器材及办公用品等），要履行必要的审批申报手续；二是总经理室牵头研究一套公司费用管理办法，切实加强企业费用开支管理，特别是对高消费、二级企业工资奖金发放等从严审批、报批；三是加强车辆管理，重申取消领导专车，司机必须服从调动并不得擅自用车；四是公司业务应酬费开支必须事先请示，经批准后才能用款，不允许先斩后奏，款项支付一律使用转账支票。

会议还对下一步工作做了具体安排。（略）

2017年12月5日

【简析】

这是一份比较规范的办公会议纪要，标题由单位名称、会议名称、纪要组成，正文部分先交代会议基本概况，使人们对会议整体情况有所了解，然后以“会议认为”“会议指出”两段内容介绍了会议的意义和目的，接着以“会议决定”一段重点指出了会议的要求，最后，对下一步工作做了具体安排。具有鲜明的指导性，使与会单位和人员明白了要做什么，该怎样做。

实 训 演 练

1. 根据以下内容提示，拟写公文标题。

（1）××职业技术学院就××系学生×××擅离学校，违犯学校纪律，给予警告处分一事发出文件，使全校师生周知。

（2）2018年普通高等院校体育类专业考试报名工作即将开始，××省招生委员会办公室就有关报名事宜制发一则周知性公文。

（3）某县财政局对本县教育局申请批准拨款购置办公设备的来文进行回复，批准对方的请求。

（4）××省人民政府发文要求所属单位认真贯彻执行国务院关于调整纺织品价格的规定，以便保持市场的稳定。

2. 根据以下内容，拟写一份会议通知。

××建筑公司为了进一步提高员工的业务素质，推进公司业务的发展，将于2018年3月5日上午8：00至下午18：00在总公司第一会议室召开培训工作会议，要求各分公司培训部经理、经理助理参加会议。

3. 修改下篇报告。

××学院关于要求修建宿舍的报告

××厅、教育厅：

由于近日我市连降暴雨，山洪暴发，造成我校多处房屋严重倒塌、损坏，影响了正常的教学工作。为了尽快修复被毁坏的房舍，恢复正常工作，特请拨维修款100万元。

此外，我校今年新招了20名教师，亟待解决宿舍问题，计划新盖宿舍10间，故另请拨基建资金××万元，以解决新教师的住宿问题。

××学院

2017年××月××日

4. 指出下面这份公文存在的问题并加以修改。

函

××国营林果场：

兹有我校林果专业学生毕业实习即将开始。经研究分配二〇一七级三班学生到你场实习，望能妥善安排。

可否？请火速回音。

××县××学校

二〇一七年三月一日

第三章　事务文书

第一节　事务文书概述

一、事务文书的含义

事务文书是党政机关、社会团体、企事业单位或个人在处理日常事务时，用来沟通信息、总结经验、研究问题、指导工作、规范行为的实用性文书。事务文书尽管不属于法定的党政公文，但比党政公文的使用频率高，应用范围更广。

二、事务文书的特点

1. 使用的广泛性

公务文书具有严格的法定作者，而事务文书的作者是以党政机关、社会团体、企事业单位的名义来制发的，甚至各行各业中的一定群体和个人都可以订计划、做总结、搞调查等。此外，事务文书的使用频率高，涉及面广泛，在各级机关的工作中，都会经常用到。

2. 体式的灵活性

公务文书的体式必须按照国家统一规定的规范体式制作，必须按照规定的格式制发文种。事务文书没有这样严格规范，写作时相对灵活。

3. 内容的指导性

一个单位、一个部门制订的工作计划，对该单位的各项工作具有同样的领导和指导作用。工作总结虽说是对过去的工作进行总结，但其中总结的工作经验、工作中存在的不足以及对未来工作的设想都对该单位有指导作用。

4. 行文的宽泛性

公务文书有严格的行文规则，而事务文书行文相对宽泛自由，可以灵活选择主送机关与抄送机关，也可以越级行文。

5. 语言的通俗性

公务文书一般都使用规范的书面语言，语言庄重严谨，有统一的专用术语。事务文书的语言则较通俗活泼。通俗易懂的群众口语的运用，各种修辞和表达方式的综合运用，使其语言具有优美活泼的美感特征。

三、事务文书的作用

事务文书的主要任务是部署工作、交流情况、联系工作、总结经验、规范行为等。具体有以下三个作用：

1. 决策依据作用

事务文书对总结经验教训，掌握现代管理所需信息，对工作中的焦点、难点问题的调查研究起着至关重要的作用。决策者可以根据这些信息载体及时把握决策中的得失优劣，为合理、科学地调整工作思路，改进工作方法，取得更佳的工作效率提供重要的依据。

2. 制约规范作用

为了使全体社会成员共同遵守一定的行为准则，就需要制定各种规章制度，如章程、条例、办法等，它对一定范围内的成员起着制约和规范作用。同样，总结既是对过去工作经验教训的回顾，又是对今后工作提出的设想，对人们未来的行为具有指导作用。

3. 宣传教育作用

为了推动各方面工作的开展，各行业、各部门都要依据中央或上级的精神，及时用各种形式向下级各部门布置工作。它们在分析形势、讲解政策、明确任务、传达信息、统一行动等方面均起到宣传教育的作用。

四、事务文书的种类

事务文书按照不同的标准，可以分为不同的种类。常用的事务文书可分为以下四类：

1. 计划类事务文书

计划类事务文书是单位或个人对一定时限内的工作、生产或学习做有目的、有步骤的安排或部署所撰写的文书，如规划、设想、计划、方案、安排等。

2. 报告类事务文书

报告类事务文书是反映工作状况和经验，对工作中存在的问题或具有普遍意义的重要情况进行分析研究的文书，如总结、调查报告、述职报告、可行性论证报告等。

3. 规章类事务文书

规章类事务文书是政府机构或社会各级组织针对某方面的行政管理或纪律约束，在职能范围内发布的需要人们遵守的规范性文书，如章程、条例、办法、规定、制度等。

4. 会议类事务文书

会议类事务文书是用于记录或收录会议情况和资料的文书，如会议记录、讲话稿、开幕词、闭幕词等。

第二节　事务文书写作

一、条据

（一）条据的含义

条据是单位或个人之间因买卖、借物等关系给对方的一种作为凭证或说明的具有固定格式的条文。条据记事简洁明了，使用方便，能作为凭据，是人们在日常工作和生活中经常使用的一种应用文。

（二）条据的种类

条据可以分为说明性条据和证明性条据两大类。说明性条据包括请假条、留言条等；证明性条据包括借条、欠条、收条、领条等。

（三）条据的写作

1. 说明性条据的写作

（1）说明性条据的类型。

①请假条。请假条是因病或因事不能正常上学、工作或参加活动，而向相关负责人说明情况、请求告假的条据。请假条要写明简要的情况和缘由，在语气上要略用恭敬语请求对方的谅解和允许。

②留言条。在日常交流中，因某种原因无法面谈，但又有话或有事要交代给对方，只好写张纸条留给对方，叫作留言条。留言条要写清楚留言的原因和具体要求，或另约拜访的时间、地点，或留下自己的联系方式。

（2）说明性条据的写作格式。说明性条据一般包括标题、称谓、正文、结尾和落款五个部分。

①标题。在第一行居中写上“请假条”或“留言条”三字。

②称呼。另起一行顶格书写，后面加冒号。如“尊敬的领导：”“××老师：”。

③正文。请假条要写清请假的原因和请求的事项，语气上要显得恭敬；留言条要写清交代对方的事情，或告诉对方的信息，如果事情紧急，还要告知对方自己的联系电话。

④结尾。请假条的结尾通常可以写“请批准”，也可以写“此致敬礼”。在写“此致敬礼”时应注意，正文结束后另起一行空两格写“此致”，再另起一行顶格写“敬礼”。留言条的结尾通常写一些表示祝愿或谢意的话。

⑤落款。在正文的右下方写上请假人或留言人姓名，姓名下方写上请假或留言的具体日期。

2. 证明性条据的写作

（1）证明性条据的类型。

①借条。借条是个人或单位在借到别人钱、物时，由借方写给被借方作为日后归还凭证的条据，又称为借据。

借条要写明所借钱物的名称、种类、数量等。如果涉及金钱，一定要用大写，金额要写到元、角、分。另外，正文中还要写明归还的具体日期。

②欠条。欠条是个人或单位因拖欠他人钱、物时，由拖欠人写给被拖欠人作为凭证的条据。欠条的正文要写清欠什么人什么东西、数量多少，并注明归还的日期。

③收条。收条是收到个人或单位的钱、物时，由收取人写给对方的一种凭据，又称为收据。收条中具体要写明收到的物品和钱款。借物归还的，收到归还物时，应将借条退还给借方，也可在收条中注明。

④领条。领条是向他人或单位领取钱、物时，所出具的作为已收到的凭据。领条和收条都是作为收到钱物时的凭证，但领条是具条人亲自领取东西时所用的；他人送来或归还

的东西，一般应出具收条。

（2）证明性条据的写作格式。证明性条据一般包括标题、正文、结尾、落款四个部分。

①标题。第一行居中写明条据的名称，“借条”“收条”等，也可以写“今借到”“今收到”字样。

②正文。写清向对方借、欠、收、领的物品名称及具体数量，其中涉及数字的部分必须用大写，如壹、贰、叁、肆、伍、陆、柒、捌、玖、拾、佰、仟、万、亿等。钱款还必须写明币种，如人民币、美元、欧元、英镑等。借条还应写明归还的期限以及所借物品遗失的赔偿等事宜。

③结尾。正文下方空两格写上“此据”二字。

④落款。正文的右下方写上署名和落款的日期。署名前一般应冠以“借款人”“领款人”等字样。署名应当是本人亲笔签名的真实姓名。

（四）案例分析

【例文一】

请假条

李主任：

我因头疼发烧，经医生诊断系重感冒，无法上班，特请假两天（9 月 10 日、11 日），请批准。

附：医院证明

此致

敬礼

请假人：张××

××××年××月××日

【简析】

这则请假条将请假的理由和请假时间都交代得清清楚楚，符合规定。

【例文二】

留言条

张老师：

今天上午 9 点我来找您，您不在家。我想借您的《建筑法规》一书，今晚 7 点再来，您如有空，请在家等我。

王××

××××年××月××日

【简析】

这则留言条表达出了探访的意图和具体请求，符合留言条的规定。

【例文三】

借条

今借到财务科人民币叁仟元整，作出差费用，日后按规定报销，多退少补。

此据

借款人：李××

××××年××月××日

【简析】

这是向单位借钱时写给对方的凭证。写明了钱物的名称、数量及按规定报销，在涉及具体金额上注意了数字的大写。

【例文四】

欠条

原借王小虎人民币壹仟元整，已还伍佰元整，尚欠伍佰元整，将于一个月内还清。

孙××

××××年××月××日

【简析】

这是写给借方的凭证，写明了尚欠钱物的名称、数量及归还时间，是则有效的欠条。

【例文五】

收条

今收到吴××施工员报名费壹仟元整。

杨××

××××年××月××日

【简析】

这张收条的格式规范，将从何人手中收到的何物及数量交代得很清楚。

【例文六】

领条

今从材料科领取塑料安全帽贰拾顶。

此据

×施工队队长：××

××××年××月××日

【简析】

这则领条是从相关部门领取物品的凭证，写明了领到的物品及数量。

二、计划

(一) 计划的含义

计划是党政机关、企事业单位、社会团体或个人为了实现某项目标而制定出总体和阶段的任务及其实施方法、步骤和措施的书面文件。

计划是行动的先导，很多工作都是通过计划来进行的。有了计划就有了明确的奋斗目标和实施方案，就会增强自觉实践的意识，从而提高工作质量，出色地完成工作任务。

计划的含义宽泛，常见的规划、纲要、要点、方案、安排、设想、打算等都属于计划类范畴。由于它们涉及的时间、内容、范围不同而有所区别。

(二) 计划的特点

1. 预见性

古人云："人无远虑，必有近忧。"就是告诫人们无论做什么都要有预先的打算和准备。计划应从实际情况出发，对未来作出科学的预见，应在行动之前充分考虑到可能遇到的问题和困难，并提出相应的解决办法。

2. 指导性

计划是用来指导人们未来工作的行为准则，它避免了工作中的盲目性，规定人们做什么，按什么样的方法、步骤做，朝什么方向努力以及出现问题用什么样的方法来解决等。

3. 可行性

为了达到预期目的，计划必须具体明确、切实可行、符合实际。如果目标定得过高，无法实施和完成；目标定得过低，计划没有预见性，无法达到理想的效果。只有计划的方法、步骤、措施具体，才能保证计划的可行性。不符合实际的计划将是一纸空文。

4. 科学性

计划必须具有科学性，好的计划往往是建立在严密的科学基础上的。制订计划时通过科学的调研，指出明确的目标和切实可行的措施和方法，才能制订出符合本单位客观实际的、科学的计划。

(三) 计划的种类

计划的应用范围广泛，因而类别较多，可以按不同的标准划分出不同的类别，常见的分类方法有：按性质分为综合计划、专项计划；按内容分为工作计划、学习计划、生产计划、教学计划、科研计划、军事计划等；按时间分为长期计划、短期计划、年度计划、季度计划、月计划、周计划等；按范围分为国家计划、地区计划、单位计划、部门计划、班级计划、个人计划等；按效力分为指令性计划、指导性计划；按形式分为条文式计划、表格式计划、文表结合式计划。

(四) 计划的写作

1. 标题

计划的标题有全称式、简明式两种形式。由单位名称、适用时限、计划内容、计划种类四要素组成的是全称式，如《××建筑公司 2012 年确保施工顺利进行的工作计划》。标题中省略掉其中某些要素的是简明式，即“事由＋文种”的基本形式，如《××公司销售部工作计划》。如果所订计划尚需讨论或未经批准的，则需在标题后用括号加注“草案”“讨论稿”等字样。如《××建筑公司2012年确保施工顺利进行的工作计划（征求意见稿）》。

2. 正文

正文包括计划的前言、主体和结语三部分。

（1）前言。前言又称导语，主要交代制订计划的依据、目的，明确为什么要这样做，或说明依据什么方针、政策，在什么条件下制订的计划，使人们了解制订及执行计划的必要性。这部分内容在写作时要写得简明扼要。

（2）主体。主体部分也是计划的核心部分，主要交代计划的目标、步骤、措施，即说明做什么、怎么做、什么时候做、做到什么程度。要求目标要具体，措施方法要得力，时间要明确，奖惩要分明，以便具体实施。

（3）结语。结语部分可以强调计划的重点；可以针对执行计划中可能出现的问题提出处理办法；也可以提出希望和要求，或提出号召，鼓舞斗志。不一定所有计划都有单独的结尾，有的计划事项写完就自然结束。

3. 落款

在正文右下方写明制订计划的单位或个人的名称，并在名称下方写明制订计划的具体时间。上报或下发的计划还应在署名和日期上加盖公章。

（五）计划的写作要求

1. 切合实际，统筹兼顾

无论是写长期计划还是短期计划，都必须从实际出发，要充分分析客观条件，所写的计划既要有前瞻性，又要留有余地，使其通过努力便能完成。事关全局性的计划，还应把方方面面的问题考虑周全，计划分解到部门，要处理好大、小计划之间的关系，整体与局部之间的关系，做到统筹兼顾。

2. 突出重点，主次分明

一段时间内要完成的事情很多，先做什么，后做什么，主要做什么，次要做什么，必须有重有轻，有先有后，点面结合，有条不紊，这样才有利于工作的全面开展，从而达到事半功倍的效果。

3. 目标明确，步骤具体

计划的目标必须明确，才会使撰写者明确努力的方向。步骤具体，切实可行，才有利于实施和检查。

（六）案例分析

【例文】

哈尔滨×项目2012年月度工作计划

截至2011年12月，哈尔滨×项目主要完成情况：屠宰车间框架完成50%；待宰车间、冷却分割车间、冷藏间框架完成，冷藏间砌筑完成50%；制冷机房及变配电间基础完成；

水泵房主体完成；宿舍楼、食堂基本完工；污水处理土建工程（不包括应急事故池）基本完工。根据公司管理要求，现制定哈尔滨×项目 2012 年月度工作计划：

1～3 月：

冬季暂停施工阶段；

4 月：

1. 项目复工，完成屠宰车间、制冷机房及变配电间框架主体；

2. 冷藏间砌筑完成；

5 月：

1. 冷却分割车间、待宰车间砌筑完成，屠宰车间砌筑完成 50%；

2. 物料间主体完成；

3. 锅炉房、急宰间基础完成；

6 月：

1. 屠宰车间、制冷机房及变配电间砌筑完成，屠宰车间、冷却分割车间室内地面垫层完成；

2. 锅炉房、急宰间主体完成，室外道路管网进场施工；

3. 污水处理土建工程基本完工；

4. 冷库保温工程开始施工；

5. 屠宰设备、制冷设备等进场开始安装；

7 月：

1. 主厂房装饰装修工程完成 30%；

2. 室外道路管网完成 30%；

3. 保温工程完成 50%；

4. 屠宰设备、制冷设备、污水处理设备安装；

8 月：

1. 主厂房装饰装修完成 60%；

2. 室外道路管网完成 60%；

3. 冷库保温工程基本完成；

4. 主要设备安装完成 50%；

9 月：

主厂房及室外道路管网等基本完工；设备安装完成 80%；

10 月：

完成全部厂房建设，完成室外配套及附属工程建设，设备安装基本完成；

11 月：

设备调试并试生产。

【简析】

对于具体工作部门的工作计划来讲，内容应当具体可行。这份计划只是将每月任务的完成目标交代清楚了，却没有针对任务制定措施，没有具体做法，不具有可行性。因此这份计划没有实际意义。此外，该计划没有落款，结构不完整。

三、总结

（一）总结的含义

总结是党政机关、社会团体、企事业单位或个人对过去一定阶段内的实践活动（包括工作、学习、科研等）作出系统、全面的回顾、检查、分析和研究，从中找出存在的问题，以指导今后工作的事务性文书。

总结与计划有联系又有区别。二者虽都着眼于未来的工作，却又分别呈现出事物的两个不同阶段，计划是事前筹划和安排，解决“做什么”“怎么做”的问题，总结是事后回顾与评估，回答“做了什么”“做得怎样”的问题，总结在计划的基础上进行，计划是总结的参考与依据。

（二）总结的特点

1. 主体性

总结是本地区、本单位、本部门或个人对过去一段时间内工作情况的回顾，是对自身实践活动的概括和认识，因此采用第一人称写法。

2. 指导性

总结的最终目的是发扬成绩，纠正错误，找出工作中规律性的经验，推动全局性的工作。总结出来的经验可以使工作少走弯路，顺利进行，取得事半功倍的效果。因此，总结对今后的实践活动具有指导性。

3. 真实性

总结的内容必须是真实的，包括事实、数据等都必须真实，绝不允许有丝毫的想象和杜撰，否则提炼出的经验、归纳出的规律对指导未来实践活动毫无意义。

4. 理论性

总结不是对已做过的工作的过程和情况的表面反映，而是一种由感性认识上升为理性认识的过程，在分析事实材料的基础上，提炼出正确的观点，找出规律性的东西，从而在以后的工作中发扬成绩，吸取教训。

（三）总结的种类

总结可以按不同的标准划分出不同的类别，常见的分类方法有：按性质可分为综合性总结和专题性总结；按内容可分为工作总结、学习总结、思想总结、生产总结等；按时间可分为年度总结、季度总结、月份总结等；按范围可分为地区总结、单位总结、部门总结、个人总结等。

（四）总结的写作

1. 标题

总结的标题一般有以下三种写法：

（1）公文式标题。公文式标题由“单位名称＋时间＋事由＋文种”组成，如《××公司 2012 年销售工作总结》，也可根据具体情况适当省略，如《××公司 2012 年工作总结》。

（2）文章式标题。文章式标题用简练的语言概括了总结的主要内容、中心思想等，常用于经验性、专题性总结。如《依靠科技进步，加快建设步伐》。

（3）复式标题。复式标题又称正副式标题，正标题采用文章式标题，概括总结的主要内容，副标题标明单位名称、时间等，如《为用而学　学了能用——××公司开展岗位培训工作总结》。

2. 正文

正文主要包括前言、主体和结尾三部分。

（1）前言。前言即正文的开头部分，简要叙述总结的背景、时间、内容等，对取得的基本成绩作出必要的说明，给读者以总体性认识。

（2）主体。主体是总结的核心部分，主要是对过去某段时间内做了哪些工作，取得了怎样的成效，以及在实际工作中的切实体会，取得成绩的经验教训进行归纳。由于总结的角度、目的不同，写作时侧重点也有所不同。对于一般的工作总结出现的问题和教训可少写或不写。对于经验性总结则应以经验为轴心去组织材料，归纳出取得的成绩或经验，按照其内在的逻辑关系来安排内容和层次。

总结的主体结构形式常见的有以下四种：

①条目式。即将总结的内容按一定关系进行排列，每项内容前标以序码。

②小标题式。即将总结内容进行归类，每部分加上小标题，小标题一般都是这部分的中心内容或中心观点。

③全文贯通式。即从头到尾，围绕主题，一气呵成，用自然段标明层次。

④纵横式。纵横式又可分为纵式结构、横式结构、纵横式结构三种。

纵式结构主要是按事物发展的先后顺序来组织材料。

横式结构主要是按事物内在逻辑关系组织材料。

纵横式结构则是综合运用以上两种结构形式，既考虑事物发展的先后顺序，又考虑事物内在的逻辑关系，纵横交错。

（3）结尾。可以概述全文，可以说明汲取经验教训的效果，也可以提出今后努力的方向或改进意见。另外，有些总结不需要加上结尾部分，正文写完全文自然结束。

3. 落款

在正文的右下方写上署名和日期，标题中已有单位名称的，落款时可省略掉，只写日期。如果是上报给上级领导机关的，还需要加盖公章以示慎重。

（五）案例分析

【例文】

××县城建局规划建设工作总结

县建设局在县委、县人民政府的正确领导和上级主管部门的关心支持下，全体干部职工团结一致，按年初计划，积极努力工作，以建设普洱茶文化窗口城市为重点，紧扣“发展城市”这一主题，突出营造“茶都”良好投资环境这一主线，充分调动干部职工的工作积极性，坚定信心，真抓实干，努力推进城镇建设工作和经济社会协调发展。现将工作情况总结如下：

一、“十一五”期间取得的主要成就

1. 城乡规划编制工作取得突破性进展

我县的县城总体规划编制于1985年，1996年修编，修编后的县城总体规划于3月26日经市人民政府批准正式实施，总规控制面积为100平方公里，中心城区人口远期目标15万人。“6·3”地震后，为满足灾后恢复重建工作的需要，我县在震后较短时间内就及时开展了《县“6·3”地震民居恢复重建指导意见》的编写，组织省、市、县建设部门专家40余人完成了《灾区恢复重建工程项目过程造价管理办法与技术的建议书》，完成《县“6·3”地震市政及公共基础设施恢复重建工程计划表》及民房修复恢复重建计划表。编制了《县城灾后建设近期规划》《普洱府衙修建性详细规划》《新民街传统历史街区修建性详细规划》等规划，确定了老城区灾后原址重建和异地重建项目范围。并及时制定出震后恢复重建市政道路工程、县城供水管网改造工程、市政排水管网改造工程、生活垃圾转运站建设工程等项目建设的时间计划表，为有重点、有计划、分阶段完成好恢复重建及改、扩建工作提供了有力保障。

根据省委副书记×××在地震灾区恢复重建工作汇报会上对县城恢复重建工作提出的新要求，结合有关专家意见，县城规划按“以普洱为源，以山为本，以茶为魂，以景建城”的理念，进行新一轮规划编制工作。新规划控制面积130平方公里，水体景观面积66.6公顷，公共绿地面积达446.7公顷，重点对18米宽以上街道建筑风貌景观设计进行控制，规划完成后将实现城市建设详规覆盖率百分之百，为今后新城市建设发展打牢坚实基础。

2. 城镇化进程加速推进，城镇建设成效显著

“十一五”期间，我县的城镇化水平和质量有了较大提高，城镇化水平较快增长。经过不断发展，目前县城常住人口6.9万人、县城暂住人口0.25万人、县城规划面积14.8平方公里、建成区面积6.6平方公里、城镇化水平29%。

随着城镇化率的不断提高，城镇人居环境也得到了极大改善，在城市绿化方面，目前公共绿地面积8万余平方米，有行道树1万余棵，城市建成区绿化覆盖率由零上升到30%以上。在环境卫生方面，加强城区清扫、保洁工作，实行全天清扫保洁管理责任制，垃圾清运做到了日产日清，城区公共清扫面积已达22万余平方米。在亮化美化方面，目前县城区共安装路灯千余盏，其中城市旅游景区东塔公园近50盏，过境通道亮化工程安装路灯近200盏。在市容市貌管理方面，起草了《哈尼族彝族自治县城市建设综合管理办法》，建立健全规章制度，依法进行管理，维护了城市基础设施的完好及市容市貌的整洁美观，树立了城市形象，打响了城市品牌。

3. 城镇基础设施建设投资增加，城镇承载能力不断加强

“十一五”期间尤其是“6·3”地震后，我县的城镇基础设施建设工作得到了较快发展。城市道路从20公里增加到30余公里，城市建成区面积从5.1平方公里增加到6.6平方公里。道路面积67.74万平方米、公园个数1个、公园面积1.5公顷、广场个数1个、广场面积2.9公顷、城市绿化面积8万平方米、绿化率35%、城市路灯近千盏、城市亮化率90%。县自来水厂供水规模0.8万方，管道长度43千米，用水人口3.5万人，用水户数4 000户，供水普及率90%。城区有排污管长度7 600米，雨水排水管网长度34 000米，污水排放规模0.6万方/日。建有生活垃圾转运站1座，占地面积5亩，生活垃圾卫生填埋场1个，占地面积193.5亩，垃圾运输车3辆，垃圾填埋设备4台。并开工建设城市生活污水处理厂，设计日处理量达1万吨。

4. 建筑业蓬勃发展，建筑市场监管力度加大，勘察设计健康发展

新技术、新工艺、新材料的使用，使我县的建筑设计、施工、建材行业得到了很大发展。特别是“6·3”地震后大规模的恢复重建工程，为我县建筑业的发展提供了难得的发展机遇和广阔的发展空间，建筑施工企业得到不断发展壮大，企业的数量和整体素质有了很大的发展和提高。以水泥生产为龙头的建材工业也得到较快发展，建材产品的品种和质量有了很大提高，新型建材逐步得到推广使用，工程建设水平不断提高，工程质量稳中有升。建筑建材业的快速发展，对拉动我县经济增长、扩大就业、增加城乡居民收入等方面都产生了积极的作用，在我县国民经济中已经占据了十分重要的地位。

5. 房地产投资快速增长，城乡居民居住条件日趋改善

根据县城住房抽样调查，截至6月县城住房总建筑面积82.684万平方米（其中：商品房9.371万平方米、房改售房37.593万平方米、自建私房35.72万平方米），居住人口4.45万人，人均住房建筑面积为18.58平方米。“6·3”地震发生后，县城房屋受到严重破坏需拆除重建的共有911户，拆除建筑面积为4.61万平方米，使得县城人均住房建筑面积下降为17.54平方米。随着恢复重建工作开展，截至12月底，已建成住房1 717套，19.72万平方米，预计还将新建成住房581套，6.62万平方米。我县县城住房总建筑面积为107.104万平方米，居住人口4.96万人，人均住房建筑面积将达21.59平方米。

6. 抗震防灾成绩显著，科技推广和人才培训成效明显

6月3日凌晨5时34分，县城发生6.4级强烈地震，造成3人死亡，300余人受伤。地震还造成灾区断水断电，农村房屋普遍倒塌，城区市政基础设施遭受严重损失，政府机关、行政事业办公用房、民居住房严重受损。县委、县人民政府以灾后重建为机遇，与新农村建设相结合，与当地产业相结合，坚持提升建设档次，突出民居特色，集中打造了一批新农村亮点。经过近8个月的艰苦努力和顽强奋战，抗震救灾和灾后重建取得了重大胜利。恢复重建中的全县25 794户民房于11月底全部完成修复，8721户民房重建户于春节前搬入新居。完成了67个项目点的村庄道路、活动室、公厕等村庄公共基础设施项目建设，52个社会事业和市政基础设施恢复重建项目已全面完成。

为解决因“6·3”地震造成房屋严重损坏的城区贫困户和低收入家庭的住房问题，我县及时实施完成了432套26 000平方米的廉租住房和456套37 000平方米的经济适用房的建设任务，完成了凤阳片区1、2、3道路、龙潭路、团山路的整修，完成了投资2 040万元的县城供水管网改造和投资810万元的城区排水管网改造工程。同时加强社会公共事业单位的恢复重建项目管理工作，按时完成了县城、县中医院的搬迁重建及县人民医院、行政办公中心等各项恢复重建工作。通过震后一系列市政基础项目的实施，县城道路状况得到了极大的改观，城市功能得到增强，未来城市的发展框架已基本形成，实现了城市扩容，有效提高了城市承载力，人居环境得到明显改善，以人为本的理念得到多重体现。

二、工作情况

1. 完善规划编制，严格规划管理

（略）。

2. 认真抓好城市管理工作

（略）。

3. 加强建筑业管理，规范建筑市场，提高建筑工程质量

（略）。

4. 加强房地产管理工作，促进房地产的健康发展

（略）。

5. 市政基础设施建设重点工程完成情况

（略）。

【简析】

这是一篇工作总结，标题由单位名称、事由、文种构成。正文由三部分构成。前言部分为第一段，简洁地概述了县建设局的工作重点。主体部分是全文的中心，从工作取得的成绩、具体工作情况等两方面对全局工作进行了回顾、总结。全文结构完整，条理清晰，在介绍工作和成绩方面让读者一目了然。

四、调查报告

（一）调查报告的含义

调查报告是对客观事物进行调查研究，用以反映客观实际，揭示事物本质和规律的书面材料。调查报告与公文中的报告不同，不直接具有行政效力。报告侧重于汇报日常工作，供主管领导了解和参考；而调查报告则涉及日常工作、社会生活等各方面。

（二）调查报告的特点

1. 针对性

调查报告的针对性很强，它常常是针对某个问题而写的，所以，调查报告的起草人必须从实际出发，有针对性地调查，认真地分析研究，解决问题。只有针对性强的调查报告，才有现实意义和指导意义。

2. 真实性

调查报告必须尊重客观实际，用事实说话。只有坚持实事求是的原则，通过全面、深入、细致的调查，才能真实地反映客观事物，得出正确的结论，否则就失去了存在的价值，更谈不上指导工作。

3. 典型性

调查报告的关键在于是否抓住典型。只有抓住典型的人物、事件，才能更鲜明、更有力地揭示事物的本质和规律。因此，调查报告所选取和反映的都是典型的事物。

4. 深刻性

调查报告不仅要真实反映客观事物，还要通过表象深刻揭示客观事物的内在本质和规律。从现象到本质，从感性到理性，对客观事物进行深刻的分析研究，是调查报告深刻性的体现。

（三）调查报告的种类

根据调查报告的目的和内容的不同，可以分为以下三种类型：

1. 情况调查报告

情况调查报告是反映地区、单位、行业或某方面的基本情况、发展状态的调查报告。主要是为有关部门和人员了解基层情况，制订计划提供科学的决策依据。

2. 经验调查报告

经验调查报告以介绍先进典型经验为主，目的是推广经验，为推动全局性的工作提供借鉴。

3. 问题调查报告

问题调查报告主要是针对社会关注的焦点问题，用事实揭露实质、指出问题的严重性，从而引起人们的重视，避免同类问题再度发生。常见的问题调查报告有两种写法，一种是侧重于揭露和分析问题，并不拿出解决问题的方案；另一种是侧重于剖析问题，并提出解决问题的办法。

（四）调查报告的写作

1. 标题

调查报告的标题主要有公文式标题和新闻式标题两种。

（1）公文式标题。公文式标题一般由“调查对象＋调查内容＋文种”三部分构成。如《关于城镇居民购房需求的调查》。

（2）新闻式标题。此类标题主要是用标题揭示主题，如《我国居民收入贫富差距加大》；或采用提问式标题，如《××公司是怎样实行经济责任制的?》；也可以采用双标题形式，正题鲜明揭示主题，副题指明调查的对象、内容、范围，如《住宅必须商品化——××市住房体制改革情况调查》。

2. 正文

正文一般可分为前言、主体和结尾三部分。

（1）前言。前言即调查报告的开头部分。简要说明调查报告的原因、时间、地点、对象、范围、经过、方法，或揭示全文基本内容，或直接提出调查的问题和结论。

前言的写法多种多样，常用的有以下四种形式：

①概述式。简单介绍调查对象的基本情况，点明调查报告的主要内容或基本观点。

②结论式。先写调查研究的结论，强调其社会意义，以引起读者阅读的兴趣，再阐述主要事实。

③议论式。直接用议论的方式点明调查问题的重要性，揭示问题的本质和规律。

④提问式。抓住中心提出问题，引起读者的兴趣和思考，吸引读者到正文中寻求答案。

（2）主体。这是调查报告的核心部分，主要写清调查对象的具体情况，即事情发生、发展、经过、具体做法、因果关系。为了使主体内容条理清楚，常给各段加上小标题。常见的结构形式如下：

①纵式结构。按照时间顺序或事物发展的顺序来组织材料，条理清晰、内容连贯、有吸引力。

②横式结构。按照事物的性质或逻辑关系来组织材料，观点鲜明，中心突出，论述较为全面、系统、透彻。

③综合式结构。采用纵式结构和横式结构两种形式，纵横交错，互相穿插。

（3）结尾。调查报告的结尾方式多种多样，或总结全文，深化主题，加深人们的认识；或针对问题提出建议；或指出问题不足之处，引人思考；或展示前景，提出努力的方向；或不单独写结尾。

3. 落款

在正文右下方写上署名和日期，也可置于标题下方。

（五）调查报告的写作要求

1. 深入调查研究，充分掌握材料

充分掌握材料是调查报告写作的前提和基础，它确保了调查报告的真实性和科学性。因此，一定要深入调查研究，收集各种典型的、有意义的第一手材料，切不可赋予一些主观看法或只侧重于有价值的材料。

2. 科学分析研究，揭示事物发展规律

调查报告要对收集的材料进行科学的分析研究，由此及彼，由表及里，抓住事物的主要矛盾，从表象到本质，揭示事物发展的规律，形成调查报告的观点，这是调查报告的关键和核心所在。

3. 以叙述事实为主，叙议结合

调查报告的写作以叙述事实为主，由事论理，引出结论，做到有叙有议，叙议结合。既不能只叙不议，也不能议论过多，喧宾夺主。

（六）案例分析

【例文】

城乡规划个人建房基层所工作调查

近年来，各基层分局（所）在县局领导的关心下、各相关科室大力配合与基层分局（所）的支持下，各项工作任务都能按期完成也取得了一定的成效，但同时城乡个人建房实施管理实际工作中仍然面临着不少困难与挑战。

一、建房审批方面

1. 受理建房审批资料审查问题

随着农村建设发展，集体所有土地征收、房屋拆迁安置和农民利用宅基地建房的数量增加，各分局（所）受理农民建房申请报批的项目数量也相对增加，就从目前来看大部分宅基地建房未必经村民代表大会讨论通过，基本上都是由村委会直接出具宅基地证明，甚至还有些村干部碍于人情面子或做老好人而提供宅基地的证明，如有村民代表大会意见的也是为了应付土地部门能方便办理土地审批手续而做，往往这些土地来源证明并不完全符合程序要求。分局（所）因考虑农村的实际情况，只要村委会出具的土地来源证明基本符合建房报批要求，就受理审批发证，待建房户向国土部门申报土地审批手续时，土地部门以安置对象不符或不符“一户一宅”制政策为由退件，要求规划部门注销证照重新按符合土地政策审查条件后予以办理，出现了频繁注销规划许可手续的现象，给我们造成了非常被动的局面。不知情的人都误以为我们规划部门审批太随意了，从事实来看，我们对集体所有制土地如何加强规划审批管理还缺乏深入研究。

为杜绝今后类似的情况发生，提出了如下处理建议：

①村民利用宅基地建房向分局（所）申请报批应依据《村民委员会组织法》的规定召开村民代表大会讨论通过后，按法定程序公布宅基地安置对象名单；

②提供宅基地安置名单现场公布照片、个人建房申请报告后，由村委会审查盖章；

③加强部门之间协调合作，报镇（乡）政府审查后所出具的建房工作联系单，应由土地部门对该宅基地建房户是否符合土地政策审查条件和是否属于土地利用的建设用地给出

预审意见；

④具备以上条件后按照规定程序和规划要求分局（所）予以受理报批规划手续。

2. 建设项目批前公示与批后公布制度落实的问题

（略）。

3. 规划行政许可证件注销程序问题

（略）。

4. 危房修理与灾后重建审批情况及表格设计规范化问题

（略）。

5. 土地“转而未供”及审批方法调整与核定发证面积等问题

（略）。

6. 技术审查标准依据以及规划、建设项目技术审查分工管理情况

（略）。

二、档案管理与统一发证方面

1. 档案管理问题

（略）。

2. 基层分局（所）实施统一发证情况

（略）。

三、建设项目（公建与私建）资料共享问题

（略）。

四、监察方面

（略）。

五、竣工规划核实与工程备案方面

（略）。

六、工程质量安全监督方面情况

（略）。

七、业务培训方面

1. 建设项目技术审查业务培训

（略）。

2. 个体工匠上岗业务培训

（略）。

八、其他方面

（略）。

×××

××××年××月××日

【简析】

这是一篇揭露问题的调查报告。报告的主体部分主要从八个方面着手，针对城乡个人建房管理中存在的问题提出了解决问题的方案。

此调查报告是全面了解情况后客观分析的结果，只有调查工作细致、全面，才能找出问题，提出相关建议。这样写出来的调查报告才是有根有据、合理合法的。

五、述职报告

（一）述职报告的含义

述职报告是各级领导干部及专业技术人员依据自己的职务向组织部门领导或职工如实陈述履行岗位职责情况的书面报告，是干部和专业技术人员管理考核专用的一种文体。

（二）述职报告的特点

1. 方式自述性

述职报告是任职人对自己一定时期工作情况的汇报，因此，必须使用第一人称，采用自述的方式，所以具有自述性的特点。

2. 内容规定性

述职报告是对自己在任职一定阶段内所做工作的评述，一般是根据单位主管部门指定的岗位职责，汇报个人履行某职位职责的情况，以及是否能胜任某职位职责。因此，内容具有规定性。

3. 客观真实性

述职报告是干部工作业绩考核、评价、晋升的重要依据，述职者一定要实事求是、力求全面、真实、客观、准确地反映在所在岗位履行职责的情况。对成绩和不足，既不要夸大，也不要过分谦虚。

4. 语言通俗性

述职报告所面对的会议听众是个性不同、情况各异的，因此，对于与会者来说，内容应当通俗易懂。

（三）述职报告的种类

述职报告按照不同的方式可以划分出不同的类型，常见的分类法有：按时间可分为任期述职报告、年度述职报告、阶段述职报告；按范围可分为集体述职报告和个人述职报告；按形式可分为书面述职报告和口头述职报告。

（四）述职报告的写作

1. 标题

（1）单行标题。一般有五种写法：一是“职务＋时间＋文种”构成，如《××项目经理2012年度述职报告》；二是“职务＋文种”构成，如《××项目经理述职报告》；三是“时间＋文种”构成，如《2012年述职报告》；四是“第一人称＋的＋文种”构成，如《我的述职报告》；五是只用文种，如《述职报告》。

（2）双行标题。第一行是正标题，由能够概括述职报告中心的一句话构成；第二行是副标题，由“时间＋文种”或“第一人称＋的＋文种”构成，如全心全意为施工单位服务——我的述职报告

2. 称谓

称谓应是听取述职报告的对象，应单独一行，顶格书写，以表尊敬和礼貌。

3. 正文

正文主要陈述履职情况，一般分为前言、主体和结语三个部分。

（1）前言。前言部分主要是介绍基本情况，包含三大内容：一是简单介绍述职者的身份以及岗位职责和目标任务，让听众对述职者有基本的了解；二是简单说明在什么样的方针政策指导下进行工作以及工作作风和精神面貌；三是叙述任职期间履行工作职责的主要成绩，对工作情况作出总的评价。

（2）主体。主体部分是述职报告的核心，主要紧扣岗位职责的标准规范来写，在撰写主体部分时主要应突出三方面内容：一是思想政治素质方面，包括任职期间的指导思想，对党和国家路线、方针、政策的执行情况，工作态度和作风等；二是在任职期间履行岗位职责取得了哪些政绩，有无开拓创新精神，总结了哪些工作经验，发现了哪些规律性的东西；三是存在的问题及其原因，述职者应实事求是地陈述问题，并简要地分析原因，从中找出教训。主体部分在写法上一般采用纵式或横式结构，分别按照时间先后顺序或事物发展的逻辑顺序来叙述，在叙述时要注意联系实际，挑选具体、生动、典型的实例来说明问题，突出本职工作特点。

（3）结语。一般用“述职到此，恳请大家审查”“以上述职，请予审议”“以上是我的述职，谢谢各位”等作结语。

4. 落款

在正文的右下角写上署名及成文日期，如果标题中已署名，可只写成文日期。

5. 附件

如果需要附上相关的材料，可以在报告的左下角顶格写上“附件”，按序注明所附材料的名称。

（五）述职报告的写作要求

1. 材料充分

充分掌握材料是写好述职报告的前提。写述职报告前应反复对照岗位职责要求，对自己的任职情况进行回顾，选择能说明问题的典型材料。

2. 内容真实

述职者应真实地反映履行职责的情况，肯定成绩的同时，也应指出存在的不足。不能避重就轻，回避矛盾。

3. 突出重点

述职报告应主次分明、突出重点。述职报告的重点在于工作业绩，应对重点问题的决策、重点问题的解决、重点难关的突破、重点事情的处理等方面详写。

4. 语言精准

述职报告的语言应准确、简练、朴实。切忌在报告中拖泥带水，用模棱两可的字语，以及一味追求华而不实的文字。

（六）案例分析

【例文】

住建局副局长述职报告

市委组织部：

我于××××年×月被委任为住建局副局长，时至今日，任职已有一年了。一年来，在××管委的正确领导下，在各级领导的帮助和同志们的大力支持下，本人深入贯彻落实科学发展观，以十七届五中、六中全会精神为指导，紧紧围绕管委工作目标和重点工作，突出协调配合，强化对外宣传，服务管委工作，为管委各项工作的顺利开展作出了积极贡献，但也存在一定不足和问题。按照市委组织部的统一部署，现将本人一年来的自身建设和工作情况等报告如下：

一、自身建设情况

（一）思想政治建设情况。我始终把加强思想政治和业务学习放在自身建设的首位。为此，我特别注意学习马克思列宁主义、毛泽东思想、邓小平理论、科学发展观及市场经济、法律法规等方面的知识及文秘工作业务知识，增强了适应形势发展与变化的能力。通过撰写读书笔记和心得体会，更加深刻地认识了学习的重要性和必要性，从而提高了政治理论水平和工作协调能力。

（二）廉洁自律情况。日常工作中，保持着人民公仆的一身正气，做到不吃私、不贪污、不行贿受贿，从未发生过任何违规现象，没有给领导添麻烦，没有给党的形象抹黑，使自己在政治上、思想上、行动上同党中央和各级党组织保持高度一致。在工作中，始终不忘自己的工作位置，令行禁止首先从自身做起，时刻用榜样的标准严格要求自己，努力做到堂堂正正做人、清清白白做官、仔仔细细做事，在群众中树立一名党员干部的良好形象。

二、履行岗位职责，开展工作情况

服务是办公室工作的“重头戏”，也是检验办公室工作水平的“试金石”。工作中，我始终坚持把优质服务贯穿于各项工作全过程，着力提升办公室工作的整体水平，逐步实现服务的前置化、高效化和精细化。一是强化学习意识。作为管委办公室，工作系统性、综合性和政策性都很强，学习尤为重要。对此，我着重强化了办公室人员在文字写作、办事程序、网站管理、大屏幕操作及网络舆情监督等方面的学习。通过系统的学习，使办公室人员熟练掌握了各项业务技能，进一步提高了工作人员的整体素质和业务水平。二是强化团体合作意识。办公室承接着分解各单位工作，协调处理好相关单位关系，可以说工作是千头万绪，临时性、应急性工作较多。为使办公室工作能够有序开展，根据办公室人员自身情况，强化管理，确保城建系统安全生产形势持续稳定。三是全面提升质量监督水平。制定了《关于加强预拌混凝土质量保证资料管理的通知》，规范建设工程预拌混凝土强度检验评定方法，加大对商品混凝土生产企业的资质审核力度，规范混凝土生产企业的质量行为。制定了《关于加强建筑门窗工程质量管理的规定》，加强对建筑门窗分包企业的管理，提高建筑门窗节能质量。下发了《关于加强市政工程质量管理的若干规定》，强化市政工程质量管理，安排专门人员，每天至少三次巡查，每周一通报，细化验收部位，合理确定关键质量控制点，落实工程参建工作。

三、今后工作努力的方向

一是深入基层走访民情，了解民众所需所求，适时地对工作进行调整，为领导做好参谋；二是加大对落实事项的督导力度，对重大项目、重点工作时时关注，定期督导汇报，对难点工作帮助查找分析问题根源，协调相关部门及时高效完成。三是通过网站、电视、报纸等媒体对管委重点活动、工作进行全面系统的宣传报道，增加与业主互动交流，创新对外宣传方式。此外，今后还将进一步加大考核力度，定期对部门、个人工作、机关制度执行情况进行通报，对出现的问题，及时进行整改。指导施工技术人员严格按照城建档案规范标准要求收集、整理、立卷，从源头上保证了进馆档案的质量。积极拓宽城建档案信息的社会利用渠道。

述职人：×××

××××年××月××日

【简析】

这是一篇年度述职报告，主要表现在：一、格式规范。该述职报告的标题、正文、署名、时间都齐全，书写格式也都正确。二、内容紧扣岗位职责要点而写。前言中简要介绍所任职务、任职时间，并对自己的工作情况做了总的评价。正文分为三个部分，第一部分汇报了自己一年来的思想政治情况；第二部分详细汇报了一年来所做的工作；第三部分指明了今后工作努力的方向。三、条理清楚、重点突出。四、语言质朴。

六、会议记录

（一）会议记录的含义

会议记录是一种配合会议召开由会议组织者指定专人准确记录会议组织、议程、报告、发言、决议等基本情况的应用文书。会议记录是反映会议内容，传达、贯彻、执行会议精神的依据。会议所形成的会议纪要等文件，都是以会议记录为蓝本的。

（二）会议记录的作用

1. 依据作用

会议记录真实、完整地记载了会议情况，它是反映会议内容，传达、贯彻、执行会议精神的依据，也是今后总结工作的重要资料。

2. 素材作用

会议简报和会议纪要都以会议记录为重要素材，可以说会议记录是会议简报和会议纪要的基础。

3. 备忘作用

会议记录是重要的历史档案，作为档案材料保存，若干年后，需查证当时的会议情况，就要靠会议记录。因此，它具有保存、备忘价值。

（三）会议记录的特点

1. 真实性

记录者对会议的内容只有记录权，没有改造权。记录者不能对会议内容进行加工、整理，与会者发言时说了什么就记录什么。

2. 原始性

会议记录是对会议情况和会议内容最原始的记录，没有一点加工的痕迹。

3. 完整性

会议记录要求对会议的时间、地点、出席人员、主持人、议程以及领导讲话、与会者的发言都要记录下来，以求记录的完整性。

（四）会议记录的写作

1. 标题

会议记录标题由“会议单位＋会议名称＋文种”构成，如《××市人民政府行政办公会议记录》。

2. 会议组织概况

会议组织概况主要包括：会议名称、会议时间、会议地点、出席人、缺席人、列席人、主持人、记录人，以上每项内容均应单独为一段，记录人需在开会前将其填好。

3. 会议内容

会议内容是会议记录的主体部分，主要应将会议的议题、会议的报告、会议的发言、会议的讨论过程、会议提出的问题、会议作出的决议、会议遗留的问题记录下来。

4. 会议结尾

会议记录结束时，提行空两格写上“散会”字样，在会议记录右下方应有会议主持人和记录人的签名，以示负责。

会议记录要求记录者客观真实、快速完整地记录会议内容，并要对会议内容负责，不得将其泄露。

（五）案例分析

【例文】

××市城建局会议记录

时间：××年×月×日

地点：×市城建局办公室

出席人：老张、老王、老李、小陈、小蒋

主持人：老张

记录人：城建局办公室主任

内容：如何进行城乡规划建设

老张：今天主要讨论城乡规划建设问题。如何使我市的城乡规划建设更合理，请大家多献计献策。

老李：（略）

老王：（略）

小陈：（略）

小蒋：（略）

主持人：老张

记录人：城建局办公室主任

【简析】

这篇会议记录，标题未点明会议名称，未突出是有关城乡规划建设的会议。时间不够具体，未说明是上午、下午还是晚上，参会人的名字、身份不清楚，记录人是城建局办公室主任也不符合实际。记录内容不完整，最后会议决议是什么，不得而知。这篇会议记录是不合格的。

七、可行性论证报告

（一）可行性论证报告的含义

可行性论证报告又称可行性研究报告，是在建设某个项目之前，通过全面的调查研究，分析论证其切实可行而提出的一种书面材料。

（二）可行性论证报告的特点

1. 材料真实性

可行性论证报告是进行决策的重要依据，所收集的材料必须真实可靠，否则会造成重大的决策失误。

2. 系统论证性

每个项目都是一个相对独立的系统，可行性论证报告需对系统及系统内的各个组成部分之间的合理性与可行性进行分析比较，因而具有论证性。

（三）可行性论证报告的写作

1. 首部

（1）标题。一般由事由和文种构成，如《××工程项目可行性论证报告》。

（2）项目主办单位、承办单位的名称和相关人员，拟写的日期。

（3）目录。

2. 正文

正文由前言、主体和结论三部分组成。

（1）前言。一般介绍项目的背景、依据、意义，并说明可行性论证的范围、要求等。

（2）主体。这部分主要是分析论证，主要包括以下内容：

①市场调查。这是可行性论证报告的前提，在拟建项目前必须经过市场调查。

②需求预测和拟建规模分析。包括国内外需求分析，国内现有企业生产能力的估计，发展前景分析，拟建项目的规模、产品方案和发展方向的分析。

③资源和物资供应以及公用设施情况。

④厂址选择。包括地理位置、气象、水文、地质、地形、水电供应、交通运输等。

⑤设计方案。包括项目的构成范围、技术来源和生产方法；拟建项目的土建结构和工程量估算；公用辅助设施和交通运输方式的比较、选择。

⑥环境保护。包括环境现状、预测项目对环境的影响，提出改造和保护，治理三废的方案。

⑦技工劳力的统计与培训。

⑧拟建项目的实施进度。

⑨资金来源分析。主要是政府拨款、银行贷款、单位自筹，对这些资金来源、筹措方式及资金偿还进行分析。

⑩经济及社会效益分析。

（3）结论。简明扼要对项目进行综合评价，得出拟建项目是否可行。

可行性论证报告的正文后，往往还有附件、附图、附表。

（四）案例分析

【例文】

房地产项目可行性论证报告

××房地产公司

××××年×月×日

第一章　项目总论（略）

第二章　市场研究

2.1　宏观环境分析

房地产开发商在一个国家的某个地区拟进行房地产投资时，首先要考虑的是该国的宏观因素，如政治、经济、文化、地理地貌、风俗习惯等。

2.2　全国房地产行业发展分析

2.2.1　行业政策

2.2.2　市场供给与需求

2.2.3　行业发展趋势

2.3　本市房地产市场分析

项目所在国内部地区之间的发展，一般来说是不平衡的，总是存在不同程度的差异。房地产市场分析仅研究其项目所在国的宏观因素往往是不够的，还必须对项目所在区域进行因素分析，这是因为：首先，宏观经济对区域经济的影响程度不同，有的区域受影响程度大，有的区域受影响程度小；其次，区域经济发展受宏观经济的影响存在“时滞”现象，宏观的经济现状往往要经过较长时间以后才能对区域经济的发展产生影响，有的地区反应快，有的地区滞后性较为明显，投资时必须加以考虑；最后，国家特定的地区经济使得某些区域经济或多或少地受到宏观经济波动的影响，甚至形成与宏观经济趋势相反的逆向走势。

2.3.1　本市房地产市场现状

（1）近三到五年商品住宅市场发展状况：开工面积、竣工面积、销售面积、销售额。

（2）量值描述市场状况：当年市场主要指标，如土地批租量、开工量、竣工量、销售量、销售额、供需比、个人购房比例、平均售价、个人信贷额度占销售额比例。

（3）各类型产品的市场特征：价位区分、各档次市场比例、发展趋势、产品特征、分布区域等。

（4）各行政区市场比较：

①量值描述：土地批租量、开工量、竣工量、销售量、各种档次楼盘的销售比重、平均价格等。

②各区商品住宅分布特征：供应量、销售量变化和发展趋势等。

（5）当地城市近、中期规划发展方向描述：城市发展规划、功能布局、基础设施建设等与项目开发和居民住宅密切相关的方面。

（6）主要发展商情况：发展商实力、企业性质、开发水平；前20名发展商最近3年的开工量、竣工量、销售量、销售额、销售率、市场占有率。

（7）热点区域的表述和特征，热点产品的表述和特征。

（8）客户的购买偏好、购买关注的要素。

（9）重点楼盘描述。

备注：需要完成城市发展及房地产市场调研报告（报告格式及内容另附）

2.3.2 本市房地产市场发展趋势

（1）需求预测。需求预测就是以房地产市场调查的信息资料和数据为依据，运用科学的方法，对某类物业的市场需求规律和变化趋势进行分析和预测，从而推断出未来市场对该类物业的需求。

（2）供给预测。供给预测就是以房地产市场调查的信息资料和数据为依据，运用科学的方法，对某类物业的市场供给规律和变化趋势进行分析，从而预测未来市场上该类物业的供给情况。

备注：预测方法通常可以分为时间序列分析法和因果关系分析法。时间序列分析法又可分为移动平均法，指数平滑法等；因果关系分析法又可分为线性回归法、非线性回归法、模拟法等。

2.4 板块市场分析

（略）。

2.5 项目拟定位方案

（略）。

第三章 项目开发方案

（略）。

第四章 投资估算与融资方案

（略）。

第五章 财务评价

（略）。

第六章 不确定性分析

（略）。

第七章 综合评价

（略）。

第八章 研究结论与建议

（略）。

第九章 附录

（略）。

【简析】

这是一篇房地产项目可行性论证报告，分别从项目背景、市场研究、项目开发方案、投资估算与融资方案、财务评价、不确定性分析、综合评价等几个方面做了论证。各部分的内容、结构都合乎规范。

八、求职文书

（一）求职文书的含义

求职文书又称求职信、自荐信，是求职者向用人单位介绍自己的情况以谋求职位的书信。其是在双向选择的用人机制下，为适应就业竞争需要而出现的应用文体。它是求职者在求职道路上迈出的第一步，是求职者不可缺少的书面文字材料，也是用人单位决定是否录用的重要依据。

（二）求职文书的特点

1. 自荐性

求职文书是求职者与用人单位沟通的一种媒介，在相互不了解的情况下，求职者要善于推介自己，使用人单位产生录用意向。

2. 针对性

求职者要针对用人单位的实际情况，认真、客观地陈述自己的优势，针对读信人的心理，把握书信的内容和语气。

3. 独特性

现代社会竞争激烈，要想在竞争中取胜，一份独特的、个性的求职信很重要，这样才会引起对方的高度重视。

（三）求职文书的写作

1. 标题

第一行居中直接标明“求职信”“自荐信”“自荐书”等字样。

2. 称谓

标题下一行顶格写明用人单位的领导或负责人的姓名，也可直接称呼其职务，如“尊敬的××公司经理”。

3. 正文

正文通常由开头、主体和结尾三部分组成。

（1）开头。求职者应向用人单位说明求职意图，并根据用人单位所需和自己所长，提出所要应聘的具体岗位名称和职务。

（2）主体。主要介绍求职者的基本情况，包括姓名、性别、年龄、政治面貌、学历、职业、特长、兴趣爱好等。这一部分要结合用人单位的招聘条件，突出自己的优势，将自己在不同时期的工作或学习情况特别是所取得的成绩反映出来，要注意对自身所具有的才能和专长的展示，通过展示，能够充分反映出求职者胜任某项工作的能力，从而令用人单位信服。另外，还可用简明扼要的语言写明被聘后的打算。

（3）结尾。要再次强调求职者的求职愿望，恳请用人单位给自己一次工作机会。最后用“此致敬礼”惯常用语结束全文。

4. 落款

在正文右下方写上求职者姓名及日期，可用“敬上”等词语以示礼貌和谦逊。

5. 附件

附上有关资料，如学历证书、资格证书、获奖证书以及能证明求职者优势的有关资料的复印件。这些资料不仅让用人单位对求职者有具体的了解，还可增强其对求职者的信任感。

(四) 案例分析

【例文】

求职信

尊敬的领导：

您好！

首先，我非常感谢您能在百忙之中审阅我的简历，给我一个展示自我的空间和与你们交流的机会。通过对贵公司的初步了解，本人有意加盟贵公司，为贵公司尽一份力。

我是一名××职业技术学院工程造价专业的学生，将于今年7月毕业。在大学三年中，我很好地掌握了专业知识，学习成绩良好。我热爱工程造价，在校期间，学习了CAD制图、建筑制图、建筑力学、建筑施工技术、建筑施工组织、建筑测量、结构力学、建筑工程预算等知识，并且通过了英语四级考试、计算机三级考试，在各方面都有一定的工作能力及组织协调能力，具有较强的责任心，能够吃苦耐劳，诚实、守信、敬业。我有很强的动手能力，能脚踏实地努力地办好每一件事。

在日常生活中，我以积极乐观的心态面对生活。我为人诚实正直，能与人融洽相处，共同进步。我兴趣广泛，参加各种活动，如打羽毛球、踢足球等，让我认识了不同性格的朋友，更磨炼了自己的意志，锻炼了自己的身体。在不断地学习生活中养成了严谨踏实的学习作风和团结协作的优秀品质，使我深信自己完全可以在岗位上守业、敬业、更能创业！我相信我的能力和知识正是贵公司所需要的，我真诚渴望能为贵单位的明天奉献自己的青春和热血！

过去并不代表未来，勤奋才是真实的内涵。在实际工作中我将不断完善自己，做好本职工作，将一个年轻人的热情和抱负在工作中展现出来！

殷切盼望您的佳音，谢谢！

此致

敬礼

××敬上

××××年××月××日

【简析】

该求职信写明了自己求职的意向，主体部分介绍了自己的学习情况、兴趣爱好，突出了自己的专业技能，条理分明，逻辑性强。语言谦恭有礼，不卑不亢。

实训演练

1. 小强是某校的一名大一新生，为了让他在大学三年里充分掌握专业知识，学以致用，请为小强拟订一份学习计划。

2. 一学期即将结束，请对各门课程的学习情况做一个总结。

3. 假如你是某施工单位管理人员，请你对任期内工作写一份述职报告。

4. 某建筑公司因工作需要，需招聘施工技术员、工程预算人员数名。有一位在建筑公司工作了5年的女士欲前往应聘。她认为自己有如下优势：在原单位从事过预算工作，熟悉预算工作；女性非常细心，不易出错；在大学里面非常系统地学习过预算课程等。请根据以上材料为她写一份求职信。

第四章　建筑工程招投标文件

第一节　建筑工程招投标文件概述

一、招标书、投标书的含义

（一）招标文件的含义

根据《中华人民共和国招标投标法》和《工程建设项目施工招标投标办法》的规定，建设工程施工招标文件是由招标单位或其委托的咨询机构编制发布的，是招标人向投标人提供的具体项目招投标工作的作业标准性文件。它阐明了招标工程的性质，规定了招标程序和规则、告知了订立合同的条件。

招标文件既是投标人编制投标文件的依据，又是招标人组织招标工作、评标、定标的依据，也是招标人与中标人订立合同的基础。因此，招标文件在整个招标过程中起着至关重要的作用。招标人应十分重视编制招标文件的工作，并本着公平互利的原则，务使招标文件严密、周到、细致、内容正确。编制招标文件是一项十分重要而又非常烦琐的工作，应有有关专家参加，必要时还要聘请咨询专家参加。

（二）投标文件的含义

投标文件是指具备承担招标项目能力的投标人，按照招标文件的要求编制的文件。在投标文件中应当对招标文件提出的实质性要求和条件作出响应，这里所指的实质性要求和条件，一般是指招标文件中有关招标项目的价格、招标项目的计划、招标项目的技术规范方面的要求和条件，以及合同的主要条款（包括一般条款和特殊条款）。响应的方式是投标人按照招标文件进行填报，不得遗漏或回避招标文件中的问题。

投标是建筑企业取得工程施工合同的主要途径，投标文件就是对业主发出的要约的承诺。投标人一旦提交投标文件，就必须在招标文件规定的期限内信守其承诺，不得随意退出投标竞争。

二、招标书、投标书的特点

（一）招标文件的主要特点

（1）周密严谨。招标书不但是一种“广告”，而且也是签订合同的依据，是一种具有法律效应的文件。这里的周密与严谨，一是指内容上；二是指措辞上。

（2）简洁清晰。招标书没有必要长篇大论，只要把所要讲的内容简要介绍，突出重点即可，切忌胡乱罗列、堆砌。

（二）投标文件的主要特点

（1）真实性（求实性）。内容真实可行，切合实际。若为了中标而增加水分，则会适得其反。

（2）竞争性。表明实力、经营策略、管理手段，有在招标会上发表自己意见的演说稿。招标单位通过投标书选择优劣。

（3）针对性。针对投标者提出的条件和内容以及企业或工程任务的现状，分析论证，决定是否投标和投标程度。

（4）合约性。投标文件一旦订立且送达招标方，招标方就开始对投标文件展开开标、评标的工作，此时，投标方不得随意更改承诺的内容，一旦违约，将承担相应的违约责任。

第二节　招标文件、投标文件写作

一、招标文件、投标文件的编制程序

（一）招标文件的编制程序

招标文件的种类很多，如勘察招标文件、设备招标文件、施工招标文件、监理招标文件、材料招标文件、设计招标文件等。

编制招标文件的程序首先要做以下的准备工作：收集资料、熟悉情况、确定招标发包承包方式、划分标段与选择分标方案、编制标底。确定好以上方案之后，接下来就可以根据项目的特征选择相应的示范文本进行编制，如监理招标文件就要找相应的监理招标文件示范文本。本书主要讲的是施工招标文件的编制。

施工招标文件有示范文本供参考使用，其中大部分通用条款都可以直接套用，编制的主要工作是对部分特征性条款进行修改和补充。修改和补充的方法和要求如下：

（1）紧贴招标项目的特征。如市政工程的招标文件就要体现出市政工程的特点，房建工程的招标文件就要体现出房建工程的特点。

（2）符合现行的法律、法规规定。

（3）合理、明确地表达招标目的、程序和方法。

（4）直观、可操作性强。

（5）各条款的规定具有唯一性、准确性和无歧义性。

（二）投标文件的编制程序

（1）熟悉招标文件、图纸、资料，对图纸、资料有不清楚、不理解的地方，可以用书面或口头方式向招标人询问、澄清。重点研究的内容有以下五项：

①招标须知；

②合同条款（侧重计量支付相关的、变更相关的，要了解清楚，否则在将来实际工程中不易操作，如变更索赔、材料调价条款等）；

③设计图纸（用抓点、反算的办法去审查，看错、漏在哪，为报价提供依据）；

④工程范围；

⑤工程量表（如大型桥梁浇筑时的冷却管散热考虑，一旦在预算上及施工组织方面忘记记取，开裂后责任在于施工方，一定要考虑）。

（2）参加招标人施工现场情况介绍和答疑会，调查当地材料供应和价格情况，了解交通运输条件和有关事项。重点研究的内容有以下两项：

①工程现场考察；

a. 各种地方材料供应情况及价格，调查材料供应点的数目。

b. 现场考察地形地貌。

②业主、竞争对手调查。

（3）编制施工组织设计方案，复查、计算图纸工程量。

①选择施工方案（根据招标文件研究的情况、图纸的研究情况、现场调查情况来选择）。

②编制施工组织设计方案，为确定投标报价提供依据。施工组织设计方案编制水平的高低，直接体现施工单位技术水平的高低、施工经验是否丰富，直接影响是否中标。施工组织设计方案的编制是投标工作中的关键工作之一。编制投标施工组织设计方案时，一定要仔细勘察现场，了解清楚计划开工时现场及周边环境情况。编写施工组织方案时，不要照搬照抄施工规范，要分析该项目的工程特点、施工重点、施工难点，施工方法、措施及进度要有针对性、可行性、科学性、合理性。施工组织设计方案编制完成后要让施工经验丰富的工程师审核。

（4）编制或套用投标单价，计算取费标准或确定采用取费标准，计算投标造价，核对调整投标造价。

工程量清单及报价投标预算是投标报价决策的根本依据，投标预算编制的精确与否，也直接体现施工单位水平的高低；施工经验丰富与否，直接影响是否中标。投标预算书的编制是投标工作中最关键的工作之一。

①工程量清单格式和项目（除临时工程外）应按照招标文件要求格式，重点核对工程数量与招标工程量清单是否一致，子目排序是否正确。

②“投标报价汇总表”“工程量清单”及其他报价表是否按照招标文件规定填写，法定代表人（或委托代理人）、投标人是否按规定签字盖章。

③“投标函报价”“投标报价汇总表”“工程量清单”“单价分析表”“原材料、机械单价分析表”的数字应吻合。采用 Excel 表自动计算时，须对 Excel 计算数值用函数 Round 进行数字修正。

④定额套用应与施工组织设计安排的施工方法一致，避免工料机统计表与机具配置表出现较大差异。

（5）确定投标报价。

（6）确定投标策略。

（7）写标书。

在投标文件编制时一定要按照招标文件要求内容进行编制，投标文件对招标文件提出的要求要作出相应回答，对招标文件提出的实质性响应要求必须作出符合要求的回答，特别是“评标办法”中提出的对投标文件审查的“资格性证明文件”“符合性证明文件”，一个也不能少，都要符合要求。投标文件也要注意小节。投标文件格式、内容必须与招标文件要求一致。

二、招标文件的写作

《房屋建筑和市政基础设施工程招标投标管理办法》第十七条指出："招标人应当根据招标工程的特点和需要，自行或者委托工程招标代理机构编制招标文件。"招标文件应当包括下列内容：

（1）投标须知及附表（包括工程概况、招标范围、资格审查条件），工程资金来源或者落实情况，标段划分，工期要求，质量标准，现场踏勘和答疑安排，投标文件编制、提交、修改、撤回的要求，投标报价要求，投标有效期，开标的时间地点，评标的方法和标准等。

（2）招标工程的技术要求和设计文件。

（3）采用工程量清单招标的，应当提供工程量清单。

（4）投标函的格式及附录。

（5）拟签订合同的主要条款。

（6）要求投标人提交的其他材料。

本书将根据"四川建设工程施工招标文件示范文本"的组成进行招标文件写作的讲解。

四川建设工程施工招标文件示范文本共分为8章，具体目录如下：

第一章　招标公告（未进行资格预审）
第一章　投标邀请书（代资格预审通过通知书）
第二章　投标人须知
第三章　评标办法（经评审的最低投标价法）
第三章　评标办法（综合评估法）
第四章　合同条款及格式
第五章　工程量清单
第六章　图　　纸
第七章　技术标准和要求
第八章　投标文件格式
附表一　拟投入本标段的主要施工设备表
附表二　拟配备本工程的试验和检测仪器设备表
附表三　劳动力计划表
附表四　计划开、竣工日期和施工进度网络图
附表五　施工总平面图
附表六　临时用地表

（一）招标公告和投标邀请书的写作

招标公告或投标邀请书的主要内容应包括招标人的名称和地址及招标项目的资金来源；对投标人的资质等级的要求及项目的实施地点和工期要求；招标项目的概况，招标的范围、内容、性质、数量（规模）；投标截止时间以及获取招标文件或资格预审文件的时间、地点和收取的费用。

1. 招标公告示范文本

________________(项目名称)______标段施工
招标公告

1. 招标条件

1.1 本招标项目____________________（项目名称）已由____________________（项目审批、核准或备案机关名称）以____________________（批文名称及编号）批准建设，项目业主为____________________，建设资金来自________________（资金来源），项目出资比例为__________，招标人为____________。项目已具备招标条件，现对该项目的施工进行公开招标。

1.2 本招标项目为四川省行政区域内的国家投资工程建设项目，__________（核准名称）核准（招标事项核准文号为________）的招标组织形式为________（□自行招标；□委托招标）。招标人选择（本招标项目在省发展改革委员会指定比选网站上的项目编号为__________）的招标代理机构是____________________。

2. 项目概况与招标范围

____

（说明本招标项目的建设地点、规模、计划工期、招标范围、标段划分等）

3. 投标人资格要求

3.1 本次招标要求投标人具备________资质，________的类似项目业绩，并在人员、设备、资金等方面具有相应的施工能力。

3.2 你单位__________（□可以；□不可以）组成联合体投标。联合体投标的，应满足下列要求：____________________。

3.3 各投标人均可就上述标段投标，但可以中标的合同数量不超过____（具体数量）个标段。

4. 招标文件的获取

4.1 凡有意参加投标者，请于________年____月____日至________年____月____日（法定公休日、法定节假日除外），每日上午____时至____时，下午____时至____时（北京时间，下同），在________________（详细地址）持下列证件（证明、证书）购买招标文件：

（1）购买人有效身份证及单位介绍信。

（2）注册于中华人民共和国的企业法人营业执照副本。

（3）资质证书正副本。

（4）安全生产许可证副本（园林绿化、电梯安装除外）。

4.2 招标文件每套售价______元，售后不退。图纸押金______元，在退还图纸时退还（不计利息）。

4.3 招标人__________（□提供；□不提供）邮购招标文件服务。邮购招标文件的，需另加手续费（含邮费）__________元。招标人在收到4.1款要求的证件和邮购费（含手续费后）______日内寄送。

5. 投标文件的递交

5.1 投标文件递交的截止时间（投票截止时间，下同）为______年__月__日__时__

分，地点为＿＿＿＿＿＿＿＿＿＿。

5.2　逾期送达的或者未送达指定地点的投标文件，招标人不予受理。

6. 发布公告的媒介

本次招标公告在＿＿＿＿＿＿＿＿＿＿＿＿＿＿＿＿（发布公告的所有媒介名称）上发布。

你单位收到本投标邀请书后，请于＿＿＿＿（具体时间）前以传真或快递方式予以确认。

7. 联系方式

招 标 人：＿＿＿＿＿＿＿＿	招标代理机构：＿＿＿＿＿＿＿＿
地　　址：＿＿＿＿＿＿＿＿	地　　址：＿＿＿＿＿＿＿＿
邮　　编：＿＿＿＿＿＿＿＿	邮　　编：＿＿＿＿＿＿＿＿
联 系 人：＿＿＿＿＿＿＿＿	联 系 人：＿＿＿＿＿＿＿＿
电　　话：＿＿＿＿＿＿＿＿	电　　话：＿＿＿＿＿＿＿＿
传　　真：＿＿＿＿＿＿＿＿	传　　真：＿＿＿＿＿＿＿＿
电子邮件：＿＿＿＿＿＿＿＿	电子邮件：＿＿＿＿＿＿＿＿
网　　址：＿＿＿＿＿＿＿＿	网　　址：＿＿＿＿＿＿＿＿
开户银行：＿＿＿＿＿＿＿＿	开户银行：＿＿＿＿＿＿＿＿
账　　号：＿＿＿＿＿＿＿＿	账　　号：＿＿＿＿＿＿＿＿

＿＿＿＿年＿＿＿月＿＿＿日

2. 投标邀请书示范文本

＿＿＿＿＿＿＿＿＿（项目名称）＿＿标段施工

投标邀请书

＿＿＿＿＿＿＿＿＿＿＿＿＿＿（被邀请单位名称）：

1. 招标条件

1.1　本招标项目＿＿＿＿＿＿＿＿＿＿（项目名称）已由＿＿＿＿＿＿＿＿＿＿（项目审批、核准或备案机关名称）以＿＿＿＿＿＿＿＿＿＿＿＿（批文名称及编号）批准建设，项目业主为＿＿＿＿＿＿＿＿＿＿＿＿＿＿，建设资金来自＿＿＿＿＿＿＿＿（资金来源），出资比例为＿＿＿＿＿，招标人为＿＿＿＿＿＿＿＿＿＿＿＿＿。项目已具备招标条件，现邀请你单位参加＿＿＿＿＿（项目名称）＿＿＿＿＿标段施工投标。

1.2　本招标项目为四川省行政区域内的国家投资工程建设项目，＿＿＿＿＿＿（核准名称）核准（招标事项核准文号为＿＿＿＿＿）的招标组织形式为＿＿＿＿＿（□自行招标；□委托招标）。招标人选择（本招标项目在省发展改革委员会指定比选网站上的项目编号为＿＿＿＿＿＿）的招标代理机构是＿＿＿＿＿＿＿＿＿＿＿＿。

2. 项目概况与招标范围

＿＿＿＿＿＿＿＿＿＿＿＿＿＿（说明本招标项目的建设地点、规模、计划工期、招标范围、标段划分等）。

3. 投标人资格要求

3.1　本次招标要求投标人具备________资质，________业绩，并在人员、设备、资金等方面具有相应的施工能力。

3.2　你单位________（□可以；□不可以）组成联合体投标。联合体投标的，应满足下列要求：________________。

4. 招标文件的获取

4.1　请于______年______月______日至______年______月______日（法定公休日、法定节假日除外），每日上午______时至______时，下午______时至______时（北京时间，下同），在________（详细地址）持本投标邀请书购买招标文件。

4.2　招标文件每套售价______元，售后不退。图纸押金______元，在退还图纸时退还（不计利息）。

4.3　招标人________（□提供；□不提供）邮购招标文件服务。邮购招标文件的，需另加手续费（含邮费）________元。招标人在收到邮购费（含手续费后）______日内寄送。

5. 投标文件的递交

5.1　投标文件递交的截止时间（投票截止时间，下同）为______年__月__日__时__分，地点为________________。

5.2　逾期送达的或者未送达指定地点的投标文件，招标人不予受理。

6. 确认

你单位收到本投标邀请书后，请于________（具体时间）前以传真或快递方式予以确认。

7. 联系方式

招 标 人：	________________	招标代理机构：	________________
地　　址：	________________	地　　址：	________________
邮　　编：	________________	邮　　编：	________________
联 系 人：	________________	联 系 人：	________________
电　　话：	________________	电　　话：	________________
传　　真：	________________	传　　真：	________________
电子邮件：	________________	电子邮件：	________________
网　　址：	________________	网　　址：	________________
开户银行：	________________	开户银行：	________________
账　　号：	________________	账　　号：	________________

________年______月______日

注：1.2、3.2、4.3 中的选择为单项选择。

3. 招标公告与投标邀请书写作要点

（1）招标公告与投标邀请书的写作内容要点和参考格式虽然基本相同，但是两者对于写作语言要求、公示途径、应用方式却完全不同。

（2）招标公告的阅览对象是社会公众及潜在的投标人。其写作不但要符合内容完整和格式恰当的要求，而且写作文字语言必须规范、准确、严谨、简练、专业。

（3）投标邀请书的阅览对象是潜在的投标人。其写作要求没有招标公告那样严格，只要内容完整、格式恰当、语言文字通俗易懂、表达准确即可。

（4）招标公告的公示途径是媒体；投标邀请书的公示途径是招标人或招标代理人。

（5）在建设工程同一项目、同一时间的招标中，招标公告与投标邀请书不能同时应用。采用公开招标方式的应用招标公告；采用其他非公开招标方式的应用投标邀请书。

（二）投标须知附表的写作

投标须知附表将投标须知以表格的形式展现，是投标须知的缩略。下表为投标须知附表的第一页，投标须知附表的具体内容参见施工招标文件示范文本。

投标人须知前附表

条款号	条 款 名 称	编 列 内 容
1.1.2	招标人	名称： 地址： 联系人： 电话：
1.1.3	招标代理机构	名称： 地址： 联系人： 电话：
1.1.4	项目名称	
1.1.5	建设地点	
1.2.1	资金来源	
1.2.2	出资比例	
1.2.3	资金落实情况	
1.3.1	招标范围	______________________________ ______________________________，关于招标范围的详细说明见第七章“技术标准和要求”。
1.3.2	计划工期	计划工期：______日历天 计划开工日期：___年___月___日 计划竣工日期：___年___月___日 除上述总工期外，发包人还要求以下区段工期： ______________________________ 有关工期的详细要求见第七章“技术标准和要求”。

1. 表格填写

（1）质量标准。国家强制性的质量标准为“合格”，四川省省优工程奖为“天府杯”奖，国家级优质工程奖为“鲁班”奖，奖励是评选的结果，也有名额限制，并不是所有的工程都能得奖，能否得奖是个未知的不确定的事项，不能将未知的不确定的事项作为招标的标准。

（2）招标范围。招标范围就是本次招标的范围，是整个项目还是只是其中的一部分，含不含桩基工程、含不含土方开挖工程、含不含专业工程等都要填写清楚。

（3）工期。国家的工期定额是行政管理部门按社会平均的生产水平和劳动强度测算出来的，其最大调整幅度为15%。招标工期应与定额工期的规定相一致，如个别招标项目的工期要求因特殊原因小于定额工期时，则应在招标文件中明确告知投标人报价时考虑必要的赶工措施费。

（4）资金来源。资金来源要求填写投资的主体和构成。是国有投资还是自筹资金？是全额国有投资还是国有投资只占其中的一部分比例？比例是多少？填写方式为百分数的形式。

（5）投标人资质等级要求。包括行业类别、资质类别和资质等级三部分。如是房建行业还是园林绿化行业；是总承包资质还是专业承包资质；是一级还是二级。另外，还应写明对项目经理和技术负责人的资质等级的要求。需注意的是，不得提出高于招标工程实际情况所需要的资质等级要求。

（6）资格审查方式。资格审查分资格预审和资格后审两种方式。如为资格后审，则在评标办法中要写清资格审查办法，评标程序中也要增加资格评审环节，资格评审应在技术标和商务标的评审之前进行。

（7）工程计价方式。工程计价方式为综合单价法，如为修缮工程，也可以采用预算定额法。

（8）投标有效期。招标文件应当规定一个适当的投标有效期，一般为60～120天，以保证招标人有足够的时间完成评标和与中标人签订合同。投标有效期从提交投标文件截止日起计算。招标人一般应在评标委员会提交书面评标报告后15日内确定中标人，最长不得超过30日，招标人应自中标通知书发出之日起30日内，与中标人订立书面合同。

投标有效期的实质是：投标在没有开标之前由于具有保密性，因此应理解为附生效期限的要约，也就是说开标之前投标不是生效的要约，可以撤回、修改和补正，而不用承担法律责任。但开标之后、签合同以前（投标截止日）投标作为生效的要约，受到法律约束，不能撤销，否则会丧失投标保证金。

（9）中标候选人公示时间。中标候选人公示时间以定标后在媒体公布的时间算起，一般在15日内。

（10）投标保证金。

①投标保证金金额。投标担保金额不应超过工程总额的2%，且总价不应大于80万元。

②投标担保递交的时间。投标保证金是投标人对其履行投标义务的保证，应当在递交投标文件的同时提交给招标人。实践中，有的招标人要求投标人在领取招标文件时提交投标保证金，这是对投标保证的一种滥用。因为招投标法规定，投标人有权在招标文件规定的截止投标前的任何时间撤回其已经递交的投标文件，在领取招标文件至递交投标文件阶段，招标人并不能约束投标人，且尚未形成投标的事实，还谈不上担保。

③投标担保的退回。投标担保金在中标人与招标人签订合同后五日内退回。

（11）履约担保和支付担保。履约担保是工程发包人为防止承包人在合同执行过程中违反合同规定或违约，以及为弥补给发包人造成的经济损失而设立的保证条件。履约担保合同是施工合同的有效组成部分，需要注意的是，招标人提供的支付担保和投标人提供的履约在方式、时间和金额上总是完全对等的。对于政府投资项目，可以将其计划和财政部门的年度投资计划当作一种担保方式，而不必另外提供支付担保。

（12）招标文件的发售。招标人发售资格预审文件和招标文件可适当收取成本费，现逐渐采用电子招标的方式，凭单位CFCA数字证书直接在公共资源交易中心网站报名并下载文件。招标文件出售价格一般为150元/份，最高不超过800元/份。

2. 投标须知附表编制的注意事项

（1）附表表述的内容要与投标须知中的内容一致。

（2）如有特殊情况需备注说明。

（三）投标须知的写作

投标须知正文的内容，主要包括对总则、招标文件、投标文件、开标、评标、授予合同等各方面的说明和要求。

1. 总则

投标须知的总则通常包括以下内容：

（1）工程说明。主要说明工程的名称、位置、合同名称等情况。

（2）资金来源。主要说明招标项目的资金来源和支付使用的限制条件。

（3）资质要求与合格条件。这是指对投标人参加投标进而中标的资格要求，主要说明为签订和履行合同的目的，投标人单独或联合投标时至少必须满足的资质条件。

（4）投标费用。投标人应承担其编制、递交投标文件所涉及的一切费用。无论投标结果如何，招标人对投标人在投标过程中发生的一切费用不负任何责任。

2. 招标文件

招标文件是投标须知中对招标文件本身的组成、格式、解释、修改等问题所作的说明。

3. 投标文件

投标文件是投标须知中对投标文件各项要求的阐述。主要包括以下几个方面：

（1）投标文件的语言。投标文件及投标人与招标人之间与投标有关的来往通知、函件和文件均应使用一种官方主导语言（如中文或英文）。

（2）投标文件的组成。投标人的投标文件应由下列文件组成：

①投标书；

②投标书附录；

③投标保证金；

④法定代表人资格证明书；

⑤授权委托书；

⑥具有标价的工程量清单与报价表；

⑦辅助资料表；

⑧资格审查表（资格预审的不采用）；

⑨按本须知规定提交的其他资料。

投标人必须使用招标文件提供的表格格式，但表格可以按同样格式扩展，投标保证金、履约保证金的方式按投标须知有关条款的规定可以选择。

（3）投标报价。这是投标须知中对投标价格的构成、采用方式和投标货币等问题的说明。除非合同中另有规定，具有标价的工程量清单中所报的单价和合价，以及报价汇总表中的价格，应包括施工设备、劳务、管理、材料、安装、维护、保险、利润、税金、政策性文件规定及合同包含的所有风险、责任等各项应有费用。投标人不得以低于成本的报价竞标。投标人应按招标人提供的工程量计算工程项目的单价和合价；或者按招标人提供的施工图计算工程量，并计算工程项目的单价和合价。工程量清单中的每一单项均需计算填写单价和合价，投标人没有填写单价和合价的项目将不予支付，并认为此项费用已包括在工程量清单的其他单价和合价中。

投标价格采用方式可设置两种方式以供选择。

①价格固定（备选条款 A）。投标人所填写的单价和合价在合同实施期间不因市场变化因素而变动，投标人在计算报价时可考虑一定的风险系数。

②价格调整（备选条款 B）。投标人所填写的单价和合价在合同实施期间可因市场变化因素而变动。如果采用价格固定，则删除价格调整；反之，采用价格调整，则删除价格固定。投标文件报价中的单价和合价全部采用工程所在国货币或混合使用一种货币或国际贸易货币表示。

（4）投标有效期。投标文件在投标须知规定的投标截止日期后的前附表所列的日历日内有效。在原定投标有效期满前，如果出现特殊情况，经招标投标管理机构核准，招标人可以书面形式向投标人提出延长投标有效期的要求。投标人须以书面形式予以答复，投标人可以拒绝这种要求而不丧失投标保证金。同意延长投标有效期的投标人不允许修改他的投标文件，但需要相应地延长投标保证金的有效期，在延长期内投标须知关于投标保证金的退还与不退还的规定仍然适用。

（5）投标保证金。投标人应提供不少于前附表规定数额的投标保证金，此投标保证金是投标文件的一个组成部分。根据投标人的选择，投标保证金可以是现金、支票、银行汇票，也可以是在中国注册的银行出具的银行保函。银行保函的格式，应符合招标文件的格式，银行保函的有效期应超出投标有效期 28 天。对于未能按要求提交投标保证金的投标，招标人将视为不响应投标而予以拒绝。未中标的投标人的投标保证金应尽快退还（无息），最迟不超过规定投标有效期期满后的 14 天。中标人的投标保证金，按要求提交履约保证金并签署合同协议后，予以退还（无息）。投标人有下列情形之一的，投标保证金不予退还：

①投标人在投标效期内撤回其投标文件的；

②中标人未能在规定期限内提交履约保证金或签署合同协议的。

（6）投标预备会。投标人派代表于前附表所述时间和地点出席投标预备会。投标预备会的目的是澄清、解答投标人提出的问题和组织投标人踏勘现场，了解情况。投标人可能被邀请对工程施工现场和周围环境进行踏勘，以获取须投标人自己负责的编制投标文件和签署合同所需的所有资料。踏勘现场所发生的费用由投标人自己承担。投标人提出的与投标有关的任何问题须在投标预备会召开 7 天前，以书面形式送达招标人。会议记录包括所有问题和答复的副本，将迅速提供给所有获得招标文件的投标人。因投标预备会而产生的对招标文件内容的修改，由招标人以补充通知等书面形式发出。

（7）投标文件的份数和签署。投标人按投标须知的规定，编制一份投标文件“正本”和前附表所述份数的“副本”，并明确标明“投标文件正本”和“投标文件副本”。投标文件正本和副本如有不一致之处，以正本为准。投标文件正本与副本均应使用不能擦去的墨水打印或书写，由投标人的法定代表人亲自签署（或加盖法定代表人印鉴），并加盖法人单位公章。全套投标文件应无涂改和行间插字，除非这些删改是根据招标人的指示进行的，或者是投标人造成的必须修改的错误。修改处应由投标文件签字人签字证明并加盖印鉴。电子评标只需要递交光盘。

（8）投标文件的密封与标志。投标人应将投标文件的正本和每份副本密封在内层包封，再密封在一个外层包封中，并在内包封上正确标明“投标文件正本”和“投标文件副本”。内层和外层包封都应写明招标人名称和地址、合同名称、工程名称、招标编号，并注明开标时间以前不得开封。在内层包封上还应写明投标人的名称与地址、邮政编码，以便投标出现逾期送达时能原封退回。如果内外层包封没有按上述规定密封并加写标志，招标人将不承担投标文件错放或提前开封的责任，由此造成的提前开封的投标文件将被拒绝，并退还给投标人。投标文件递交至前附表所述的单位和地址。

（9）投标截止期。投标人应在前附表规定的日期内将投标文件递交给招标人。招标人可以按投标须知规定的方式，酌情延长递交投标文件的截止日期。在上述情况下，招标人与投标人原有在投标截止期方面的全部权利、责任和义务，将适用于延长后新的投标截止期。招标人在投标截止期以后收到的投标文件，将原封退给投标人。

（10）投标文件的修改与撤回。投标人可以在递交投标文件以后，在规定的投标截止时间之前，采用书面形式向招标人递交补充、修改或撤回其投标文件的通知。在投标截止日期以后，不能更改投标文件。投标人的补充、修改或撤回通知，应按投标须知规定编制、密封、加写标志和递交，并在内层包封标明“补充”“修改”或“撤回”字样。根据投标须知的规定，在投标截止时间与招标文件中规定的投标有效期终止日之间的这段时间内，投标人不能撤回投标文件，否则其投标保证金将不予退还。

（11）废标条款的设计。废标的出现，客观上对招投标的结果会产生很大影响，是招投标双方的重大损失。原建设部《关于加强房屋建筑和市政基础设施工程项目施工招标投标行政监督工作的若干意见》（建市〔2005〕208号）规定，招标文件应当将投标文件存在重大偏差和应当废除投标的情形集中在一起进行表述。

废标条款设立的原则：

①应符合现行法律、法规的规定，严禁针对某一投标人的特点，采取“量体裁衣”等手法确定评标的标准和方法。

②应遵循审慎设立、区分差错（重大偏差、细微偏差）的性质，严格执行的原则，废标条件不应偏离招投标活动的根本目的，不宜过分强调一些细节的东西，比如实践中，有的招标文件规定，投标企业的法人代表或法人代表授权委托人必须对所有的投标文件逐页小签，并将此列为废标条件，显然不妥，没有体现招标的人文关怀。这里应当注意区分“投标文件”和“投标函”两个概念，投标文件包括的内容过于宽泛，其中很多内容都是对投标函所承诺内容的支持性内容，要求过于苛刻会背离招投标活动的主旨。

③废标条件的界定应当做到要求内容清楚、准确、完整，避免出现理解上的偏差。比如前面提到的“密封章”。

《评标委员会和评标方法暂行规定》第二十五条规定了应当列入废标条件重大偏差的七种情形：

①没有按照招标文件要求提供投标担保或者所提供的投标担保有瑕疵。

②投标文件没有投标人授权代表签字或加盖公章。

③投标文件载明的招标项目完成期限超过招标文件规定的期限。

④明显不符合技术规格、技术标准的要求。

⑤投标文件载明的货物包装方式、检验标准和方法等不符合招标文件的要求。

⑥投标文件附有招标人不能接受的条件。

⑦不符合招标文件中规定的其他实质性要求。

常见的其他废标条件如下：

①经过各方签字确认的开标会记录显示，投标人法定代表人或指定的代理人未参加开标会议，或虽参加了开标会议但未出具授权委托书或能证明其身份的证件。

②投标价格超出最高限价的。

③投标文件中拟派项目班子主要成员（包括项目经理、项目技术负责人、现场经理等）与资格预审阶段所递交的资格预审文件中拟派项目班子主要成员不符，且未在招标文件规定的投标截止时间前获得招标人的书面同意的。

④纳入投标价格中的暂定金额（包括预留金、甲方分包工程和材料购置费、暂估价等非竞争性费用）与招标文件的规定不一致的。

⑤按规定标准计取的规费、税金、安全文明施工措施项目费等不可竞争的费用与规定标准不一致的。

⑥报价明显低于其他报价或设有标底时（国有投资项目不得设立标底）明显低于标底，且投标人不能按评标委员会要求进行合理说明或不能提供相关证明材料，由评标委员会认定以低于成本报价竞标的。

⑦投标行为违反招投标法以及相关法律、法规和规定的。

认定废标的权力人：

废标中除“投标人未提交投标保证金”这一条应由招标人审查、评标委员会确认外，其余条款均应进入评标程序，经评标委员会评审后判定。该项工作既可由评标委员会直接进行，也可由评标委员会授权的清标小组实施，然后由评标委员会签字确认。

（12）投标不予受理。《工程建设项目施工招标投标办法》还规定了两种不予受理的情形：

①逾期送达或未送达指定地点的。

②未按招标文件要求密封的。

不予受理的投标文件与废标的区别：废标，招标人必须在受理并经过一定的程序后才能被判定；不予受理的投标文件，从来就没有进入过评标的任何一个程序。

4. 开标

投标须知中对开标的说明如下：

在所有投标人的法定代表人或授权代表在场的情况下，招标人将于前附表规定的时间和地点举行开标会议，参加的投标人代表应签名报到，以证明其出席了开标会议。开标会议在招标投标管理机构监督下，由招标人组织并主持。开标时，对在招标文件要求提交投标文件的截止时间前收到的所有投标文件，都当众予以拆封、宣读。但对按规定提交撤回通知的投标文件，不予开封。投标人的法定代表人或其授权代表未参加开标会议的，视为自动放弃投标。未按招标文件的规定标志、密封的投标文件，或者在投标截止时间以后送达的投标文件将被作为无效投标文件对待。招标人当众宣布对所有投标文件的核查检视结果，并宣读有效投标的投标人名称、投标报价、修改内容、工期、质量、主要材料数量、投标保证金，以及招标人认为适当的其他内容。

5. 评标

投标须知中对评标的阐释如下：

（1）评标内容的保密。公开开标后，直到宣布授予中标人合同为止，凡属于审查、澄清、评价和比较投标的有关资料，和有关授予合同的信息，以及评标组织成员的名单都不应向投标人或与该过程无关的其他人泄露。招标人采取必要的措施，保证评标在严格保密的情况下进行。在投标文件的审查、澄清、评价和比较以及授予合同的过程中，投标人对招标人和评标组织其他成员施加影响的任何行为，都将导致取消投标资格。

（2）投标文件的澄清。为了有助于投标文件的审查、评价和比较，评标组织在保密其成员名单的情况下，可以个别要求投标人澄清其投标文件。有关澄清的要求与答复，应以书面形式进行，但不允许更改投标报价或投标的其他实质性内容。但是按照投标须知规定校核时发现的算术错误不在此列。

（3）投标文件的符合性鉴定。在详细评标前，评标组织将首先审定每份投标文件是否在实质上响应了招标文件的要求。

评标组织在对投标文件进行符合性鉴定过程中，遇到投标文件有下列情形之一的，应确认并宣布其无效：

①无投标人公章和投标人法定代表人或其委托代理人的印鉴或签字的。

②投标文件标明的投标人在名称上和法律上与通过资格审查时的不一致，且不一致明显不利于招标人或为招标文件所不允许的。

③投标人在一份投标文件中对同一招标项目有两个或多个报价，且未书面声明以哪个报价为准的。

④未按招标文件规定的格式、要求填写，内容不全或字迹潦草、模糊、辨认不清的。对无效的投标文件，招标人将予以拒绝。

（4）错误的修正。评标组织将对确定为实质上响应招标文件要求的投标文件进行校核，看其是否有计算或累计上的算术错误。

修正错误的原则如下：

①如果用数字表示的数额与用文字表示的数额不一致时，以文字数额为准。

②当单价与工程量的乘积与合价之间不一致时，通常以标出的单价为准，除非评标组织认为有明显的小数点错位，此时应以标出的合价为准，并修改单价。

按上述修改错误的方法，调整投标书中的投标报价。经投标人确认同意后，调整后的报价对投标人起约束作用。如果投标人不接受修正后的投标报价，其投标将被拒绝，投标保证金将不予退还。

（5）投标文件的评价与比较。评标组织将仅对按照投标须知确定为实质上响应招标文件要求的投标文件进行评价与比较。评标方法为综合评议法（或单项评议法、两阶段评议法）。投标价格采用价格调整的，在评标时不应考虑执行合同期间价格变化和允许调整的规定。

6. 授予合同

在投标须知中，对授予合同问题的阐释主要有以下几点：

（1）合同授予标准。招标人将把合同授予其投标文件在实质上响应招标文件要求和按投标须知规定评选出的投标人。确定为中标的投标人必须具有实施合同的能力和资源。

(2) 中标通知书。确定出中标人后，在投标有效期截止前，招标人将在招标投标管理机构认同下，以书面形式通知中标的投标人其投标被接受。在中标通知书中，给出招标人对中标人按合同实施、完成和维护工程的中标标价（合同条件中称为“合同价格”），以及工期、质量和有关合同签订的日期、地点。中标通知书将成为合同的组成部分。在中标人按投标须知的规定提供了履约担保后，招标人将及时将中标的结果通知其他投标人。

(3) 合同的签署。中标人按中标通知书中规定的时间和地点，由法定代表人或其授权代表前往与招标人代表进行合同签订。

(4) 合同条件和合同协议条款。招标文件中的合同条件和合同协议条款，是招标人单方面提出的关于招标人、投标人、监理工程师等各方权利义务关系的设想和意愿，是对合同签订、履行过程中遇到的工程进度、质量、检验、支付、索赔、争议、仲裁等问题的示范性、定式性阐释。

◆通用合同条款：

通用条件（或称标准条款），是运用于各类建设工程项目的具有普遍适应性的标准化的条件，其中凡双方未明确提出或者声明修改、补充或取消的条款，就是双方都要遵行的。

专用条件（或称协议条款），是针对某一特定工程项目对通用条件的修改、补充或取消。

合同条件（通用条件）和合同协议条款（专用条款）是招标文件的重要组成部分。招标人在招标文件中应说明本招标工程采用的合同条件和对合同条件的修改、补充或不予采用的意见。投标人对招标文件中的说明是否同意，对合同条件的修改、补充或不予采用的意见，也要在投标文件中一一列明。中标后，双方同意的合同条件和协商一致的合同条款，是双方统一意愿的体现，成为合同文件的组成部分。

◆常用条款：

我国目前在工程建设领域普遍推行国家建设部和国家工商行政管理局制定的《建设工程施工合同（示范文本）》（GF—2017—0201）、《工程建设监理合同示范文本》（GF—2012—0202）等。

《建设工程施工合同（示范文本）》（GF—2017—0201）由协议书、合同条件（仅指合同通用条件）和合同协议条款（指合同专用条件）三部分组成。

①词语含义及合同文件。对发包方（甲方）、甲方驻工地代表（甲方代表）、承包方（乙方）、乙方驻工地代表（乙方代表）、社会监理、总监理工程师、设计单位、工程造价管理部门、工程质量监督部门、工程、合同价款、经济支出、费用、工期、开工日期、竣工日期、图纸、施工场地、书面形式、不可抗力、协议条款 21 个词语做了解释。对合同文件的组成和解释顺序，合同文件使用的语言文字、标准和运用法律，图纸的提供与保密等问题做了规定。

②双方一般责任。对甲方任命的甲方代表、甲方委托的总监理工程师以及乙方任命的乙方代表的职责权限，变更人员的告知，甲、乙双方的工作内容等做了规定。

③施工组织设计和工期。对进度计划、延期开工、暂停施工、工期延误、工期提前等问题做了规定。

④质量与验收。对检查和返工、工程质量等级、隐蔽工程和中间验收、试车、验收和重新检验等问题做了规定。

⑤安全施工。这部分主要规定了安全施工的条款。

⑥合同价款与支付。这部分主要规定了合同价款及调整、工程款预付、工程量的核实确认、工程款支付等问题。

⑦材料设备供应。这部分主要规定了甲方供应材料设备、乙方采购材料设备等问题。

⑧设计变更。这部分主要是对设计变更、确定变更价款等问题做了规定。

⑨竣工与结算。这部分主要对竣工验收、竣工结算、保修等问题做了规定。

⑩争议、违约和索赔。这部分主要对争议、违约和索赔等问题做了规定。

⑪其他。主要是对安全施工、专利技术、特殊工艺和合理化建议、地下障碍和文物、工程分包、不可抗力、保险、工程停建或缓建、合同生效与终止、合同份数等问题做了规定。

《工程建设监理合同（示范文本）》（GF—2012—0202）由协议书、合同标准条件（合同通用条件）和合同专用条件三部分组成。在我国建设工程招标投标实践中，通常根据招标类型，分别采用上述两种合同示范文本中的合同条件。

《工程建设监理合同（示范文本）》（GF—2012—0202）中的合同条件（标准条件），对词语定义、适用语言和法规，监理单位的义务、权利、责任，业主的义务、权利、责任，合同生效、变更与终止，监理酬金，争议的解决，以及其他有关问题做了规定。《工程建设监理合同（示范文本）》（GF—2012—0202）中的专用条件（协议条款），是按合同标准条件顺序设定的，招标人可以根据各个工程监理招标的具体情况，在招标文件中提出修改、补充或不予采用的意见。

◆履约担保条款：

中标人应按规定向招标人提交履约担保。履约担保可由在中国注册的银行出具银行保函，银行保函为合同价格的5%；也可由具有独立法人资格的经济实体出具履约担保书，履约担保书为合同价格的10%（10%是履约担保金占合同总价款的上限），投标人可任选一种。投标人应使用招标文件中提供的履约担保格式。如果中标人不按投标须知的规定执行，招标人将有充分的理由废除授标，并不退还其投标保证金。

（5）合同格式。合同格式是招标人在招标文件中拟定好的具体格式，在定标后由招标人与中标人达成一致协议后签署。投标人投标时不填写。

招标文件中的合同格式，主要有合同协议书格式、银行履约保函格式、履约担保书格式、预付款银行保函格式等。

（6）技术规范。招标文件中的技术规范，反映招标人对工程项目的技术要求。通常分为工程现场条件和本工程采用的技术规范两大部分。

①工程现场条件。主要包括现场环境、地形、地貌、地质、水文、地震烈度、气温、雨雪量、风向、风力等自然条件，以及工程范围、建设用地面积、建筑物占地面积、场地拆迁、平整情况、施工用水、用电、工地内外交通、环保、安全防护设施与有关勘探资料等施工条件。

②本工程采用的技术规范。对工程的技术规范，国家有关部门有一系列规定。招标文件要结合工程的具体环境和要求，写明已选定的适用于本工程的技术规范，列出编制规范的部门和名称。技术规范体现了设计要求，应注意对工程每一部位的材料和工艺提出明确要求，对计量要求作出明确规定。

三、投标文件的写作

投标人必须使用招标文件提供的投标文件表格格式，但表格可以按同样格式扩展。招标文件中拟定的供投标人投标时填写的一套投标文件格式，主要有投标函及其附录、工程量清单与报价表、辅助资料表等。

投标文件包括综合标、技术标、商务标三个组成部分，一般由下列内容组成：投标函；投标函附录；投标保证金；法定代表人资格证明书；授权委托书；具有标价的工程量清单与报价表；辅助资料表；资格审查表（资格预审的不采用）；对招标文件中的合同协议条款内容的确认和响应；施工组织设计；招标文件规定提交的其他资料。

（一）技术标的编制

技术标是以施工组织设计为主的文件，投标文件中施工组织设计一般应包括：综合说明；施工现场平面布置项目管理班子主要管理人员；劳动力计划；施工进度计划；施工进度、施工工期保证措施；主要施工机械设备；基础施工方案和方法；基础质量保证措施；基础排水和防沉降措施；地下管线、地上设施、周围建筑物保护措施；主体结构主要施工方法或方案和措施；主体结构质量保证措施；采用新技术、新工艺专利技术；各种管道、线路等非主体结构质量保证措施；各工序的协调措施；冬雨期施工措施；施工安全保证措施；现场文明施工措施；施工现场保护措施；施工现场维护措施；工程交验后服务措施等内容。

1. 投标人编制施工组织设计的内容

编制时应采用文字结合图表的形式说明施工方法、拟投入本标段的主要施工设备情况、拟配备本标段的试验和检测仪器设备情况、劳动力计划等。结合工程特点，提出切实可行的工程质量、安全生产、文明施工、工程进度、技术组织保障措施，同时应对关键工序、复杂环节重点提出相应技术措施，如冬雨期施工技术、减少噪声、降低环境污染、地下管线及其他地上地下设施的保护加固措施等。

2. 施工组织设计除采用文字表述外，还可附下列图表

图表及格式要求附后。

附表1　拟投入本标段的主要施工设备表

序号	设备名称	型号规格	数　量	国别产地	制造年份	额定功率/kW	生产能力	用于施工部位	备注

附表2　拟配备本标段的试验和检测仪器设备表

序号	仪器设备名　称	型号规格	数　量	国别产地	制造年份	已使用台数	用　途	备注

附表3　劳动力计划表

工种	按工程施工阶段投入劳动力情况						

附表4　计划开、竣工日期和施工进度网络图（略）

注：（1）投标人应递交施工进度网络图或施工进度表，说明按招标文件要求的计划工期进行施工的各个关键日期。

（2）施工进度表可采用网络图（或横道图）表示。

附表5　施工总平面图（略）

投标人应递交一份施工总平面图，绘出现场临时设施布置图表并附文字说明，说明临时设施、加工车间、现场办公、设备及仓储、供电、供水、卫生、生活、道路、消防等设施的情况和布置。

附表6　临时用地表

用　途	面积/m^2	位　置	需用时间

3. 施工组织设计编制的程序

施工组织设计是施工企业控制和指导施工的文件，必须结合工程实体，内容要科学、合理。需要注意的是，投标时候编制的施工组织设计较为粗略，一般在中标之后再重新编制施工用的施工组织设计。施工组织设计的编制程序见下图。

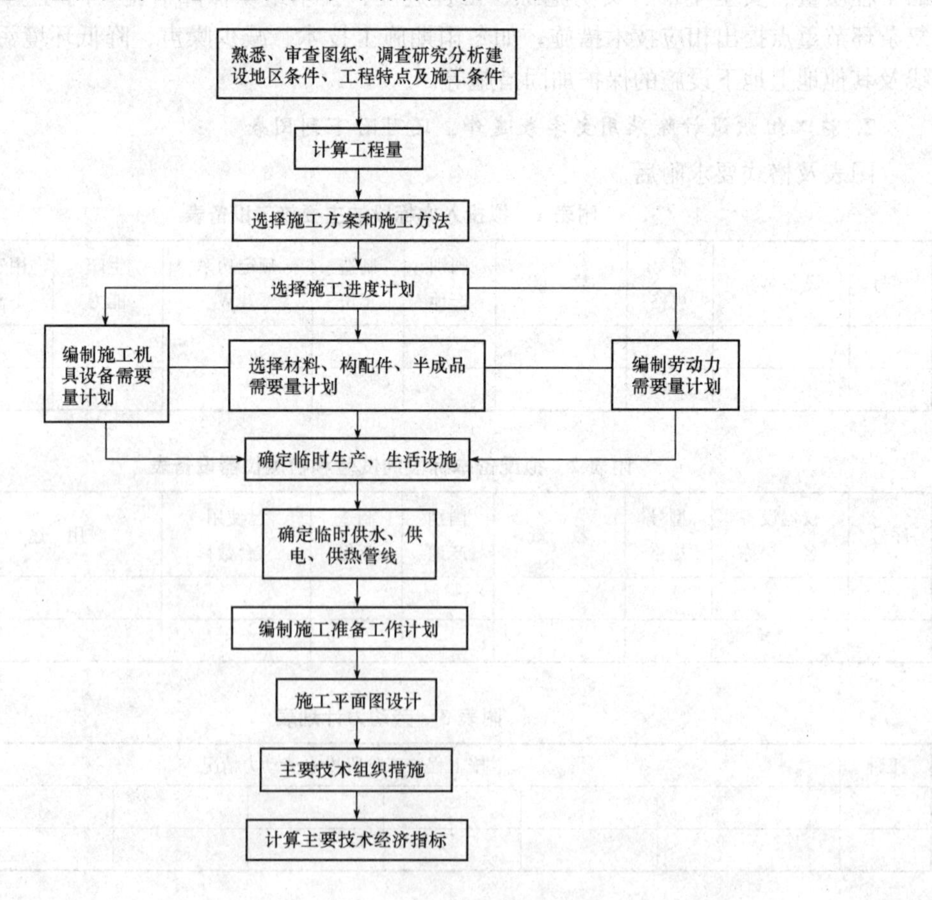

(二) 商务标的编制

工程量清单计价投标报价表的编制如下。

1. 封面

____________________________工程

工 程 量 清 单

招标人：________________
(单位盖章)

工程造价
咨 询 人：________________
(单位资质专用章)

法定代表人
或其授权人：________________
(签字或盖章)

法定代表人
或其授权人：________________
(签字或盖章)

编制人：________________
(造价人员签字盖专用章)

复核人：________________
(造价工程师签字盖专用章)

编制时间：　　年　　月　　日

复核时间：　　年　　月　　日

2. 投标总价表

投标总价

招 标 人：________________________

工程名称：________________________

投标总价(小写)：________________________

(大写)：________________________

投 标 人：________________________
(单位盖章)

法定代表人
或其授权人：________________________
(签字或盖章)

编制人：________________________
(造价人员签字盖专用章)

编制时间：　　年　　月　　日

3. 总说明

总说明

工程名称：　　　　　　　　　　　　　　　　　　　　　　　　　　　　　　　　第　页共　页

4. 工程项目投标报价汇总表

工程项目投标报价汇总表

工程名称：　　　　　　　　　　　　　　　　　　　　　　　　　　　　　　　　第　页共　页

序号	单项工程名称	金额/元	其中		
			暂估价/元	安全文明施工费/元	规费/元
合计					

5. 单项工程投标报价汇总表

单项工程投标报价汇总表

工程名称：　　　　　　　　　　　　　　　　　　　　　　　　　　第　页　共　页

序号	单位工程名称	金额/元	其　中		
			暂估价/元	安全文明施工费/元	规费/元
合　计					

6. 单位工程投标报价汇总表

单位工程投标报价汇总表

工程名称：　　　　　　　　　　　　　　　　　　　　　　　　　　第　页　共　页

序号	汇总内容	金额/元	其中：暂估价/元
1	分部分项工程		
1.1			
1.2			
1.3			
1.4			
1.5			
2	措施项目		—
2.1	其中：安全文明施工费		—
3	其他项目		—
3.1	暂列金额（不包括计日工）		—
3.2	专业工程暂估价		—
3.3	计日工		—
3.4	总承包服务费		—
4	规费		—
5	税金		—
报标报价合计＝1＋2＋3＋4＋5			—

7. 分部分项工程量清单与计价表

分部分项工程量清单与计价表

工程名称：　　　　　　　　　　　　　　　　　　　　　　　　　　第　页 共　页

序号	项目编码	项目名称	项目特征描述	计量单位	工程量	金额/元		
						综合单价	合价	其中：暂估价
本页小计								
合　计								
注：为计取规费等的使用，可在表中增设其中："定额人工费"。								

8. 工程量清单综合单价分析表

工程量清单综合单价分析表

工程名称：　　　　　　　　　　　　　　　　　　　　　　　　　　第　页 共　页

<table>
<tr><td>项目编码</td><td colspan="2"></td><td colspan="2">项目名称</td><td colspan="2"></td><td>计量单位</td><td>工程量</td><td colspan="2"></td><td></td></tr>
<tr><td colspan="12">清单综合单价组成明细</td></tr>
<tr><td rowspan="2">定额编号</td><td rowspan="2">定额名称</td><td rowspan="2">定额单位</td><td rowspan="2">数量</td><td colspan="4">单价</td><td colspan="4">合价</td></tr>
<tr><td>人工费</td><td>材料费</td><td>机械费</td><td>管理费和利润</td><td>人工费</td><td>材料费</td><td>机械费</td><td>管理费和利润</td></tr>
<tr><td></td><td></td><td></td><td></td><td></td><td></td><td></td><td></td><td></td><td></td><td></td><td></td></tr>
<tr><td></td><td></td><td></td><td></td><td></td><td></td><td></td><td></td><td></td><td></td><td></td><td></td></tr>
<tr><td></td><td></td><td></td><td></td><td></td><td></td><td></td><td></td><td></td><td></td><td></td><td></td></tr>
<tr><td></td><td></td><td></td><td></td><td></td><td></td><td></td><td></td><td></td><td></td><td></td><td></td></tr>
<tr><td></td><td></td><td></td><td></td><td></td><td></td><td></td><td></td><td></td><td></td><td></td><td></td></tr>
<tr><td colspan="2">人工单价</td><td colspan="6">小计</td><td></td><td></td><td></td><td></td></tr>
<tr><td colspan="2">元/工日</td><td colspan="6">未计价材料费</td><td colspan="4"></td></tr>
<tr><td colspan="8">清单子目综合单价</td><td colspan="4"></td></tr>
<tr><td rowspan="5">材料费明细</td><td colspan="4">主要材料名称、规格、型号</td><td colspan="2">单位</td><td>数量</td><td>单价/元</td><td>合计/元</td><td>暂估单价/元</td><td>暂估合价/元</td></tr>
<tr><td colspan="4"></td><td colspan="2"></td><td></td><td></td><td></td><td></td><td></td></tr>
<tr><td colspan="4"></td><td colspan="2"></td><td></td><td></td><td></td><td></td><td></td></tr>
<tr><td colspan="7">其他材料费</td><td></td><td></td><td></td><td></td></tr>
<tr><td colspan="7">材料费小计</td><td></td><td></td><td></td><td></td></tr>
<tr><td colspan="12">注：1. 如不使用省级或行业建设主管部门发布的计价定额，可不填定额项目、编号等。
2. 指标文件提供了暂估单价的材料，按暂估的单价填入表内"暂估单价"栏及"暂估合价"栏。</td></tr>
</table>

9. 总价措施项目清单与计价表

总价措施项目清单与计价表

工程名称：　　　　　　　　　　　　标段　　　　　　　　　　　　第　页　共　页

序号	项目编码	项目名称	计算基础	费率/%	金额/元	调整费率/%	调整后金额/元	备注
		安全文明施工费						
		夜间施工费增加费						
		二次搬运费						
		冬雨季施工增加费						
		已完工程及设备保护						
合计								

编制人（造价人员）：　　　　　　　　　　　　复核人（造价工程师）：

注：1.“计算基础”中安全文明施工费可为“定额基价”“定额人工费”或“定额人工费＋定额机械费”，其他项目可为“定额人工费”或“定额人工费＋定额机械费”

2. 按施工方案计算的措施费，若无“计算基础”和“费率”的数值，也可只填“金额”数值，但应在备注栏说明施工方案出处或计算方法。

10. 其他项目清单与计价汇总表

其他项目清单与计价汇总表

工程名称：　　　　　　　　　　　　标段：　　　　　　　　　　　　第　页　共　页

序号	项目名称	金额/元	结算金额/元	备注
1	暂列金额			
2	暂估价			
2.1	材料（工程设备）暂估价/结算价			
2.2	专业工程暂估价			
3	计日工			
4	总承包服务费			
合计				

注：材料（工程设备）暂估单价进入清单项目综合单价，此处不汇总。

（1）暂列金额明细表。

暂列金额明细表

工程名称：　　　　　　　　　　　　　　　　　　　　　　　　　　　　　第　页　共　页

序号	项目名称	计量单位	暂列金额/元	备注
合计				—
注：此表由招标人填写，如不能详列明细，也可只列暂定金额总金额，投标人应将上述暂列金额计入投标总价中。				

（2）材料（工程设备）暂估单价及调整表。

材料（工程设备）暂估单价表

工程名称：　　　　　　　　　　　　　　标段：　　　　　　　　　　　　　第　页　共　页

序号	材料（工程设备）名称、规格、型号	计量单位	数量		暂估/元		确认/元		差额±/元		备注
			暂估	确认	单价	合价	单价	合价	单价	合价	
注：此表由投标人填写“暂估单价”，并在备注栏中说明暂估价的材料、工程设备使用在哪些清单项目中，投标人应将上述材料，工程设备暂估单价计工程量清单综合单价报价中。											

(3) 专业工程暂估价及结算价表。

专业工程暂估价及结算价表

工程名称：　　　　　　　　　　　　标段：　　　　　　　　　　　　第　页 共　页

序号	工程名称	工程内容	暂估金额/元	结算金额/元	金额/元	备注
合计						
注：此表“暂估金额”由招标人填写，投标人应将“暂估金额”计入投标总价中，结算时照合同约定结算金额填写。						

(4) 计日工表。

计日工表

工程名称：　　　　　　　　　　　　标段　　　　　　　　　　　　第　页 共　页

编号	项目名称	单位	暂定数量	实际数量	综合单价/元	合价	
						暂定	实际
一	人工						
1							
2							
3							
人工小计							
二	材料						
1							
2							
3							
材料小计							
三	施工机械						
1							
2							
3							
施工机械小计							
四、企业管理费和利润							
总计							
注：此表项目名称、暂定数量由招标人填写，编制招标控制 (提供电子稿内容不清)							

（5）总承包服务费计价表。

总承包服务费计价表

工程名称：　　　　　　　　　　　　　　　标段：　　　　　　　　　　　　第　页共　页

序号	工程名称	项目价值/元	服务内容	计算基数	费率/%	金额/元
1	发包人发包专业工程					
2	发包人提供材料					
	合　计					
注：此表项目名称、服务内容由招标人填写，编制招标控制（提供电子稿内容不清）						

11. 规费、税金项目清单与计价表

规费、税金项目清单与计价表

工程名称：　　　　　　　　　　　　　　　标段：　　　　　　　　　　　　第　页　共　页

序号	项目名称	计算基础	计算基数	费率/%	金额/元
1	规费	定额人工费			
1.1	社会保险费	定额人工费			
(1)	养老保险费	定额人工费			
(2)	失业保险费	定额人工费			
(3)	医疗保险费	定额人工费			
(4)	工伤保险费	定额人工费			
(5)	生育保险费	定额人工费			
1.2	住房公积金	定额人工费			
1.3	工程排污费	按工程所在地环境保护部门收取标准，按实计入			
2	税金	分部分项工程费＋措施项目费＋其他项目费＋规费－按规定不计税的工程设备金额			
		合计			

编制人（造价人员）：　　　　　　　　　　　　　　　　　　复核人（造价工程师）：

四、编写招标文件、投标文件的注意事项

（一）招标文件编制的要求

招标文件的编制须遵守国家有关招标投标的法律、法规和部门规章的规定。

招标文件必须遵循公开、公平、公正的原则，不得以不合理的条件限制或者排斥潜在投标人，不得对潜在投标人实行歧视待遇。

招标文件必须遵循诚实信用的原则，招标人向投标人提供的工程情况，特别是工程项目的审批、资金来源和落实等情况，都要确保真实和可靠。

招标文件介绍的工程情况和提出的要求，必须与资格预审文件的内容相一致。

招标文件的内容要能清楚地反映工程的规模、性质、商务和技术要求等内容，设计图纸应与技术规范或技术要求相一致，使招标文件系统、完整、准确。

招标文件不得要求或者标明特定的建筑材料、结构配件等生产供应者以及含有倾向或者排斥投标申请人的其他内容。

（二）投标文件编制的要求

投标人编制投标文件时，必须使用招标文件提供的投标文件表格格式，但表格可以按同样格式扩展。投标保证金、履约保证金的方式，按招标文件有关条款的规定可以选择。投标人根据招标文件的要求和条件填写投标文件的空格时，凡要求填写的空格都必须填写，不得空着不填；否则，即被视为放弃意见。实质性的项目或数字，如工期、质量等级、价格等未填写的，将被作为无效或作废的投标文件处理。将投标文件按规定的日期送交招标人，等待开标、决标。

应当编制的投标文件“正本”仅一份，“副本”则按招标文件前附表所述的份数提供，同时要明确标明“投标文件正本”和“投标文件副本”字样。投标文件正本和副本如有不一致之处，以正本为准。

投标文件正本与副本均应使用不能擦去的墨水打印或书写，各种投标文件的填写都要字迹清晰、端正，补充设计图纸要整洁、美观。

所有投标文件均由投标人的法定代表人签署、加盖印鉴，并加盖法人单位公章。

填报投标文件应反复校核，保证分项和汇总计算均无错误。全套投标文件均应无涂改和行间插字，除非这些删改是根据招标人的要求进行的，或者是投标人造成的必须修改的错误。修改处应由投标文件签字人签字证明并加盖印鉴。

如招标文件规定投标保证金为合同总价的某百分比时，开投标保函不要太早，以防泄露己方报价。但有的投标商提前开出并故意加大保函金额，以麻痹竞争对手的情况也存在。

投标人应将投标文件的正本和每份副本分别密封在内层包封，再密封在一个外层包封中，并在内包封上正确标明“投标文件正本”和“投标文件副本”。内层和外层包封都应写明招标人名称和地址、合同名称、工程名称、招标编号，并注明开标时间以前不得开封。在内层包封上还应写明投标人的名称与地址、邮政编码，以便投标出现逾期送达时能原封退回。如果内外层包封没有按上述规定密封并加写标志，招标人将不承担投标文件错放或提前开封的责任，由此造成的提前开封的投标文件将被拒绝，并退还给投标人。投标文件递交至招标文件前附表所述的单位和地址。

在拟写的过程中，具体要注意以下要点：

1. 封面

（1）封面格式是否与招标文件要求格式一致，文字打印是否有错字。

（2）封面标段、里程是否与所投标段、里程一致。

（3）企业法人或委托代理人是否按照规定签字或盖章，是否按规定加盖单位公章，投标单位名称是否与资格审查时的单位名称相符。

（4）投标日期是否正确。

2. 目录

（1）目录内容从顺序到文字表述是否与招标文件要求一致。

（2）目录编号、页码、标题是否与内容编号、页码（内容首页）、标题一致。

3. 投标书及投标书附录

（1）投标书格式、标段、里程是否与招标文件规定相符，建设单位名称与招标单位名称是否正确。

（2）报价金额是否与“投标报价汇总表合计”“投标报价汇总表”“综合报价表”一致，大小写是否一致，国际标中英文标书报价金额是否一致，是否取整或保留两位小数。

（3）投标书所示工期是否满足招标文件要求。

（4）投标书是否已按要求盖公章。

（5）法人代表或委托代理人是否按要求签字或盖章。

（6）投标书日期是否正确，是否与封面所示吻合。

4. 修改报价的声明书（或降价函）

（1）修改报价的声明书是否内容与投标书相同。

（2）降价函是否按招标文件要求装订或单独递送。

5. 授权书、银行保函、信贷证明

（1）授权书、银行保函、信贷证明是否按照招标文件要求格式填写。

（2）上述三项是否由法人正确签字或盖章。

（3）委托代理人是否正确签字或盖章。

（4）委托书日期是否正确。

（5）委托权限是否满足招标文件要求，单位公章是否加盖完善。

（6）信贷证明中信贷数额是否符合业主明示要求；如业主无明示，是否符合标段总价的一定比例。

6. 报价

（1）报价编制说明要符合招标文件要求，繁简得当。

（2）报价表格式是否按照招标文件要求格式制定，子目排序是否正确。

（3）“投标报价汇总表合计”“投标报价汇总表”“综合报价表”及其他报价表是否按照招标文件规定填写，编制人、审核人、投标人是否按规定签字盖章。

（4）“投标报价汇总表合计”与“投标报价汇总表”的数字是否吻合，是否有算术错误。

（5）“投标报价汇总表”与“综合报价表”的数字是否吻合，是否有算术错误。

（6）“综合报价表”的单价与“单项概预算表”的指标是否吻合，是否有算术错误。

“综合报价表”费用是否齐全，特别是来回改动时要特别注意。

(7)“单项概预算表”与“补充单价分析表”“运杂费单价分析表”的数字是否吻合，工程数量与招标工程量清单是否一致，是否有算术错误。

(8)“补充单价分析表”“运杂费单价分析表”是否有偏高、偏低现象，分析原因，所用工、料、机单价是否合理、准确，以免产生不平衡报价。

(9)“运杂费单价分析表”所用运距是否符合招标文件规定，是否符合调查实际。

(10) 配合辅助工程费是否与标段设计概算相接近，降造幅度是否满足招标文件要求，是否与投标书其他内容的有关说明一致，招标文件要求的其他报价资料是否准确、齐全。

(11) 定额套用是否与施工组织设计安排的施工方法一致，机具配置尽量与施工方案相吻合，避免工料机统计表与机具配置表出现较大差异。

(12) 定额计量单位、数量与报价项目单位、数量是否相符合。

(13)“工程量清单”表中工程项目所含内容与套用定额是否一致。

(14)“投标报价汇总表”“工程量清单”采用 Excel 表自动计算，数量乘单价是否等于合价（合价按四舍五入规则取整）。合计项目反求单价，单价保留两位小数。

7. 对招标文件及合同条款的确认和承诺

(1) 投标书承诺与招标文件要求是否吻合。

(2) 承诺内容与投标书其他有关内容是否一致。

(3) 承诺是否涵盖了招标文件的所有内容，是否实质上响应了招标文件的全部内容及招标单位的意图。业主在招标文件中隐含的分包工程等要求，投标文件在实质上是否予以响应。

(4) 招标文件要求逐条承诺的内容是否逐条承诺。

(5) 对招标文件（含补遗书）及合同条款的确认和承诺，是否确认了全部内容和全部条款，不能只确认、承诺主要条款，用词要确切，不允许有保留或留有其他余地。

8. 施工组织及施工进度安排

(1) 工程概况是否准确描述。

(2) 计划开竣工日期是否符合招标文件中工期安排与规定，分项工程的阶段工期、节点工期是否满足招标文件规定。工期提前要合理，要有相应措施，不能提前的绝不提前（如铺架工程工期）。

(3) 工期的文字叙述、施工顺序安排与“形象进度图”“横道图”“网络图”是否一致，特别是铺架工程工期要针对具体情况仔细安排，以免造成与实际情况不符的现象。

(4) 总体部署：施工队伍及主要负责人与资审方案是否一致，文字叙述与“平面图”“组织机构框图”“人员简历”及拟定人员职务等是否吻合。

(5) 施工方案与施工方法、工艺是否匹配。

(6) 施工方案与招标文件要求、投标书有关承诺是否一致。材料供应是否与甲方要求一致，是否统一代储、代运，是否甲方供应或招标采购。临时通信方案是否按招标文件要求办理（有要求架空线的，不能按无线报价）。施工队伍数量是否按照招标文件规定配置。

(7) 工程进度计划：总工期是否满足招标文件要求，关键工程工期是否满足招标文件要求。

（8）特殊工程项目是否有特殊安排。在冬期施工的项目措施要得当，影响质量的必须停工，膨胀土雨期要考虑停工，跨越季节性河流的桥涵基础雨期前要完成，工序、工期安排要合理。

（9）“网络图”工序安排是否合理，关键线路是否正确。

（10）“网络图”如需中断时，是否正确表示，各项目结束是否归到相应位置，虚作业是否合理。

（11）“形象进度图”“横道图”“网络图”中工程项目是否齐全（路基、桥涵、轨道或路面、房屋、给排水及站场设备、大临等）。

（12）“平面图”是否按招标文件布置了队伍驻地、施工场地及临设施等位置，驻地、施工场地及大临工程占地数量及工程数量是否与文字叙述相符。

（13）劳动力、材料计划及机械设备、检测试验仪器表是否齐全。

（14）劳动力、材料是否按照招标要求编制了年、季、月计划。

（15）劳动力配置与劳动力曲线是否吻合，总工期天数与预算表中总工期天数差异要合理。

（16）标书中的施工方案、施工方法描述是否符合设计文件及标书要求，采用的数据是否与设计一致。

（17）施工方法和工艺的描述是否符合现行设计规范和现行设计标准。

（18）是否有防汛措施（如果需要），措施是否有力、具体、可行。

（19）是否有治安、消防措施及农忙季节劳动力调节措施。

（20）主要工程材料数量与预算表工料机统计表数量是否吻合一致。

（21）机械设备、检测试验仪器表中设备种类、型号与施工方法、工艺描述是否一致，数量是否满足工程实施需要。

（22）施工方法、工艺的文字描述及框图与施工方案是否一致，与重点工程施工组织安排的工艺描述是否一致；总进度图与重点工程进度图是否一致。

（23）施工组织及施工进度安排的叙述与质量保证措施、安全保证措施、工期保证措施叙述是否一致。

（24）投标文件的主要工程项目工艺框图是否齐全。

（25）主要工程项目的施工方法与设计单位的建议方案是否一致，理由是否合理、充分。

（26）施工方案、方法是否考虑与相邻标段、前后工序的配合与衔接。

（27）临时工程布置是否合理，数量是否满足施工需要及招标文件要求。临时占地位置及数量是否符合招标文件的规定。

（28）过渡方案是否合理、可行，与招标文件及设计意图是否相符。

9. 工程质量

（1）质量目标与招标文件及合同条款要求是否一致。

（2）质量目标与质量保证措施“创全优目标管理图”叙述是否一致。

（3）质量保证体系是否健全，是否运用 ISO 9002 质量管理模式，是否实行项目负责人对工程质量负终身责任制。

（4）技术保证措施是否完善，特殊工程项目（如膨胀土、集中土石方、软土路基、大型立交、特大桥及长大隧道等）是否单独有保证措施。

(5) 是否有完善的冬、雨期施工保证措施及特殊地区施工质量保证措施。

10. 安全保证措施、环境保护措施及文明施工保证措施

(1) 安全目标是否与招标文件及企业安全目标要求口径一致。

(2) 确保既有铁路运营及施工安全措施是否符合铁路部门有关规定，投标书是否附有安全责任状。

(3) 安全保证体系及安全生产制度是否健全，责任是否明确。

(4) 安全保证技术措施是否完善，安全工作重点是否单独有保证措施。

(5) 环境保护措施是否完善，是否符合环保法规，文明施工措施是否明确、完善。

11. 工期保证措施

(1) 工期目标与进度计划叙述是否一致，与“形象进度图”“横道图”“网络图”是否吻合。

(2) 工期保证措施是否可行、可靠，并符合招标文件要求。

12. 控制（降低）造价措施

(1) 招标文件是否要求有此方面的措施（没有要求不提）。

(2) 若有要求，措施要切实可行、具体可信（不做过头承诺、不吹牛）。

(3) 遇到特殊有利条件时，要发挥优势。如队伍临近、就近制梁、利用原有大临等。

13. 施工组织机构、队伍组成、主要人员简历及证书

(1) 组织机构框图与拟定的施工队伍是否一致。

(2) 拟定施工队伍是否与施工组织设计文字及“平面图”叙述一致。

(3) 主要技术及管理负责人简历、经历、年限是否满足招标文件强制标准，拟任职务与前述是否一致。

(4) 主要负责人证件是否齐全。

(5) 拟定施工队伍的类似工程业绩是否齐全，并满足招标文件要求。

(6) 主要技术管理人员简历是否与证书上注明的出生年月日及授予职称时间相符，其学历及工作经历是否符合实际、可行、可信。

(7) 主要技术管理人员一览表中各岗位专业人员是否完善，符合标书要求；所列人员及附后的简历、证书有无缺项，是否齐全。

14. 企业有关资质、社会信誉

(1) 营业执照、资质证书、法人代表、安全资格、计量合格证是否齐全并满足招标文件要求。

(2) 重合同守信用证书、AAA 证书、ISO 9000 系列证书是否齐全。

(3) 企业近年来从事过的类似工程主要业绩是否满足招标文件要求。

(4) 在建工程及投标工程的数量与企业生产能力是否相符。

(5) 财务状况表、近年财务决算表及审计报告是否齐全，数字是否准确、清晰。

(6) 报送的优质工程证书是否与业绩相符，是否与投标书的工程对象相符，且有影响性。

15. 其他复核检查内容

(1) 投标文件格式、内容是否与招标文件要求一致。

(2) 投标文件是否有缺页、重页、装倒、涂改等错误。

(3) 复印完成后的投标文件如有改动或抽换页，其内容与上下页是否连续。

(4) 工期、机构、设备配置等修改后，与其相关的内容是否修改换页。

(5) 投标文件内前后引用的内容，其序号、标题是否相符。

(6) 如有综合说明书，其内容与投标文件的叙述是否一致。

(7) 招标文件要求逐条承诺的内容是否逐条承诺。

(8) 按招标文件要求是否逐页小签，修改处是否由法人或代理人小签。

(9) 投标文件的底稿是否齐备、完整，所有投标文件是否建立电子文件。

(10) 投标文件是否按规定格式密封包装、加盖正副本章、密封章。

(11) 投标文件的纸张大小、页面设置、页边距、页眉、页脚、字体、字号、字形等是否按规定统一。

(12) 页眉标识是否与本页内容相符。

(13) 页面设置中“字符数/行数”是否使用了默认字符数。

(14) 附图的图标、图幅、画面重心平衡，标题字选择得当，颜色搭配悦目，层次合理。

(15) 一个工程项目同时投多个标段时，共用部分内容是否与所投标段相符。

(16) 国际投标以英文标书为准时，加强中英文对照复核，尤其是对英文标书的重点章节的复核（如工期、质量、造价、承诺等）。

(17) 各项图表是否图标齐全，设计、审核、审定人员是否签字。

(18) 采用施工组织设计模块，或摘录其他标书的施工组织设计内容是否符合本次投标的工程对象。

(19) 标书内容描述用语是否符合行业专业语言，打印是否有错别字。

(20) 施工组织设计后，其相应机构名称是否作了相应的修改。

16. 避免无效或作废的投标文件

投标文件有下列情形之一的，在开标时将被作为无效或作废的投标文件，不能参加评标：

(1) 投标文件未按规定标志、密封的。

(2) 未经法定代表人签署或未加盖投标人公章或未加盖法定代表人印鉴的。

(3) 未按规定的格式填写，内容不全或字迹模糊辨认不清的。

(4) 投标截止时间以后送达的投标文件。

投标人在编制投标文件时应特别注意，以免被判为无效标而前功尽弃。

（三）招投标文件的结构

1. 标题

标题的构成有以下三种形式。

(1) 投标单位名称＋投标项目名称＋文种。如《××公司承包某大学教学新楼建设工程投标书》。

(2) 投标项目名称＋文种或者投标单位名称＋文种。如《××公司投标书》《××工程投标书》。

（3）文种。例标书、标函、投标书、投标说明书。

2. 正文

正文有送达单位、引言、主体和结尾四部分构成。

（1）送达单位：在标题下隔行顶格写全称。

（2）引言：用简洁的文字直接表明态度，写明保证事项。说明投标的依据、目的、指导思想。

（3）主体：根据投标书提出的目标、要求，介绍投标单位的现状，明确投标期限及投标形式，实现指标的具体措施，拟定标的，填写标单等。

建筑工程招标书：工程届时，工程总报价及各子项工程的标价，项目开工、竣工日期，质量保证，施工技术组织措施，工程进度安排，安全措施，对招标单位的要求。

大宗商品交易投标书：商品总报价及分项报价，商品规格、型号、质量，交货时间、方式、地点，投标方如何组织商品生产，对招标单位的要求。

（4）结尾：投标单位的名称、地址、电话号码、传真等。

3. 尾部

附件名称、落款、附件原文、印章、单位章和责任人印鉴。

五、案例分析

【例文一】

大英县郪江外国语学校新建教学楼建设项目施工招标公告

（第二次）

1. 招标条件

1.1　本招标项目大英县郪江外国语学校新建教学楼建设项目，已由遂宁市大英县发展和改革委员会以大发改函〔2010〕9号批准建设。项目业主大英县郪江外国语学校，建设资金来自中央、省灾后恢复重建财政全额补助资金，项目出资比例为100%，招标人为大英县郪江外国语学校，项目已具备招标条件，现对该项目工程施工进行公开招标。

1.2　本招标项目为四川省行政区域内的国家投资工程建设项目，遂宁市大英县发展和改革委员会核准（招标事项核准文号为大发改函〔2010〕14号的招标组织形式为委托招标）。招标人选择（本招标项目在省发展改革委指定比选网站上的项目编号为2010031031）的招标代理机构是四川中鑫恒德项目管理有限公司。

2. 项目概况与招标范围

业主名称：大英县郪江外国语学校

工程地址：郪江外国语学校校内

建设规模：新建教学楼2 700平方米及配套

招标方式：公开招标

资金来源：争取上级补助250万元

招标范围：招标文件、设计施工图中业主所示范围及工程量清单中注明的内容

施工分为：一个标段

3. 投标人资格要求：

3.1　本次招标要求投标人须具备具房屋建筑工程施工总承包企业资质三级及以上资质，近三年完成3个类似项目业绩，并在人员、设备、资金等方面具有相应的施工能力。

3.2　本次招标不接受联合体投标。

4. 招标文件的获取

凡有意参加投标者，请于2010年3月18日至2010年3月24日（法定公休日、法定节假日除外），每日上午9：00至12：00，下午1：00至5：00（北京时间，下同），登陆遂宁市国家投资工程建设交易网（www. snjsjy. com)，凭注册账号和密码获取招标文件及其他招标资料。

5. 投标文件的递交

5.1　投标文件递交的截止时间为2010年4月12日10时00分，地点为遂宁市国家投资工程建设交易中心（遂州北路169号市政务中心7楼)。

5.2　逾期送达或未送达指定地点的投标文件，招标人不予受理。

6. 发布公告的媒介

本次招标公告同时在四川建设网和遂宁市国家投资工程建设交易网（www. snjsjy. com）上发布。

7. 联系方式

招标人：大英县郪江外国语学校

地　　址：大英县县城内

邮　　编：629000

联系人：徐先生

联系电话：159××××9933

传　　真：

招标代理机构：四川中鑫恒德项目管理有限公司

地　　址：成都市金牛区蜀汉路239号7楼1号

邮　　编：610036

联系人：李先生

联系电话：139××××8375

传　　真：0825－586××××

遂宁市国家投资工程建设交易网联系电话：0825－232××××

遂宁市国家投资工程建设交易网传真号码：0825－231××××

【例文二】

投标人须知前附表（节选）

条款号	条款名称	编列内容
1.1.2	招标人	名称：大英县郪江外国语学校 地址：大英县县城内 联系人：徐先生 电话：159××××9933

续表

条款号	条款名称	编列内容
1.1.3	招标代理机构	名称：四川中鑫恒德项目管理有限公司 地址：成都市金牛区蜀汉路239号7楼1号 联系人：李先生 电话：139××××8375
1.1.4	项目名称	大英县郪江外国语学校新建教学楼建设项目施工招标
1.1.5	建设地点	大英县郪江外国语学校内
1.2.1	资金来源	争取上级补助资金
1.2.2	出资比例	100%
1.2.3	资金落实情况	已落实
1.3.1	招标范围	施工图及工程量清单所示范围
1.3.2	计划工期	各标段计划工期：110个日历天 计划开工日期：2010年4月20日 计划竣工日期：2010年8月10日
1.3.3	质量要求	达到国家现行《工程施工质量验收规范》合格标准
1.4.1	投标人资质条件、能力和信誉	资质条件：房屋建筑工程施工总承包企业资质三级及以上资质； 财务要求：近3年无亏损（2007—2009年）。 业绩要求：近3年（合同签订时间在2007—2009年以内）已完成不少于3个类似项目。 类似项目是指：房屋建筑工程（其中至少有1个单项工程造价在200万以上的学校教学楼或宿舍楼工程） （业绩证明材料为已备案的施工合同和竣工验收报告复印件） 信誉要求：没有处于投标禁入期内。
1.4.1	投标人资质条件、能力和信誉	项目经理（建造师，下同）资格：中级及以上专业技术职称，专业：建筑工程，级别：贰及以上资格，具有安全生产考核合格证。 项目经理参加本项目投标时没有在其他未完工项目担任项目经理，中标后至完工前也不得在其他项目担任项目经理，投标人须在投标文件中作出相应承诺。 技术负责人资格：具有建筑类专业中级及以上职称。 其他要求：(1) 主要人员（项目经理、技术负责人和其他主要人员）应是投标人本单位人员，并按第八章“投标文件格式”的“主要人员简历表”要求填写和提供相应的证明、证件。 (2) 主要人员（项目经理、技术负责人和其他主要人员）应是投标人本单位人员，项目班子所有成员均不能是退休人员，投标人应提供其最近6个月（企业设立不足6个月，从设立时起，下同）为其连续缴费的养老保险缴纳凭证，连续缴费是指从购买招标文件时间的上一个月或上上个月起算，往前推6个月的连续、不间断，每个月都缴纳了养老保险费。 (3) 拟派往本项目的安全员须具备安全生产考核证。
1.4.2	是否接受联合体投标	☑不接受 □接受，应满足下列要求：

续表

条款号	条款名称	编列内容
1.4.3	限制投标的情形	除投标人不得存在的12种情形之一外，投标人也不得存在下列情形之一： (13) 四川省国家投资建设项目的第一中标候选人以资金、技术、工期等非正当理由放弃中标的，在3年内不接受其投标； (14) 在四川省地震灾后重建工程中违法违规的企业和个人被有关行政主管部门行政处罚的，在3年（限定在3至5年）内不接受其投标； (15) 近半年内在所有招投标和合同履行过程中被监督部门行政处罚的； (16) 近3年内在招投标和合同履行过程中有腐败行为并被司法机关认定为犯罪的； (17) 近3年内，在招标人（包括在本项目招标人有股权或隶属关系的招标人）的既往项目合同履行过程中，被监督部门或司法机关认定投标人不履行合同、项目经理或主要技术负责人被招标人撤换的； (18) 投标人与招标人相互参股或相互任职。 有下列情形之一，不得在同一项目（标段）中同时投标： (1) 法定代表人为同一人； (2) 母公司与其全资子公司； (3) 母公司与其控股公司（直接或间接持股不低于30%）； (4) 被同一法人直接或间接持股不低于30%的两个及两个以上法人； (5) 具有投资参股关系的关联企业； (6) 相互任职或工作的。
1.9.1	踏勘现场	☑不组织（自行踏勘现场） □组织，踏勘时间：/ 踏勘集中地点：/
1.10.1	投标预备会	☑不召开 □召开，召开时间：/ 召开地点：/
1.10.2	投标人提出问题的截止时间和方法	递交投标文件截止时间的16日前。即2010年2月13日17时30分，所有获取了招标文件的潜在投标人凭账号和密码登录遂宁市国家投资工程建设交易网，通过网络在线方式进行不署名提问。 确有重大疑问，投标人最后提出问题的时间应当在原递交投标文件截止时间10天前，即2010年2月19日17时30分前，通过网络在线方式进行不署名提问，此时间后所有问题不再予以答复，其后果由投标人自行承担。招标人同时对开标时间作相应调整。
1.10.3	招标人网络澄清的时间和方法	递交投标文件截止时间15天前，由招标人以补遗书方式按程序报有关主管部门备案后，提交市国家投资工程建设交易中心统一通过网络向潜在投标人发布，且投标人不须回函确认，所有获取了招标文件的潜在投标人登录遂宁市国家投资工程建设交易网凭账号和密码查看澄清内容。
1.11	分包	☑不允许
1.12	偏离	☑不允许
2.1	构成招标文件的其他材料	补遗书、通知、情况说明
2.2.1	投标人要求澄清招标文件的截止时间	同1.10.2的时间要求。投标人应仔细阅读和检查招标文件的全部内容。如发现缺页或附件不全，应及时向招标人提出，以便补齐。如有疑问，应在投标人须知前附表规定的时间前以在线不署名提交方式登录遂宁市国家投资工程建设交易网，要求招标人对招标文件予以澄清。

续表

条款号	条款名称	编列内容
2.2.2	投标截止时间	详见招标公告
2.2.3	投标人确认收到招标文件澄清的时间	投标人自行登录遂宁市国家投资工程建设交易网收取修改内容，无须回复确认已收到该修改。
2.3.2	投标人确认收到招标文件修改的时间	投标人收到该修改后，应在24小时内以书面形式通知招标代理机构，确认是否已收到该修改，否则将视为投标人已收到该修改。
3.1.1	构成投标文件的其他材料	（1）投标文件真实性和不存在限制投标情形的声明； （2）近3年向招投标行政监督部门提起的投诉情况。
3.3.1	投标有效期	30个日历天（从投标截止之日计）
3.4.1	投标保证金	投标保证金的金额：肆万元或年度投标保证金，转账的投标保证金应在投标截止时间1个工作日前通过投标人的基本账户到达遂宁市国家投资工程建设交易中心保证金专用账户。 转账的投标保证金应在投标截止时间1个工作日前到达以下账号： 收款单位：遂宁市国家投资工程建设交易中心 开户行：中国银行遂宁分行 账号：31××××××××2001 联系电话：0825—232×××× 投标人应将银行进账单或年度保证金收讫证明、公司基本账户开户许可证复印件加盖公司鲜章后装订在投标文件里与投标文件一同递交。
3.4.3	投标保证金的退还	投标保证金将通过中国银行的网银账户退还到投标人的基本账户。退还投标保证金时投标人须提供以下资料： （1）保证金银行进账单的传真件。 （2）与招标人签订的合同原件、履约担保收据原件及相应的复印件（仅对中标人适用）。 （3）招标人出具的工程完成三分之一、且进场人员中标项目部分人员相符的证明（仅对中标人适用）。
3.4.4	投标保证金不予退还的情形	有下列情形之一的，投标保证金将不予退还： （1）投标人在投标截止时间后撤回其投标文件。 （2）中标人在收到中标通知书后，无正当理由拒签合同。 “拒签合同”是指：①明示不与招标人签订合同；②没有明示但不按照招标文件、中标人的投标文件、中标通知书要求与招标人签订合同。 （3）中标人不是因不可抗力而放弃中标、提出附加条件更改合同实质性内容、不按招标文件规定提交履约保证金，及建设行政主管部门、发展改革部门、监察部门认定的其他无故放弃中标行为的情形，招标人有权取消其中标资格，没收其投标保证金。同时，由于无故放弃中标给招标人造成的损失超过投标保证金的，对超出部分应当进行赔偿。如果中标人拒不按承诺赔偿损失的，招标人可依法提起诉讼追偿，并按有关法律、法规和规章进行处理，记录不良行为。 （4）投标人提交的投标保证金在中标后转为不出借资质的承诺保证金，承诺保证金在工程进度完成三分之一后，经招标人核实进场人员后决定是否退还，如发现进场人员与中标项目部分人员不符、有借资质挂靠嫌疑的，及时向项目行政监管部门反映，一经查实，即取消中标资格，其承诺保证金不予退还。 （5）投标人在投标活动中串通投标、弄虚作假的，投标保证金也不予退还。
3.5.2	近年财务状况的年份要求	2007—2009年

续表

条款号	条款名称	编列内容
3.5.3	近年完成的类似项目的年份要求	2007—2009年
3.5.5	近年发生的诉讼及仲裁情况的年份要求	2007—2009年
3.6	是否允许递交备选投标方案	☑不允许
3.7.1	投标文件格式	(1) 投标人不得对招标文件格式中的内容进行删减或修改。 (2) 投标人可以在格式内容之外另行说明和增加相关内容，作为投标文件的组成部分。另行说明或自行增加的内容以及按投标文件格式在空格（下划线）由投标人填写的内容，不得与招标文件的强制性审查标准和禁止性规定相抵触。 (3) 按投标文件格式在空格（下划线）由投标人填写的内容，确实没有需要填写的，可以在空格中用“/”标示，也可以不填（空白）。但招标文件中另有规定的从其规定。 (4) 投标文件应对招标文件提出的所有实质性要求和条件作出实质性响应，并且实质性响应的内容不得互相矛盾。 (5) 投标文件应内容完整，字迹清晰可辨。投标文件（不包括所附证明材料）字迹或印章模糊导致无法确认关键技术方案、关键工期、关键工程质量保证措施、投标价格的，应作废标处理。 (6) 投标文件所附证明材料应内容完整并清晰可辨。所附证明材料内容不完整或字迹、印章模糊的，评标委员会应要求投标人提供原件核验。核验按第三章“评标办法”注（2）的要求办理。
3.7.3	签字或盖章要求	(1) 所有要求签字的地方都应用不褪色的墨水或签字笔由本人亲笔手写签字（包括姓和名），不得用盖章（如签名章、签字章等）代替，也不得由他人代签。 (2) 所有要求盖章的地方都应加盖投标人单位（法定名称）章（鲜章），不得使用专用印章（如经济合同章、投标专用章等）或下属单位印章代替。 (3) 投标文件格式中要求投标人“法定代表人或其委托代理人”签字的，如法定代表人亲自投标而不委托代理人投标的，由法定代表人签字；法定代表人授权委托代理人投标的，由委托代理人签字，也可由法定代表人签字。
3.7.4	投标文件副本份数	贰份，配套电子文档1套，以U盘形式提交（需扫描才能文档化的资料可不提供电子文件，工程量清单报价表采用Excel格式） 投标文件副本由其正本复制（复印）而成（包括证明文件）。当副本和正本不一致时，以正本为准，但副本和正本内容不一致造成的评标差错由投标人自行承担。
3.7.5	装订要求	投标文件的正本和副本一律用A4复印纸（图、表及证件可以除外）编制和复制。 投标文件的正本和副本应采用粘贴方式左侧装订，不得采用活页夹等可随时拆换的方式装订，不得有零散页。投标文件应严格按照第八章“投标文件格式”中的目录次序装订；若同一册的内容较多，可装订成若干分册，并在封面标明次序及册数。 投标文件中的证明、证件及附件等的复制件应集中紧附在相应正文内容后面，并尽量与前面正文部分的顺序相对应。 修改的投标文件的装订也应按本要求办理。
4.1.1	投标文件的包装和密封	投标文件的正本和副本应分开包装，正本一个包装，副本一个包装，当副本超过一份时，投标人可以每一份副本一个包装。 每一个包装都应在其封套的封口处加贴封条，并在封套的封口处加盖投标人单位章（鲜章）。

续表

条款号	条款名称	编列内容
4.1.2	封套上写明	招标人的地址： 招标人名称：大英县郪江外国语学校 大英县郪江外国语学校新建教学楼建设项目/标段投标文件 在组织年××月××日××时××分前（投标截止时间）不得开启
4.2.2	递交投标文件地点	遂宁市国家投资工程建设交易中心（遂州北路169号市政务中心7楼）
4.2.3	是否退还投标文件	☑否
5.1	开标时间和地点	开标时间：同投标截止时间。 开标地点：同递交投标文件地点。
5.2	开标程序	（1）密封情况检查：由投标人的法定代表人或其委托代理人相互检查投标文件的密封情况并签字确认； （2）开标顺序：不分递交先后随机开启； （3）唱标：同上，由投标人的法定代表人或其委托代理人签字确认唱标内容； （4）主持人、监标人宣布有关事项； （5）开标结束，标书送评标委员会。
6.1.1	评标委员会的组建	评标委员会构成：5人。评标委员会的组成和评标专家的确定方式按川办发〔2003〕13号第九条、川府发〔2007〕14号第二十一条和川发改政〔2007〕666号第十五条规定执行。
6.3	评标办法	☑经评审的最低投标价法
7.1	是否授权评标委员会确定中标人	☑否，推荐的中标候选人数：1～3名。
7.3.1	履约担保	履约保证金的形式包括基本履约保证金和差额履约保证金。 （1）履约保证金＝基本履约保证金＋差额履约保证金。 （2）基本履约保证金＝中标价（扣除招标人暂定部分）的10％。 （3）差额履约保证金＝4×〔（投标最高限价×85％）－中标价净价〕 人民币经财政评审的投标最高限价： ￥3 298 000.00元。 超过上述价格的投标将被评标委员会拒绝。 履约担保形式： 履约担保总金额中，其中现金占100％，保函担保占×％。现金担保必须通过中标人的基本账户以银行转账方式缴纳，保函担保应符合招标文件第四章“合同条款和格式”规定的履约担保格式要求。
10	需要补充的其他内容	
10.1	编页码和小签	（1）投标文件从目录第一页开始连续、逐页编页码（包括无任何内容的页，但不包括封三、封四［封底］），位置：页面底端（正文以下空白处）。 （2）投标人应在编有页码的页面底端小签。小签可签全名，也可只签姓。 （3）小签可由投标人的法定代表人进行，也可由法定代表人委托他人投标的委托代理人进行。小签应用不褪色的墨水或签字笔由本人亲笔手写签字，不得用盖章（如签名章、签字章等）代替，也不得由他人代签。

续表

条款号	条款名称	编列内容
10.2	招标代理服务费	☑招标人支付。
10.3	报价唯一	只能有一个有效报价。即 (1)单价和总价都只允许有一个报价，任何有选择和保留的报价将不予接受。 (2)开标记录表中记录的投标报价、投标文件中投标函的投标总报价（大写）和报价汇总表中的总价金额，三者应完全一致（按要求小数点后四舍五入的除外）。 投标人填写“投标总报价”的解释： (1)投标人在每一空格处（下划线处）都必须分别填写大写数字零、壹、贰、叁、肆、伍、陆、柒、捌、玖，不得空格不填或用其他数字、符号等代替。例如某投标人的报价为： ……，愿意以人民币（大写）壹仟贰佰叁拾万零肆仟伍佰陆拾零元（￥12 304 560.00元）的投标总报价，…… (2)投标总报价的大写和小写，应是对报价汇总表中的总价金额四舍五入取整数精确到元（人民币）。大写不按规定格式书写的，违反了“投标人不得对招标文件格式中的内容进行删减或修改”的规定，不符合“投标文件格式”要求，不能通过形式评审。 (3)《四川省发展和改革委员会关于印发〈省进一步要求〉修改、补充和解释（一）的通知》（川发改政策〔2009〕1049号）第三条“关于‘报价唯一’相关问题的解释”自本通知实施之日起同时废止。
10.4	低于成本报价	在评标过程中，评标委员会发现投标人的报价（修正价）明显低于其他投标报价，使得其投标报价可能低于其个别成本的，应当要求该投标人作出书面说明并提供相关证明材料。投标人不能合理说明或者不能提供相关证明材料的，由评标委员会认定该投标人以低于成本报价竞标，其投标应作废标处理。 某投标人的报价（总价）明显低于其他投标报价的量化评审方法： (1)对低于该项目（标段）最高限价85%并且低于所有（该项目或标段）投标人评标价算术平均值95%的投标报价作为可能低于其个别成本的评审对象。 (2)评标委员会对该投标人报价的单价等进行分析，对明显偏低的单项（不包括没有报价的单项）应当向其发出澄清函，要求该投标人作出书面说明并提供相关证明材料。 (3)评标委员会全体成员三分之二以上认为该投标人不能合理说明或者不能提供相关证明材料的，认定该投标人以低于成本报价竞标，其投标应作废标处理。持有异议的评标委员会成员可以书面方式阐述其不同意见和理由，拒绝签字且不陈述其不同意见和理由的，视为同意。
10.5	中标价	以中标的投标人在投标函中的投标总报价为准。按第三章“评标办法”3.1.3对投标报价进行修正的，以投标人接受的修正价格为中标价。 评标价不作为中标价：无论是采用综合评估法还是经评审的最低投标价法，都不保证报价最低的投标人中标，也不解释原因。
10.6	确定中标人	招标人（或招标人授权的评标委员会）按照评标委员会推荐中标候选人的顺序确定中标人。但当投标人被推荐为中标候选人的合同段数量多于可以中标的合同数量时，按如下方式确定中标人： □由投标人选择中标的合同段。 ☑由招标人选择中标的合同段。 招标人选择该投标人中标的合同段的原则是：该投标人在该合同段的中标价在中标候选人中最低。

续表

条款号	条款名称	编列内容
10.7	建设资金拨付	项目业主的建设资金只能拨付中标人在项目实施地银行开设的、留有投标文件承诺的项目经理印鉴的企业法人账户。 招标人支付给中标人的预付款一般不少于建设项目当年投资额的10%；进度款按规定支付，额度一般不少于已完成工程造价的80%，如招标人不按要求支付预付款和进度款的，按法律规定和合同约定承担违约责任。具体由专用合同条款约定。
10.8	合同履行过程中物价波动引起的价格调整	☑可以调整。按第四章“合同条款及格式专用合同条款”处理。 ×不可以调整。在履行合同时，应按照合同约定的单价和价格作价进行支付，即投标报价表中标明的单价和价格在合同执行过程中是固定不变的，不因物价波动而调整，风险和收益由承包人自行承担。但因法律变化引起的价格调整除外。
10.9	压证施工制度	实行项目经理（建造师）、主要技术负责人压证施工制度。项目业主须在中标人提供投标文件承诺的上述人员的执业资格证书原件后才能签订合同，至合同标的的主体工程完工后才能退还。
10.10	严禁转包和违法分包	严禁转包和违法分包。未经行政主管部门批准，中标人不得变更项目经理、项目总监和主要技术负责人。 凡招标文件未明确可以分包的，中标人不得进行任何形式的分包。 中标人派驻施工现场的项目经理、项目总监、主要技术负责人与投标文件承诺不符的，视同转包。
10.11	增加工程量的管理	增加的工程量超过该单项工程合同价10%的，必须按施工单位申报、监理签字、业主认可、概算批准部门会同行政主管部门评审的程序办理。并将增加工程量及价款在项目实施地建设工程交易场所公示。
10.12	合同备案	承包合同按有关规定备案。 双方当事人就合同产生纠纷时，以备案的中标合同作为根据。
10.13	招标文件内容冲突的解决及优先适用次序	(1) 招标人编制的内容与国家发改委等9部委令2007年第56号规定“不加修改地引用”部分和《省进一步要求》不相抵触。如不一致或抵触，不一致或抵触的内容无效，以“不加修改地引用”和《省进一步要求》的内容为准。 (2) 招标人发出的招标文件（包括修改、澄清或补遗文件）与招投标行政监督备案的招标文件不一致的，以备案的招标文件为准，并对不一致的地方进行修改。没有备案的招标文件（包括修改、澄清或补遗文件）不作为评标的依据。 (3) 招标文件中招标人编制的内容前后有矛盾或不一致，有时间先后顺序的，以时间在后的修改、澄清或补正文件为准；没有时间先后顺序的，以公平的原则进行处理，或参照10.14 (3) 的原则处理。
10.14	招标文件的解释	(1) 对《标准施工招标文件》中不加修改地引用内容作出解释，按照部门各自职责分工，分别由省发展改革部门、行业主管部门负责。 (2)《省进一步要求》由制定部门按职责分工作出解释。 (3) 招标人自行编写的内容由招标人（招标代理机构）解释。对招标人自行编写的内容理解有争议的，由备案的行政监督部门按照招标文件所使用的词句、招标文件的有关条款、招标的目的、习惯以及诚实信用原则，确定该条款的真实意思。有两种以上解释的，作出不利于招标人一方的解释。
10.15	招标文件中的注	《省进一步要求》中的“注”（有些含有说明性和要求性内容，仿宋五号字体，统称为注），本招标文件因编制体例需要，未全部标注或引用。但对本招标文件的理解和对投标人、投标文件的编制要求，仍应以《省进一步要求》中的“注”为准。

续表

条款号	条款名称	编列内容
10.16	投标文的 真实性要求	投标人所递交的投标文件（包括有关资料、澄清）应真实可信，不存在虚假（包括隐瞒）。 投标人声明不存在限制投标情形但被发现存在限制投标情形的，构成隐瞒，属于虚假投标行为。 如投标文件存在虚假，在评标阶段，评标委员会应将该投标文件作废标处理；中标候选人确定后发现的，招标人和招投标行政监督部门可以取消其中标候选人或中标资格。
10.17	其他	（1）资格审查方式：资格后审，投标人应带齐原件备查； （2）承包方式：包工包料； （3）民工工资保证金：合同总价的2.5%，在签订承包合同后办理施工许可证之前，承包人必须按规定向工程所在地建设行政主管部门缴纳民工工资保证金。 （4）中标候选人推荐名单在四川建设网公示。
10.18		招标人应依法确定中标人，第一中标候选人以资金、技术、工期等非正当理由放弃中标的，投标保证金将不予退还，投标保证金不能弥补与排名紧随其后的中标候选人报价差额的，招标人将依法重新招标。并向有关部门投诉，在3年内国家投资建设项目业主不得再接受放弃中标者投标。中标人在投标书中选定的工程项目经理及主要技术负责人，未经行政主管部门批准，招标人不得同意中标人变更项目经理和主要技术负责人。

【简析】

这是一份招标公告，在编写的时候，主要应注意以下几个要点：

（1）招标人应对本招标公告不加修改地引用。招标人除在下划线空格处按规定和要求填写以及选择项外，不得有任何的增加或改动，《省进一步要求》以外的删减，对投标邀请书的要求，与此相同。

（2）招标人要求投标人须具备的资质一个项目（标段）为一个人，因特殊情况需要两个以上资质的，应允许（接受）投标人组成联合体投标。

（3）招标人对投标人的资质要求，应是国家对投标人资质的强制规定。不是国家规定的必须具备的资质，不得作为参加投标的条件，在评标时也不得作废标处理。

（4）本项目只有一个标段（合同段的），删除3.3。条、款、项、目，在同一章内容重复或引用的，不再标明“章”的名称，只直接写条、款、项、目，下同。如“招标人在收到4.1款要求的证件和邮购款（含手续费）后____日内寄送”。

（5）“4. 招标文件的获取”中有两个4.1款，具体项目的招标文件只能在两个4.1款中选择其中一个（以备案为准）。招标文件中条、款、项、目编号完全一致的，为可选择项（条、款、项、目），招标人只能选择其中一个，下同。

（6）购买招标文件证件查验：身份证验原件，收复印件；单位介绍信收原件；企业法人营业执照副本验原件，收复印件；资质证书副本验原件，收复印件；安全生产许可证验原件，收复印件。

（7）购买招标文件需要的证件，除身份证外其他证件复印件均需加盖投标单位章，加盖的投标单位章应是投标人单位法定名称章并应是鲜章，不得使用专用印章（如经济合同章、投标专用章等）或下属单位印章代替，下同。

（8）投标人购买招标文件所提供的证件应在有效期内。

关于投标人资质证书延续的有关规定：

《中华人民共和国行政许可法》第五十条：“被许可人需要延续依法取得的行政许可的有效期的，应当在该行政许可有效期届满三十日前向作出行政许可决定的行政机关提出申请。但是，法律、法规、规章另有规定的，依照其规定。

行政机关应当根据被许可人的申请，在该行政许可有效期届满前作出是否准予延续的决定；逾期未作出决定的，视为准予延续。”

住房城乡建设部关于印发《建筑业企业资质管理规定和资质标准实施意见》的通知（建市［2015］20号）对资质证书续期的介绍：

①企业应于资质证书有效期届满3个月前，按原资质申报途径申请资质证书有效期延续。企业净资产和主要人员满足现有资质标准要求的，经资质许可机关核准，更换有效期5年的资质证书，有效期自批准延续之日起计算。

②企业在资质证书有效期届满前3个月内申请资质延续的，资质受理部门应受理其申请；资质证书有效期届满之日至批准延续之日内，企业不得承接相应资质范围内的工程。

③企业不再满足资质标准要求的，资质许可机关不批准其相应资质延续，企业可在资质许可结果公布后3个月内申请重新核定低于原资质等级的同类别资质。超过3个月仍未提出申请，从最低等级资质申请。

④资质证书有效期届满，企业仍未提出延续申请的，其资质证书自动失效。如需继续开展建筑施工活动，企业应从最低等级资质重新申请。

（9）购买招标文件的可以是投标人的法定代表人，也可以是投标人单位介绍的其他人。购买招标文件的，与递交投标文件和参加开标的（“第八章投标文件格式”的法定代表人或授权委托书中的代理人）可以不是同一人。

（10）投标人购买招标文件除4.1要求的证件外，招标人不得再另外要求投标人提供和出示其他证件和材料。有关部门和单位要求投标人履行其他投标手续的，投标人可在中标后办理。

（11）招标文件每套售价应以物价部门的规定为准。

（12）招标人如果提供邮购招标文件服务，投标人邮购招标文件的，招标人以挂号信或特快专递寄出，招标人不承担邮件丢失或延误责任，下同。

（13）1.2、3.2、4.3中的选择（“□”表示可选择项）为单项选择。招标人必须在可选择项中任选其一（对选择有规定的从其规定）。没有选择的项，删除。是单项选择的，以下都予以注明；注明“单项选择”的要求，下同。

选择自行招标的，“招标人选择的招标代理机构是____________”一句删除。

选择不接受联合体投标的，“联合体投标的，应满足下列要求：______________”一句删除。

选择不提供邮购招标文件服务的，“提供邮购招标文件的，需另加手续费（含邮费）__元。招标人在收到4.1款要求的证件和邮购费（含手续费）后_____日内寄送”一句删除。

没有被选择的项后面相应的内容删除，下同。

招标人在编制招标文件时，下划线后括号内的填写说明可以删除，下同。

（14）《招标投标法》第二十四条规定，“招标人应当确定投标人编制投标文件所需要的合理时间；但是，依法必须进行招标的项目，自招标文件开始发出之日起至投标人提交投标文件截止之日止，最短时间不得少于二十日。”

期间20日的计算方法为：从发布招标公告的次日算起，其间开始的日（发布招标公告的当日）不算在期间内。如某项目招标公告发布的日期为2016年12月1日，其间届满的日期是2016年12月21日。递交投标文件截止时间应为2016年12月22日。

《中华人民共和国招标投标法》第三十二条规定，“招标人对已发出的招标文件进行必要的澄清或者修改的，应当在招标文件要求提交投标文件截止时间至少十五日前，以书面形式通知所有招标文件收受人。”

如某项目递交投标文件截止时间为2016年12月22日，招标人对已发出的招标文件进行澄清或者修改的，应至少在2016年12月6日及之前。时间不够但招标人确需对已发出的招标文件进行澄清或者修改的，招标人应延长投标文件截止时间。

《工程建设项目施工招标投标办法》（原国家计委7部委令第30号）第十五条规定，“招标人应当按招标公告或者投标邀请书规定的时间、地点出售招标文件或资格预审文件。自招标文件或者资格预审文件出售之日起至停止出售之日止，最短不得少于五个工作日。”

如某项目招标公告发布的日期为2016年12月1日，出售招标文件定为五个工作日，从2016年12月2日就应出售招标文件，由于2016年12月6日、2016年12月7日不是工作日，出售招标文件的日期为2016年12月2日、2016年12月3日、2016年12月4日、2016年12月5日、2016年12月8日。

实训演练

招标公告的编制

步骤提示：

1. 分项目部

说明：学生以6～8人为一组，每个小组为一个项目部，各项目推选一名组长作为项目经理。

2. 项目的选择

说明：项目类型选择项如下，每个项目部只需选择一个项目，抽签决定。

某学校教学楼修建工程

某区居民住宅楼修建工程

某市体育馆修建工程

某银行大厦修建工程

某市桥梁工程

某高速公路工程

某校运动场工程

某宾馆装饰装修工程

某校实训实验楼修建工程

3. 任务分解

抽取项目以后，各项目部由项目部经理组织进行项目部各成员的任务分解，落实到人头，可参考以下所列进行任务分解。

(1) 项目部经理：总体安排布置项目部成员的任务，拟定项目任务分解，负责填写《实训情况登记表》，进行项目部工作的组织、协调和管理，并对项目部成员的任务完成情况进行评定。

(2) 资料员 1～2 名，负责资料的查找。

(3) 资料员 1～2 名，负责资料的整理和录入。

(4) 监制员 1～2 名，负责对项目进行全过程监督和检查，对项目成果的正确性和完整性进行检查，并修改和完善。

(5) 解说员 1 名，负责项目部成果的展示汇报说明，注意搜集实训过程中项目部发生的相关趣闻轶事，并在汇报中一并介绍。

注意：资料员、监制员始终同步工作。

4. 先进行小组讨论，对于项目如何实施进行总体决策

5. 进行招标公告的编制

6. 项目部成果的展示与汇报

第五章　建筑合同文书

第一节　施工合同

一、施工合同的含义

建设工程施工合同是指发包方（建设单位）和承包方（施工人）为完成商定的施工工程，明确相互权利、义务的协议。依照施工合同，施工单位应完成建设单位交给的施工任务，建设单位应按照规定提供必要条件并支付工程价款。

二、施工合同的性质与作用

1. 施工合同的性质

签订建设工程施工合同，必须以建设计划和具体建设设计文件已获得国家有关部门批准为前提。签订施工合同必须以履行有关法定审批程序为前提，这是由于建设工程施工合同的标的物为建筑产品，需要占用土地，耗费大量的资源，属于国民经济建设的重要组成部分。凡是没有经过计划、部门规划部门的批准，不能进行工程设计，建设行政主管部门不予办理报建手续及施工许可证，更不能组织施工。在施工过程中，如需变更原计划项目功能的，必须报经有关部门审核同意。

承包人主体资格受到严格限制，建设工程施工合同的承包人，除在经工商行政管理部门核准的经营范围内从事经营活动外，应当遵守企业资质等级管理的规定，不得越级承揽任务。

2. 施工合同的作用

（1）施工合同明确了合同双方主要权利、义务与责任。

（2）施工合同明确了工程质量、验收标准、工期要求以及工期调整的情形及条件。

（3）施工合同明确了建筑工程中材料、设备采购及验收的标准。

（4）施工合同明确了合同价款、合同价款的支付及调整的条件、方式和程序。

（5）施工合同明确了施工过程中发生争议的处理方法、解决程序。

（6）施工合同明确了工程中的索赔情形及处理策略。

三、施工合同的种类

（一）按照合同价款分类

按照承包合同的计价方式可以分为总价合同、单价合同和成本加酬金合同三大类。

1. 总价合同

（1）固定总价合同。固定总价合同是指合同的价格计算是以图纸及规定、规范为基础，工程任务和内容明确，业主的要求和条件清楚，合同单价一次包死，固定不变，即不再因为环境的变化和工程量的增减而变化的一类合同。在这类合同中，承包商承担了全部的工作量和价格的风险。固定总价合同是目前建筑市场常见的一种施工承包合同形式。

固定总价合同适用于以下情况：

1）工程量小，工期短，估计在施工过程中环境因素变化小，工程条件稳定并合理；

2）工程设计详细，图纸完整、清楚，工程任务和范围明确；

3）工程结构和技术简单，风险小；

4）投标期相对宽裕，承包商可以有充足的时间详细考察现场，复核工程量，分析招标文件，拟定施工计划；

采用固定总价合同，承包商的风险主要有两个方面：一是价格风险；二是工作量风险。

（2）变动总价合同。变动总价合同也称调价总价合同，是指在报价及签订合同时，以招标文件的要求及当时的物价计算总价合同，并在约定的风险范围内价款不再调整，合同总价是一个相对固定的价格。在合同执行过程中，如果由于通货膨胀而使工科成本大大增加，则可对合同总价进行相应的调整。但需在合同专用条款中增加调价条款：由于通货膨胀引起工程成本增加达到某一限度时，合同总价应相应调整。

2. 单价合同

（1）固定单价合同。按工程量计算工程造价，是固定单价施工合同的特点。按照固定单价方式编制招投标文件，签订施工合同。示范文本的合同条件中规定的“根据确认的工程量、按构成合同价款相应项目的单价和取费标准计算、支付工程价款”表明了固定单价施工合同的方式和特点，也是实际工程中实行固定单价施工合同的依据。

固定单价合同适用于工期较短、工程量变化幅度不会太大的项目。

（2）变动单价合同。变动单价合同也称可调单价合同，合同单价在合同实施期内，以施工图纸、相关法规及要求为基础，按照时间进行计算，根据合同约定的办法进行调整，此类合同对合同实施中出现的风险做了分摊，发包方承担了通货膨胀的风险，而承包方承担了合同实施中实物工程量、成本和工期因素等其他风险。

3. 成本加酬金合同

成本加酬金合同也称为成本补偿合同，这是与固定总价合同正好相反的合同，工程施工的最终合同价格将按照工程实际成本再加上一定的酬金进行计算。在合同签订时，工程实际成本往往不能确定，只能确定酬金的取值比例或者计算原则。由业主向承包单位支付工程项目的实际成本，并按事先约定的某一种方式支付酬金的合同类型。

在这类合同中，业主承担项目实际发生的一切费用，因此也就承担了项目的全部风险。但是承包单位由于无风险，其报酬也就较低了。这类合同的缺点是业主对工程造价不易控制，承包商也就往往不注意降低项目的成本。对业主而言，这种合同也有一定的优点。具体如下：

1）可以通过分段施工，缩短工期，而不必等待所有施工图完成才开始投标和施工。

2）可以减少承包商的对立情绪，承包商对工程变更和不可预见条件的反应会比较积极和快速。

3）可以利用承包商的施工技术专家，帮助改进或弥补设计中的不足。

4）业主可以根据自身力量和需要，较深入地介入和控制工程施工和管理。

5）业主也可以通过确定最大保证价格约束工程成本不超过某一限值，从而转移一部分风险。

成本加酬金合同通常用于如下情况：

1）工程特别复杂，工程技术、结构方案不能预先确定，或者尽管可以确定工程技术和结构方案，但不可能进行竞争性的招标活动并以总价合同或单价合同的形式确定承包商，如研究开发性质的工程项目。

2）时间特别紧迫，如抢险、救灾工程，来不及进行详细的计划和商谈。

3）风险很大的项目（保密工程）。

（二）按承包对象分类

按承包对象分类，可分为施工总承包合同和分包合同两种。

1. 施工总承包合同

施工总承包合同是指取得施工总承包资质的企业（以下简称施工总承包企业），可以承接施工总承包工程。施工总承包企业可以对所承接的施工总承包工程内各专业工程全部自行施工，也可以将专业工程或劳务作业依法分包给具有相应资质的专业承包企业或劳务分包企业。

2. 分包合同

分包合同是指总承包方依据相关法律法规，把总承包工程内的各专业工程承包给具备相应资质的专业承包企业或劳务分包企业所形成的合同，故分包合同又可分为专业分包合同与劳务分包合同。

四、施工合同的写作及要求

（一）施工合同条款的组成结构

建筑施工合同是工程发包过程中当事人双方的行为准则及纠纷解决依据，因此内容应全面、用词要严谨。合同条款的组成结构主要包括合同协议书、合同通用条款、合同专用条款、中标通知书、招标文件及答疑澄清、投标文件、工程建设标准、施工图纸、规范及有关技术文件、工程量清单和工程报价单或预算书等。

（二）施工合同写作要求

1. 协议书

需明确合同制定所依据的法律法规、工程概况、工程承包范围、合同工期、质量标准、合同价款、合同组成文件等，作为合同提纲，写作时文字必须简明扼要。

2. 通用条款部分

通用条款是根据法律、行政法规规定及建设工程施工的需要订立，通用于建设工程施工的条款。通用条款写作时须注意以下几项：

（1）专业词语解释。对合同中出现的专业词语进行明确解释及定位，确定其在施工合同中的法律效应及地位，如下面几部分：

①通用条款：是根据法律、行政法规规定及建设工程施工的需要订立，通用于建设工

程施工的条款。

②专用条款：是发包人与承包人根据法律、行政法规规定，结合具体工程实际，经协商达成一致意见的条款，是对通用条款的具体化、补充或修改。

③发包人：指在协议书中约定，具有工程发包主体资格和支付工程价款能力的当事人以及取得该当事人资格的合法继承人。

④承包人：指在协议书中约定，被发包人接受的具有工程施工承包主体资格的当事人以及取得该当事人资格的合法继承人。

⑤工程：指发包人承包人在协议书中约定的承包范围内的工程。

⑥合同价款：指发包人承包人在协议书中约定，发包人用以支付承包人按照合同约定完成承包范围内全部工程并承担质量保修责任的款项。

⑦追加合同价款：指在合同履行中发生需要增加合同价款的情况，经发包人确认后按计算合同价款的方法增加的合同价款。

⑧费用：指不包含在合同价款之内的应当由发包人或承包人承担的经济支出。

⑨工期：指发包人承包人在协议书中约定，按总日历天数（包括法定节假日）计算的承包天数。

⑩开工日期：指发包人承包人在协议书中约定，承包人开始施工的绝对或相对日期。

⑪竣工日期：指发包人承包人在协议书中约定，承包人完成承包范围内工程的绝对或相对日期。

⑫书面形式：指合同书、信件和数据电文（包括电报、电传、传真、电子数据交换和电子邮件）等可以有形地表现所载内容的形式。

以上为通用条款中要解释的部分专业名词，具体可参照《建筑合同法》。

（2）合同文件及解释顺序。明确合同各组成文件，同时合同文件应能相互解释，互为说明。除专用条款另有约定外，组成本合同的文件及优先解释顺序如下：

①本合同协议书。

②中标通知书。

③本合同专用条款。

④本合同通用条款。

⑤投标文件。

⑥标准、规范及有关技术文件。

⑦图纸。

⑧工程量清单。

⑨工程报价单或预算书。

同时，合同在履行中，发包人和承包人有关工程的洽商、变更等书面协议或文件视为合同的组成部分。

（3）确定合同中适用法律、标准及规范。合同条款中应明确签订合同所适用的国家法律法规依据，同时明确约定适用国家标准、规范的名称；没有国家标准、规范但有行业标准、规范的，约定适用行业标准、规范的名称；没有国家和行业标准、规范的，约定适用工程所在地地方标准、规范的名称。发包人应按专用条款约定的时间向承包人提供一式两份约定的标准、规范。

(4) 明确合同双方一般权利及义务。通用条款中应明确甲乙双方相应的各专业岗位人员的权利及义务，如甲方代表、项目经理、工程师在施工过程中的权利和义务。同时明确甲乙双方应有的权利和义务，如工程工期、质量的履行，工程款拨付的履行等。

(5) 明确工程质量检查的依据、方法及处理办法。

3. 专用条款部分

专用条款是发包人与承包人根据法律、行政法规规定，结合具体工程实际，经协商达成一致意见的条款，是对通用条款的具体化、补充或修改。专用条款与通用条款有相互参照性，但在合同使用中，专用条款更具针对性。

在专用条款中需着重明确以下内容：

(1) 工程质量验收检查的依据、准则。

(2) 发包人向承包方提供的图纸份数和提供日期。

(3) 甲乙双方及监理方派驻相关的专业岗位人员资料、职责及权利。

(4) 明确甲乙双方具体的工作范围及要求、相关义务。

(5) 明确合同价款及合同价款类型。

(6) 明确工程进度款拨付的方式和时间。

(7) 明确工程变更、签认索赔的具体要求和程序。

(8) 明确竣工决算的要求、程序和决算款项的拨付要求。

(9) 明确工程中出现争议的解决处理方法及程序。

五、案例分析

【例文】

建设工程施工合同

国家住房城乡建设部
国家市场监督管理总局 制定

第一部分　合同协议书

发包人（全称）：________________

承包人（全称）：________________

根据《中华人民共和国合同法》《中华人民共和国建筑法》及有关法律规定，遵循平等、自愿、公平和诚实信用的原则，双方就__________工程施工及有关事项协商一致，共同达成如下协议：

一、工程概况

1. 工程名称：________________。

2. 工程地点：________________。

3. 工程立项批准文号：________________。

4. 资金来源：政府投资____________。

5. 工程内容：施工图及工程量清单范围内所包含的项目全部内容。

群体工程应附《承包人承揽工程项目一览表》（附件1）。

6. 工程承包范围：

____。

二、合同工期

计划开工、竣工日期：以具备开工手续，监理单位发布开工令时间为开工日期，以此根据合同工期推算竣工日期。

工期总日历天数：____________日历天。

三、质量标准

工程质量符合 国家现行规范合格 标准。

四、签约合同价与合同价格形式

1. 签约合同价为：

人民币（大写）____________________（¥____________________元）；

其中：

（1）安全文明施工费：

人民币（大写）____________________（¥____________________元）；

（2）材料和工程设备暂估价金额：

人民币（大写）____________________（¥____________________元）；

（3）专业工程暂估价金额：

人民币（大写）____________________（¥____________________元）；

（4）暂列金额：

人民币（大写）____________________（¥____________________元）。

2. 合同价格形式： 固定综合单价 。

五、项目经理

承包人项目经理：____________________。

六、合同文件构成

本协议书与下列文件一起构成合同文件：

（1）中标通知书；

（2）投标函及其附录；

（3）专用合同条款及其附件；

（4）通用合同条款；

（5）技术标准和要求；

（6）图纸；

（7）已标价工程量清单或预算书；

（8）其他合同文件。

在合同订立及履行过程中形成的与合同有关的文件，均构成合同文件组成部分。

上述各项合同文件包括合同当事人就该项合同文件所作出的补充和修改，属于同一类内容的文件，应以最新签署的为准。专用合同条款及其附件须经合同当事人签字或盖章。

七、承诺

1. 发包人承诺按照法律规定履行项目审批手续、筹集工程建设资金并按照合同约定的期限和方式支付合同价款。

2. 承包人承诺按照法律规定及合同约定组织完成工程施工，确保工程质量和安全，不进行转包及违法分包，并在缺陷责任期及保修期内承担相应的工程维修责任。

3. 发包人和承包人通过招投标形式签订合同的，双方理解并承诺不再就同一工程另行签订与合同实质性内容相背离的协议。

八、词语含义

本协议书中词语含义与第二部分通用合同条款中赋予的含义相同。

九、签订时间

本合同于________年________月________日签订。

十、签订地点

本合同在________签订。

十一、补充协议

合同未尽事宜，合同当事人另行签订补充协议，补充协议是合同的组成部分。

十二、合同生效

本合同签订完成及完成履约保证金递交方生效。（履约保证金约定详见专用条款）

十三、合同份数

本合同一式捌份，均具有同等法律效力，发包人执肆份，承包人执肆份。

发包人：（公章）	承包人：（公章）
法定代表人或其委托代理人： （签字）	法定代表人或其委托代理人： （签字）
组织机构代码：________________	组织机构代码：________
地址：________________________	地址：________________________
电话：________________________	电话：________________________
传真：________________________	传真：________________________
电子信箱：____________________	电子信箱：____________________
开户银行：____________________	开户银行：____________________
账号：________________________	账号：________________________

第二部分　通用合同条款

（略）。

第三部分　专用合同条款

1. 一般约定

1.1 词语定义

1.1.1合同。

1.1.1.10 其他合同文件包括：(1) 合同协议书；(2) 中标通知书；(3) 招标文件（含工程量清单）；(4) 投标文件及附件；(5) 专用合同条款；(6) 通用合同条款；(7) 技术标准和要求；(8) 图纸；(9) 其他合同文件。

1.1.2 合同当事人及其他相关方。

1.1.2.4 监理人：

名称：__________；

资质类别和等级：__________；

联系电话：__________；

电子信箱：__________；

通信地址：__________。

1.1.2.5 设计人：

名称：__________；

资质类别和等级：__________；

联系电话：__________；

电子信箱：__________；

通信地址：__________。

1.1.3 工程和设备。

1.1.3.7 作为施工现场组成部分的其他场所包括：____/____。

1.1.3.9 永久占地包括：____/____。

1.1.3.10 临时占地包括：____/____。

1.3 法律

适用于合同的其他规范性文件：国家相关法律法规。

1.4 标准和规范

1.4.1 适用于工程的标准规范包括：现行国家施工及验收规范标准。

1.4.2 发包人提供国外标准、规范的名称：____/____；

发包人提供国外标准、规范的份数：____/____；

发包人提供国外标准、规范的名称：____/____。

1.4.3 发包人对工程的技术标准和功能要求的特殊要求：____/____。

1.5 合同文件的优先顺序

合同文件组成及优先顺序为：(1) 合同协议书；(2) 中标通知书；(3) 投标文件及附件；(4) 专用合同条款；(5) 通用合同条款；(6) 技术标准和要求；(7) 图纸；(8) 招标文件（含工程量清单）；(9) 其他合同文件。

图纸与技术标准和要求之间有矛盾或者不一致的，以其中要求较严格的标准为准。

合同双方在合同履行过程中签订的补充协议亦构成合同文件的组成部分，其解释顺序以最新签署的为准。

1.6 图纸和承包人文件

1.6.1 图纸的提供。

发包人向承包人提供图纸的期限：__________；

发包人向承包人提供图纸的数量：__________；

发包人向承包人提供图纸的内容：__________。

1.6.4 承包人文件。

需要由承包人提供的文件，包括：__________；

承包人提供的文件的期限为：＿＿＿＿＿＿＿＿＿＿；
承包人提供的文件的数量为：＿＿＿＿＿＿＿＿＿＿；
承包人提供的文件的形式为：＿＿＿＿＿＿＿＿＿＿；
发包人审批承包人文件的期限为：＿＿＿＿＿＿＿＿＿＿。

1.6.5 现场图纸准备。

关于现场图纸准备的约定：按通用条款执行。

1.7 联络

1.7.1 发包人和承包人应当在7天内将与合同有关的通知、批准、证明、证书、指示、指令、要求、请求、同意、意见、确定和决定等书面函件送达对方当事人。

1.7.2 发包人接收文件的地点：＿＿＿＿＿＿＿＿＿＿；
发包人指定的接收人为：＿＿＿＿＿＿＿＿＿＿。
承包人接收文件的地点：＿＿＿＿＿＿＿＿＿＿；
承包人指定的接收人为：＿＿＿＿＿＿＿＿＿＿。
监理人接收文件的地点：＿＿＿＿＿＿＿＿＿＿；
监理人指定的接收人为：＿＿＿＿＿＿＿＿＿＿

1.10 交通运输

1.10.1 出入现场的权利。

关于出入现场的权利的约定：按通用条款。

1.10.3 场内交通。

关于场外交通和场内交通的边界的约定：建筑红线。

关于提供满足工程施工需要的场内道路和交通设施的约定：发包人不提供，由承包人自行负责；发包人、监理人和过控单位有权无偿使用承包人修建的临时道路和交通设施，不需要交纳任何费用；发包人和监理人有权确定其他专业承包人、专项供应商、独立承包人和其他承包人使用承包人修建的临时道路和交通设施，不需要交纳任何费用。

1.10.4 超大件和超重件的运输。

运输超大件或超重件所需的道路和桥梁临时加固改造费用和其他有关费用由承包人承担。

1.11 知识产权

1.11.1 关于发包人提供给承包人的图纸、发包人为实施工程自行编制或委托编制的技术规范以及反映发包人关于合同要求或其他类似性质的文件的著作权的归属：归发包人所有。

关于发包人提供的上述文件的使用限制的要求：合理条件下可以使用。

1.11.2 关于承包人为实施工程所编制文件的著作权的归属：按通用条款。

关于承包人提供的上述文件的使用限制的要求：合理条件下可以使用。

1.11.4 承包人在施工过程中所采用的专利、专有技术、技术秘密的使用费的承担方式：为满足施工顺利进行产生的使用费，不计取相关费用。

1.13 工程量清单错误的修正

出现工程量清单错误时，是否调整合同价格：应调整以下内容：(1) 工程量清单存在缺项、漏项的；(2) 未按照国家现行计量规范强制性规定计量的。

2. 发包人

2.2 发包人代表

姓名：________________；

身份证号：________________；

职务：________________；

联系电话：________________；

电子信箱：________________；

通信地址：________________、________________。

发包人对发包人代表的授权范围如下：________________。

2.4 施工现场、施工条件和基础资料的提供

2.4.1 提供施工现场。

关于发包人移交施工现场的期限要求：发包人将已具备施工条件的施工现场在开工前移交给承包人。

2.4.2 提供施工条件。

关于发包人应负责提供施工所需要的条件，包括电接入场外临时施工变压器，水接至红线边。

2.5 资金来源证明及支付担保

发包人提供资金来源证明的期限要求：无。

发包人是否提供支付担保：否。

发包人提供支付担保的形式：________________、________________。

3. 承包人

3.1 承包人的一般义务

(9) 承包人提交的竣工资料内容：按通用条款。

承包人需要提交的竣工资料套数：5套。

承包人提交的竣工资料的费用承担：自行承担。

承包人提交的竣工资料移交时间：工程竣工验收60天内，承包人应将竣工资料整理完毕，连同工程竣工结算提交发包人。

承包人提交的竣工资料形式要求：按通用条款执行。

3.2 项目经理

3.2.1 项目经理：

姓名：________________；

身份证号：________________；

建造师执业资格等级：________________；

建造师注册证书号：________________；

建造师执业印章号：________________；

安全生产考核合格证书号：________________；

联系电话：________________；

电子信箱：________________；

通信地址：________________；

承包人对项目经理的授权范围如下：按通用条款及双方约定。

关于项目经理每月在施工现场的时间要求：不少于25日。

承包人未提交劳动合同，以及没有为项目经理缴纳社会保险证明的违约责任：罚款2万元，情节严重可终止合同，并要求赔偿。

项目经理未经批准，擅自离开施工现场的违约责任：罚款5 000元/次。

3.2.3 承包人擅自更换项目经理的违约责任：罚款5万元，情节严重可终止合同，并要求赔偿。

3.2.4 承包人无正当理由拒绝更换项目经理的违约责任：罚款1万元，情节严重可终止合同，并要求赔偿。

3.3 承包人人员

3.3.1 承包人提交项目管理机构及施工现场管理人员安排报告的期限：具体工作实施前10日内。

3.3.3 承包人无正当理由拒绝撤换主要施工管理人员的违约责任：按通用条款。

3.3.4 承包人主要施工管理人员离开施工现场的批准要求：须发包人和监理人共同批准。

3.3.5 承包人擅自更换主要施工管理人员的违约责任：罚款1万元，情节严重可终止合同，并要求赔偿。

承包人主要施工管理人员擅自离开施工现场的违约责任：罚款5 000元/次，情节严重可终止合同，并要求赔偿。

3.5 分包

3.5.1 分包的一般约定。

禁止分包的工程包括：执行国家规定。

主体结构、关键性工作的范围：按一般约定。

3.5.2 分包的确定。

允许分包的专业工程包括：详见招标文件。

其他关于分包的约定：

(1) 除投标函附录中约定的分包内容外，经过发包人和监理人同意，承包人可以将其他非主体、非关键性工作分包给第三人，但分包人应当经过发包人和监理人审批。发包人和监理人有权拒绝承包人的分包请求和承包人选择的分包人。

(2) 发包人在工程量清单中给定暂估价的专业工程，由发包人和承包人依法进行分包招标（或比选）等方式，确定专业分包人。

(3) 在相关分包合同签订并报送政府投资主管部门和有关建设行政主管部门备案后7天内，承包人应当将一份副本提交给监理人，承包人应保障分包工作不得再次分包。

(4) 分包工程价款由承包人与分包人结算。发包人未经承包人同意，不得以任何形式向分包人支付相关分包合同项下的任何工程款项。因发包人未经承包人同意直接向分包人支付相关分包合同项下的任何工程款项而影响承包人工作的，所造成的承包人费用增加和（或）延误的工期由发包人承担。

(5) 未经发包人和监理人审批同意的分包工程和分包人，发包人有权拒绝验收分包工程和支付相应款项，由此引起的承包人费用增加和（或）延误的工期由承包人承担。

3.5.4 分包合同价款。

关于分包合同价款支付的约定：______/______。

3.6 工程照管与成品、半成品保护

承包人负责照管工程及工程相关的材料、工程设备的起始时间：双方签订合同承包人进场之后。

3.7 履约保证

承包人是否提供履约担保：是。

承包人提供履约保证的形式、金额及期限：

(1) 金额：承包人在签订合同之前向发包人缴纳履约保证金，履约保证金的金额为中标价扣除暂列金和专业工程暂估价后的10%，即______元，人民币大写______。

(2) 履约担保的有效期：履约保证是本合同的附件，履约担保的有效期截至担保金额支付完毕或发包人向承包人颁发竣工证书之日后14天（或由发包人出具释放保函通知之日起）。履约担保期内，由于承包人原因不能履行合同或给发包人造成损失的，用履约担保金赔偿。若工程延期承包人应无条件按发包人要求办理履约保证金延期手续。

(3) 履约保证金的退还：履约保证金在竣工验收并提交竣工验收全部资料后10个工作日退还给承包人。发包人不承担承包人与履约保证金有关的任何利息或其他类似的费用或者收益。

4. 监理人

4.1 监理人的一般规定

发包人委托监理人的职权：同通用合同条款及现行监理法规赋予的职权。

需要取得发包人批准才能行使的职权：

1. 重大变更、停工和复工；

2. 承担工程质量、安全、施工进度的监督（参与本工程全过程施工工程质量、安全生产的监督）。

4.2 监理人员

总监理工程师：

姓名：______；

职务：______；

监理工程师执业资格证书号：______；

联系电话：______/______；

电子信箱：______/______；

通信地址：______/______；

关于监理人的其他约定：______/______。

4.4 商定或确定

在发包人和承包人不能通过协商达成一致意见时，发包人授权监理人对以下事项进行确定：

(1) 总监理工程师以书面形式通知发包人和承包人。

(2) 总监理工程师附详细依据处理一切争议。

(3) 争议解决前，合同当事人按总监理工程师的确定执行。

5. 工程质量

5.1 质量要求

5.1.1 特殊质量标准和要求：符合现行国家有关工程施工质量验收规范和标准的要求。

关于工程奖项的约定：无。

5.3 隐蔽工程检查

5.3.2 承包人提前通知监理人隐蔽工程检查的期限的约定：提前48小时。

监理人不能按时进行检查时，应提前 24 小时提交书面延期要求。

关于延期，最长不得超过：48 小时。

6. 安全文明施工与环境保护

6.1 安全文明施工

6.1.1 项目安全生产的达标目标及相应事项的约定：按通用条款。

6.1.2 承包人应按合同约定履行安全职责，执行监理人有关安全工作的指示，并在专用合同条款约定的期限内，按合同约定的安全工作内容，编制施工安全专项方案报送监理人审批。

6.1.3 承包人应加强施工作业安全管理，特别应加强易燃、易爆材料、火工器材、有毒与腐蚀性材料和其他危险品的管理，以及对爆破作业和地下工程施工等危险作业的管理。

6.1.4 承包人应严格按照国家安全标准制定施工安全操作规程，配备必要的安全生产和劳动保护设施，加强对承包人施工人员的安全教育，并发放安全工作手册和劳动保护用具。

6.1.5 承包人应按监理人的指示制定应对灾害的紧急预案，报送监理人审批。承包人还应按预案做好安全检查，配置必要的救助物资和器材，切实保护好有关人员的人身和财产安全。

6.1.6 合同约定的安全作业环境及安全施工措施所需费用应遵守有关规定，并包括在相关工作的合同价格中。

6.1.7 承包人应对其履行合同所雇佣的全部人员，包括分包人人员的工伤事故承担责任，但由于发包人原因造成承包人施工人员工伤事故的，应由发包人承担责任。

6.1.8 由于承包人原因在施工场地内及其毗邻地带造成的第三者人员伤亡和财产损失，由承包人负责赔偿。

6.2 治安保卫

按国家和工程所在地区建设主管部门安全文明施工相关要求执行。

6.3 环境保护

按国家和工程所在地主管部门相关要求执行。

6.4 承包人编制施工环保措施计划报送监理人审批时间

开工前报送监理人审批，监理人三天内审批完。

关于编制施工场地治安管理计划的约定：按通用条款及投标内容执行。

6.5 文明施工

合同当事人对文明施工的要求：按国家相关要求执行。

6.5.1 关于安全文明施工费支付比例和支付期限的约定：按现行安全文明施工规定、文件执行。

7. 工期和进度

7.1 施工组织设计

7.1.1 合同当事人约定的施工组织设计应包括的其他内容：无。

7.1.2 施工组织设计的提交和修改。

承包人提交详细施工组织设计的期限的约定：领取中标通知书 20 个日历天内。

发包人和监理人在收到详细的施工组织设计后确认或提出修改意见的期限：收到详细施工组织设计后的2个工作日内。

7.2 施工进度计划

7.2.2 施工进度计划的修订。

发包人和监理人在收到修订的施工进度计划后确认或提出修改意见的期限：10个工作日内。

7.3 开工

7.3.1 开工准备。

关于承包人提交工程开工报审表的期限：按通用条款。

关于发包人应完成的其他开工准备工作及期限：按通用条款。

关于承包人应完成的其他开工准备工作及期限：按通用条款。

7.3.2 开工通知：按通用条款。

7.4 测量放线

7.4.1 发包人通过监理人向承包人提供测量基准点、基准线和水准点及其书面资料的期限：按通用条款。

7.4.2 承包人按规范、基准点（线）以及合同工程精度要求测量施工控制网等并将资料送监理人审批。

7.5 工期延误

7.5.1 因发包人原因导致工期延误。

因发包人原因导致工期延误的其他情形：按通用条款。

7.5.2 因承包人原因导致工期延误。

因承包人原因造成工期延误，逾期竣工违约金的计算方法为：按照5 000元/日计算违约金。

因承包人原因造成工期延误，逾期竣工违约金的上限：工程款的20%。

7.6 不利物质条件

不利物质条件的其他情形和有关约定：按通用条款。

7.7 异常恶劣的气候条件

发包人和承包人同意以下情形视为异常恶劣的气候条件：

（1）十级以上大风；

（2）持续24小时且降雨量为200 mm以上；

（3）40摄氏度以上并持续2天的高温天气。

7.9 提前竣工的奖励

7.9.2 提前竣工的奖励：无。

8. 材料与设备

8.4 材料与工程设备的保管与使用

8.4.1 发包人供应的材料设备的保管费用的承担：按通用条款。

8.6 样品

8.6.1 样品的报送与封存。

（1）承包人采购材料设备的约定：承包人采购材料设备前，必须将材料设备的有关资料报发包人及发包人委托的监理工程师确认，否则不得用于该工程。发包人及发包人委托的监理工程师对设备材料的确认并不解除承包人对设备材料缺陷应承担的责任。承包人强行使用未经发包人及发包人委托的监理工程师确认的材料设备，视为违约，此费用不进入工程竣工结算，由此产生的费用由承包人自行负责。

(2) 新增加的材料和设备，若发包人委托承包人采购，承包人在投料前15天，将其质量、品牌、价格报发包人，发包人组织相关人员、监理公司认质认价。

(3) 所有材料均应符合设计和国家颁布的质量检验及验收规范要求，并按规定向发包人和监理工程师提供材质合格证书和检验合格证。

(4) 若发包人及发包人委托的监理工程师对承包人出具的材料质量认证意见有异议的，可申请相关质量技术监督部门进行检验，所发生的费用、损失由责任方承担。在处理质量争议期间，承包人应按监理工程师的指令保证工程正常施工，减少窝工待料损失。承包人自购材料虽经监理工程师质量认证，但不解除承包人的质量责任。

8.8 施工设备和临时设施

8.8.1 承包人提供的施工设备和临时设施：　　　　/　　　　。

关于修建临时设施费用承担的约定：承包人应按照发包人的要求向发包人、监理、过控等相关单位免费提供办公室（2间）及设施；承包人须承担所有修建临时设施的费用，包括临时占地等。

9. 试验与检验

9.1 试验设备与试验人员

9.1.2 试验设备。

施工现场需要配置的试验场所：满足试验设备放置及试验操作需要。

施工现场需要配备的试验设备：按通用条款。

施工现场需要具备的其他试验条件：按通用条款。

其他试验与检验费：桩基检测费、静载试验费、回弹检测费等由承包人负责，包含且不限于以上内容。

9.4 现场工艺试验

现场工艺试验的有关约定：施工单位需按招标文件范围先在样板间实施工艺试验，满足发包人要求后，再大面积展开实施。

10. 变更

10.1 变更的范围

关于变更的范围的约定：按通用条款。

10.2 变更权

按通用条款。

10.3 变更程序

按通用条款。

10.4 变更估价

10.4.1 变更估价原则。

变更估价原则的约定：除合同另有规定外，工程变更或设计变更后单价的确定，按下列方法进行：

①投标报价清单中已有相同或类似的工程项目，其综合单价按报价清单中相同或类似项目的综合单价计算；类似工程项目指：套用相同定额计价的项目或虽套用不同定额，但定额人工费、机械费相同的项目。

②因变更引起价格调整的其他处理方式：中标清单范围内的工程量增加或减少以甲方、工程造价咨询单位和监理审核的为准。因非承包人原因引起已标价工程量清单中列明的工程量发生增减，且单个子目工程量变化幅度在20%以内（含）时，应执行已标价工程量清单中列明的该子目的单价；单个子目工程量变化幅度在20%以外（不含），但导致其分部分项工程费总额变化幅度在10%以内（含10%），应执行已标价工程量清单中列明的该子目的单价；单个子目工程量变化幅度在20%以外（不含），且导致分部分项工程费总额变化幅度超过10%时，其超出部分工程造价按2015《四川省建设工程工程量清单计价定额》计算后按招标价与投标价的下浮比例同等下浮进行结算，材料价按施工期间《××市工程造价信息》的平均价格执行，如果信息价没有，按《四川省工程造价信息》的平均价格执行或者由发包人及发包人委托的监理工程师、承包人共同进行市场考察协商确认的价格执行（认价部分不下浮）；因法律、法规变化引起的价格调整按相关法律、法规执行。

③新增项目或漏项的工程量的调整方法：

除合同有规定外，发包人提供工程量清单如有漏项或发生设计变更时，经业主、监理、造价咨询单位签字并盖章确认，具体调整方法如下：

(a) 投标报价清单中已有相同或类似的工程项目（类似工程项目是项目特征描述类似的项目），按清单综合单价计算；

(b) 若投标报价清单中没有相同或类似的项目，按2015《四川省建设工程工程量清单计价定额》及相关文件组价后下浮，下浮比例与中标下浮比例｛［（控制价－中标价）÷控制价］×100%｝一致。

10.5 承包人的合理化建议

10.5.2 承包人提出合理化建议奖励的约定：＿＿＿＿/＿＿＿＿

10.7 计日工

10.7.2 承包人提交计日工报表和有关凭证的约定：＿＿＿＿/＿＿＿＿

10.7.3 监理人复核并经发包人审定付款的方式和时限：＿＿＿＿/＿＿＿＿

10.8 暂估价

10.8.1 工程量清单给定暂估价的材料、工程设备和专业工程，属于依法必须招标的，由发包人和承包人以招标的方式选择供应商或分包人。发包人和承包人的权利义务关系在专用合同条款中约定。中标金额与工程量清单中所列的暂估价的金额差以及相应的税金等其他费用列入合同价格。

10.8.3 发包人在工程量清单中给定暂估价的专业工程不属于依法必须招标的范围或未达到规定的规模标准的估价原则：＿＿＿＿/＿＿＿＿

10.9 承包人的合理化建议

监理人审查承包人合理化建议的期限：7天。

发包人审批承包人合理化建议的期限：7天。

承包人提出的合理化建议降低了合同价格或者提高了工程经济效益的奖励的方法和金额为：无。

10.10 暂估价

本项目厂房地坪漆、室内门及室内地板砖等材料已在招标清单中明确采取甲定乙供方式，即：甲定乙供材料由发包人组织相关部门会同监理人员及承包人进行市场调研，根据市场调研由发包人确定甲定材料的类型、样式及材料价格，并由承包人负责采购及施工，甲定乙供材料认价完成后须形成书面文件以作为后期结算依据。

10.11 暂列金额

合同当事人关于暂列金额使用的约定：按通用条款。

11. 价格调整

11.1 市场价格波动引起的调整

市场价格波动，是否调整合同价格的约定：物价波动引起的价格调整。

因市场价格波动调整合同价格，采用以下第2种方式对合同价格进行调整：

第2种方式：采用造价信息进行价格调整。

采用造价信息进行价格调整的约定：

合同履行过程中物价波动引起的价格调整，调整办法按四川省建设厅川建造价发〔2009〕75号《规范建设工程造价风险分担行为的规范》的通知和川建发〔2009〕67号《四川省〈建设工程工程量清单计价规范〉实施办法》的通知执行。

可调材料范围为钢材及钢材制品和水泥、混凝土、砂、石，以外的材料一律不得调整。

如果投标报价低于《遂宁工程造价信息》投标同期的信息价，则以《遂宁工程造价信息》投标同期的信息价为基准价；如果投标报价高于《遂宁工程造价信息》投标同期的信息价，则以投标报价为基准价。当施工期相对应的《遂宁工程造价信息》的信息价与基准价相比，材料价涨跌超过5%时，按实调整超过5%以上的部分。

承包人承担自主报价低于市场价格的风险和可调主要材料在双方约定幅度内以及其他材料市场价格波动的风险。

材料价格具体调整方式：

当投标价低于或等于基准价时：

施工期价格涨幅超过基准价的5%时，材料单价调增值＝施工期价格－基准价×105%。

施工期价格跌幅超过投标价的5%时，材料单价调减值＝投标价×95%－施工期价格。

当投标价高于基准价时：

施工期价格涨幅超过投标价的5%时，材料单价调增值＝施工期价格－投标价×105%。

施工期价格跌幅超过基准价的5%时，材料单价调减值＝基准价×95%－施工期价格。

11.2 其他约定

当出现承包人投标报价中主要材料价格表中材料单价与分部分项综合单价分析表中材料单价不一致的情况时，若评标专家评标时按招标文件约定的修正原则进行修正并经承包人确认的，以修正后的材料单价为准；若评标专家评标时未发现，在清标过程中或施工过程中或工程竣工结算时等任一阶段发现，以两者最低的材料单价为准调整综合单价。

12. 合同价格、计量与支付

12.1 合同价格形式

单价合同：

采用固定综合单价，综合单价不因工程量变化而调整。

以下情况下承包人不得要求调整合同价格：

(1) 由于承包人没理解设计意图，超出设计施工而增加的费用。

(2) 因季节性的大雨、大雾等引起的工期延误导致的费用增加。

(3) 因承包人的原因引起的停建、缓建；因停电而采取自备发电机等措施产生的费用。

(4) 因承包人施工措施或质量问题，经监理工程师及发包人认定质量未达到合同要求，返工的项目。

12.2 预付款

12.2.1 预付款的支付。

预付款支付比例或金额：按中标价款（扣减安全文明施工费、暂列金、专业工程暂估价）的10%予以拨付。

预付款支付期限：施工单位递交履约保证金；进场满足开工条件，经监理确认并开具开工令后7个工作日内。

12.2.2 安全文明施工费预付款。

施工合同签署生效后7个工作日内，预付承包人本项目安全文明施工费的30%，即：________元，人民币大写：________。

预付款（含预付的安全文明施工费）扣回的方式：从支付工程进度款开始分三次扣回，每次扣回预付款的三分之一，扣回金额不超过进度款支付金额。

12.3 计量

12.3.1 计量原则。

工程量计算原则：工程量计算原则执行国家标准《建设工程工程量清单计价规范》(GB 50500—2013) 或其适用的修订版本。除合同另有约定外，承包人实际完成的工程量按约定的工程量计算规则和有合同约束力的图纸进行计量。

12.3.2 计量周期。

本合同的计量周期为月，每月__25__日为当月计量截止日期（不含当日）和下月计量起始日期（含当日）。

12.3.3 单价合同的计量。

关于单价合同计量的约定：承包人在每月计量截止日后的5日内，提交已完工程量报告并附进度支付申请单、已完工程量报表和相关资料。送监理人、全过程造价咨询机构、发包人，5日内完成审核。若承包人未按时提交上述资料，视为承包人放弃该月进度款申请。

付款比例的约定：每月进度款支付经审核后的完成工程量（扣除安全文明施工费）的80%（详见12.4条约定）；工程竣工验收后，支付至合同总价款（扣暂列金）的80%。本工程以审计金额为结算依据，审计通过后，支付至审计结算价的95%，剩余5%作为质保金，在国家规定的缺陷责任期满后14日历天内无息退还。

12.4 工程进度款支付

(1) 本工程计量支付进度为：

工程进度款按月工程进度，支付已完成工程量造价的80%，承包人应在每月25日向发包人提交经现场监理、监理公司签署盖章的月进度报表（已完工程为上月16日至本月15日止完成的工程量），发包人于次月按发包人、监理核定量支付，其措施项目费（不包括安全文明施工措施费）按已完工程价款的比例分摊计算计入工程进度款。工程量的确认须得到监理、监理公司和发包人的书面认可。

(2) 工程进度付款：

工程款在经发包方审定后7个工作日内，按照经发包人及发包人审计确认的已完成月工程量的80%支付工程款；工程量清单以外的设计变更、现场签证部分按80%支付，待工程结算审计完毕后拨付余款（5%质保金除外）。承包人在收到工程进度款后必须及时支付本单位的人工费及材料费。

发包人逾期支付进度款的违约金的计算方式：无。

13. 验收和工程试车

13.1 分部分项工程验收

13.1.2 监理人不能按时进行验收时，应提前24小时提交书面延期要求。

关于延期，最长不得超过：48小时。

13.2 竣工验收

13.2.2 竣工验收程序。

关于竣工验收程序的约定：按通用条款。

发包人不按照本项约定组织竣工验收、颁发工程接收证书的违约金的计算方法：按通用条款。

13.2.5 移交、接收全部与部分工程。

承包人向发包人移交工程的期限：按通用条款。

发包人未按本合同约定接收全部或部分工程的，违约金的计算方法为：按通用条款。

承包人未按时移交工程的，违约金的计算方法为：按通用条款。

13.6 竣工退场

13.6.1 竣工退场。

承包人完成竣工退场的期限：按通用条款。

14.1 竣工结算申请

承包人提交竣工结算申请单的期限：竣工验收合格并提交完整合格的竣工资料后一个月内。

竣工结算申请单应包括的内容：按通用条款。

14.2 竣工结算审核

发包人审批竣工付款申请单的期限：按通用条款。

发包人完成竣工付款的期限：结算审计报告出具后15个工作日内。

关于竣工付款证书异议部分复核的方式和程序：按通用条款。

14.5 工程结算价的确定

14.5.1 适用清单规范及定额：《建设工程工程量清单计价规范》(GB 50500—2013)、2015年《四川省建设工程工程量清单计价定额》及配套文件、四川省住房和城乡建设厅关于印发《建筑业营业税改征增值税四川省建设工程计价依据调整办法》的通知（川建造价发〔2016〕349号）及配套文件。

14.5.2 工程量按实结算，综合单价不做调整。

14.5.3 人工费。

承包人参照招标时最新的相关配套文件对人工费自行报价。

自本项目投标截止前28天至工程竣工时，若相关行政主管部门未再发布新的人工费政策性调整文件，则对人工费不做任何调整。

本项目投标截止日前28天至工程竣工期间，若相关行政主管部门发布新的人工费政策性调整文件，则对每次调价文件公布后实施的工程量所涉及的人工费按照以下方式进行调整：

调整后人工费＝投标人已标价工程量清单中的人工费＋相应定额人工费×（投标截止日前28天至工程竣工前某次新的政策性调整文件人工费调整系数－投标截止日前28天最新的政策性调整文件人工费调整系数）

如在投标截止日前28天至工程竣工期间多次发布新的人工费政策性调整文件，则政策性调整后的人工费按施工时间分段进行调整。

14.5.4 材料价格：详见11.1条款。

14.5.5 措施费。

(1) 本工程中的环境保护费、安全施工费、文明施工费及临时设施费结算时按实际完成工程量，根据2015《四川省建设工程工程量清单计价定额》及《四川省建设工程安全文明施工费计价管理办法》等相关配套文件的有关规定进行计算。环境保护费、安全施工费、文明施工费、临时设施费的计算基础（即分部分项清单定额人工费＋单价措施项目定额人工费）以审计单位按照2015《四川省建设工程工程量清单计价定额》《四川省建设工程安全文明施工费计价管理办法》相关规定审定的金额为准。

若投标文件中的定额人工费低于按照2015《四川省建设工程工程量清单计价定额》计算的定额人工费，环境保护费、安全施工费、文明施工费、临时设施费的计算基础以投标文件中定额人工费为准。若投标文件中的定额人工费高于按照2015《四川省建设工程工程量清单计价定额》计算的定额人工费，环境保护费、安全施工费、文明施工费、临时设施费的计算基础以2015《四川省建设工程工程量清单计价定额》计算的定额人工费为准。

本工程全部土石方项目的安全文明施工费、规费在结算时，其定额人工费计算基础按机械施工方式重新计算，具体如下：a. 若中标价中作为取费基数的定额人工费高于2015《四川省建设工程工程量清单计价定额》(A.A土石方工程机械施工方式计算的定额人工费调整)，结算时按2015《四川省建设工程工程量清单计价定额》(A.A土石方工程机械施工方式计算的定额人工费）结算。b. 若中标价中作为取费基数的定额人工费低于2015《四川省建设工程工程量清单计价定额》(A.A土石方工程机械施工方式计算的定额人工费调整)，结算时按中标价的定额人工费结算。c. 其余情况按清单的各分项的项目特征描述执行。

(2) 除安全文明施工费外的其他总价措施费：承包人的投标文件总价措施表中如有未列或未报价的措施项目，发包人将视作其费用已包含在其他的措施项目中，结算时不另行增加费用。总价措施费用包干使用（环境保护费、安全施工费、文明施工费和临时设施费除外)，无论何种情况（包括政策性调整)，结算时不做调整。

(3) 承包人投标文件的单价措施项目中的综合单价不予调整，工程量按实结算；人工费、材料费、机械费的结算方式执行分部分项工程清单人工费、材料费、机械费的结算方式。

14.5.6 规费。

按承包人持有的《四川省施工企业工程规费计取标准》中核定的标准及2015年《四川省建设工程工程量清单计价定额》及相关配套文件有关规定进行结算。其取费基础的定额人工费的规定同环境保护费、安全施工费、文明施工费及临时设施费的规定。

14.5.7 税金：执行增值税税率。

14.5.8 总承包服务费按招标人给定的金额包干使用。

14.5.9 专业工程暂估价应以专业工程发包价为依据取代专业工程暂估价，调整合同金额。

14.5.10 其他处理方式：

（1）承包人在投标时对工程量清单中未填报单价或合价的项目，不属于新增项目或漏项，视为投标漏报项目所涉及的费用已计入其他项目的综合单价内，承包人必须按照发包人派驻的现场工程师或发包人授权的监理工程师指令完成工程量清单中未填入单价或合价的工程项目，不增加计算费用。

（2）招标文件中的清单项目特征的描述，存在对附属相关工作的疏漏或不完整而按设计图纸和施工验收规范属于施工合同承包范围，即是完成合同约定范围的必须工作，则应视为已包含在相应的综合单价内，不属于新增项目或漏项，不增加计算费用。

（3）因承包人原因导致工期延误的，在合同工程原定竣工时间之后，合同价款调增的不予调整，合同价款调减的予以调整。

14. 缺陷责任期与保修

14.1 缺陷责任期

缺陷责任期的具体期限：详见工程质量保修书。

15.2 质量保证金

质量保证金的约定：按工程竣工结算价款的5%扣留。

15.3 保修

15.3.1 保修责任。

工程保修期为：甲乙双方签订工程质量保修书明确约定。

15.3.2 修复通知。

承包人收到保修通知并到达工程现场的合理时间：接到通知的48小时内。

16. 违约

16.1 发包人违约

16.1.1 发包人违约的情形。

发包人违约的其他情形：无。

16.1.2 发包人违约的责任。

发包人违约责任的承担方式和计算方法：

（1）因发包人原因未能在计划开工日期前7天内下达开工通知的违约责任：无。

（2）因发包人原因未能按合同约定支付合同价款的违约责任：无。

（3）发包人违反第10.1款〔变更的范围〕第（2）项约定，自行实施被取消的工作或转由他人实施的违约责任：按通用条款。

（4）发包人提供的材料、工程设备的规格、数量或质量不符合合同约定，或因发包人原因导致交货日期延误或交货地点变更等情况的违约责任：按通用条款。

（5）因发包人违反合同约定造成暂停施工的违约责任：按通用条款。

（6）发包人无正当理由没有在约定期限内发出复工指示，导致承包人无法复工的违约责任：无。

（7）其他：

16.2 承包人违约

16.2.1 承包人违约的情形。

承包人违约的其他情形：按通用条款。

16.2.2 承包人违约的责任。

承包人违约责任的承担方式和计算方法：按通用条款。

16.2.3 因承包人违约解除合同。

关于承包人违约解除合同的特别约定：按通用条款。

发包人继续使用承包人在施工现场的材料、设备、临时工程、承包人文件和由承包人或以其名义编制的其他文件的费用承担方式：按通用条款。

16.2.4 承包人偿付的违约金不足以弥补发包人损失的，还应按发包人损失尚未弥补的部分，支付赔偿金给发包人。

17. 不可抗力

17.1 不可抗力的确认

除通用合同条款约定的不可抗力事件之外，视为不可抗力的其他情形：按通用条款。

17.4 因不可抗力解除合同

合同解除后，发包人应在商定或确定发包人应支付款项后 30 天内完成款项的支付。

18. 保险

18.1 工程保险

关于工程保险的特别约定：本工程投保工程保险。投保工程保险时，险种为：按照通用条款，并符合以下约定：

(1) 投保人：承包人。

(2) 投保内容：建筑工程一切险、安装工程一切险包含的内容。

(3) 保险费率：按国家标准执行。

(4) 保险金额：按国家标准执行。

(5) 保险期限：施工及缺陷责任期内。

(6) 费用由承包人承担。

18.3 其他保险

关于其他保险的约定：按通用条款。

承包人是否应为其施工设备等办理财产保险：按通用条款。

18.7 通知义务

关于变更保险合同时的通知义务的约定：按通用条款。

20. 争议解决

因本合同引起的或与本合同有关的任何争议，合同双方友好协商不成、不愿提请争议组评审或者不愿接受争议评审组意见的，选择下列第 (1) 种方式解决：

(1) 向仲裁委员会申请仲裁；提请遂宁市仲裁委员会按照该会仲裁规则进行仲裁，仲裁裁决是终局的，对合同双方均有约束力。

(2) 向人民法院起诉。

21. 补充条款

21.1 工程人员压证施工

本工程实行项目经理、技术负责人等人员压证施工制度，招标人须在中标人提供投标文件承诺的上述人员的执业资格证书原件后才能签订合同，至合同标段验收合格后才能退还。合同签订之后，应将合同送行政主管部门备案后生效。

21.2 承包人派驻施工现场的项目经理、主要技术负责人与投标文件承诺不符的，视同转包

21.3 民工工资保障措施

如承包人未按时发放民工工资，将由发包人在其工程进度款中扣出予以垫付。农民工工资按成府发〔2010〕168 号及成建价〔2010〕16 号文执行。因承包方原因造成拖欠农民工工资，引起农民工上访、围堵行政机关及项目业主或者其他因工资拖欠引起的过激行为，承包方须一次性支付 10 万元违约金。

21.4 发生工程质量事故的，发包人将根据造成损失的严重程度对承包人进行处罚，具体标准如下

21.4.1 一般质量事故（直接经济损失在 5 000～50 000 元或造成工程永久质量缺陷的）处罚 10 000～100 000 元；

21.4.2 严重质量事故（直接经济损失在 50 000～100 000 元、影响使用功能或工程结构安全）处罚 100 000～200 000 元；

21.4.3 重大质量事故（工程报废、直接经济损失 100 000 元以上、造成人员死亡或重伤 3 人以上）处罚 200 000 元以上。

21.5 本工程实行施工阶段全过程造价控制，在发包人新的全过程控制流程出台以前，执行以下条款

（1）承包人项目班子中必须配备专职注册造价人员，专门负责项目工程造价工作；

（2）发包人和承包人签订合同生效后 30 天内，承包人应向发包人提交清标结果复算的工程造价书，安排专职造价人员与发包人指派的过控单位造价人员进行核对，并在规定的时间内核对完毕；

（3）经过核对后的工程造价作为工程进度支付依据，若承包人没有配合此项工作，在规定时间内未完成此工作，承包人将得不到第一次进度款支付；

（4）施工过程中若发生设计变更、技术核定、现场签证等工作，必须按合同约定条款办理，参照四川职业技术学院办公室关于印发《四川职业技术学院机关基本建设工程管理暂行办法》的通知，办理以上工作的时间应在发生后七天内，并将工程造价编报监理人、过控单位审查，经审查后报发包人审核，以上工作完成后，设计变更金额进入下次工程进度款支付，技术核定、现场签证涉及金额在竣工结算后支付。若未在规定时间内办理完相关手续，该部分工程内容将不在工程竣工时再次办理，并得不到支付；

（5）需发包人进行认质核价材料时，承包人应在实际使用前 14 天提交材料计划及认价申请，发包人将按有关规定进行材料的认价工作，若承包人不能在以上时间前提交材料计划及认价申请而影响了工程进度，发包人不负任何责任，且工期不得延长；

（6）工程竣工验收 60 天内，承包人应将竣工资料整理完毕连同工程竣工结算提交发包人，发包人将在收到承包人提交的完整竣工结算资料后 30 天内安排办理工程竣工结算。

（7）竣工结算审核过程中，承包人应派专人配合审计单位工作。当需要承包人现场配合时，发包人通知后承包人三次以上未到场的，则视为对审计意见无异议。

21.6 发包人将派人参加全过程造价控制，并对施工过程中发生的现场签证、设计变更、索赔等进行审核，并代表发包人对工程结算进行审核

21.7 为切实改善空气质量、优化人居环境，大力加强建设过程文明施工（扬尘整治）行为的监督管理，有效减少建设工地扬尘污染，本项目执行《环境管理体系要求及使用指南》(GB/T 24001—2016)

21.8 总承包服务

总承包服务是指总承包人为配合协调发包人通过公开招标、比选或其他方式进行的工程分包和发包人自行采购的设备、材料等，进行管理、服务以及施工现场管理、竣工资料汇总整理等所提供的服务。总承包人通过自行发包进行的工程分包不收取总承包服务费。总承包服务费由投标人自行考虑，综合报价，金额包干使用。

总承包全面负责组织实施总承包管理，对专业工程提供管理、协调、配合服务，对工程的总工期、总体质量、总造价和交付使用后的保修负责。其主要职责有：

A. 统一对外、统一指挥、统一部署、统一计划、统一管理，负责专业分包工程进度、质量、安全等工作的总协调、指导、监督、管理，对发包人负责，按合同工期、质量标准交付整个工程；

B. 负责施工现场的安全文明施工管理、治安、保卫、保洁、消防，包括洞口的安全防护工作等，施工现场总平由总承包人统一规划、分区管理、各负其责，专业分包单位不得随意变动；

C. 妥善安排专业分包单位合理的运输线路及工作面，处理好因交叉作业可能引起的成品保护问题，确保工程总工期目标的实现；

D. 负责协助专业分包与设计、监理、分包人之间的协调；

E. 负责专业分包工程验收的组织、协调工作；

F. 总承包人经理应根据项目需要，组织召开各种形式的专题会和协调会。

G. 工程技术资料的整理工作按照相关规范和标准，由总承包人负责组织专业分包单位进行技术资料的收集、整理、装订、归档，最后报送有关单位和部门。

21.9 本工程基坑内含有大量可利用的连砂石，所有权归发包人；委托承包单位代为处置连砂石

土石方工程的挖方、外运、弃置清单工程量不扣减连砂石工程量；

工程进度款计量及竣工结算时从承包单位的工程造价中扣除连砂石残值费用。连砂石残值计算方式为以地勘资料、现场收方记录为依据进行计量，单价由施工单位提出申请，发包人、监理人、过控单位现场询价核定，连砂石残值＝工程量×单价。基坑开挖过程中，承包人应及时通知发包人、监理人、过控单位到场收方，并做好收方记录，如因承包人原因导致基坑底标高超挖等情况，将按最不利于承包人的模式计算连砂石工程量。承包人在投标报价时，需综合考虑该因素，进度付款及竣工结算时不得以任何理由拒绝连砂石残值的扣减。

21.10 工程价款的最终结算以国家审计机构的审计确认金额为准

发包人（公章）：	承包人（公章）：
法定代表人：	法定代表人：
委托代理人：	委托代理人：
年　月　日	年　月　日

第四部分　工程质量保修书

发包人（全称）：________________

承包人（全称）：________________

为保证________________建设工程在合理使用期限正常使用，发包人和承包人经协商一致签订工程质量保修书。承包人在质量保修期内按照有关管理规定及双方约定承担工程质量保修责任。

一、工程质量保修范围和内容

质量保修范围按《建设工程质量管理条例》（国务院第 279 号令，2000 年 1 月 30 日发布，2017 年修正）执行。

二、质量保修期

质量保修期自工程竣工验收合格之日起计算。分单项竣工验收的工程，按单项工程分别计算质量保修期。

双方根据国家有关规定，结合具体工程约定质量保修期如下：

1. 电气管线、上下水管线安装工程为 2 年；
2. 室外的上下水和小区道路等市政公用工程为 2 年；
3. 给排水工程为 2 年；
4. 防水工程为 5 年；
5. 工程其他项目为 1 年；
6. 其他约定：签约时另行约定。

三、质量保修责任

1. 属于保修范围和内容的项目，承包人应在接到保修通知之日 24 小时内派人修理。承包人不在约定期限内派人修理，发包人可委托其他人员修理，保修费用从质量保修金内扣除。

2. 发生须紧急抢修事故，承包人接到事故通知后，应立即到达事故现场抢修。非承包人施工质量引起的事故，抢修费用由发包人承担。

3. 在国家规定的工程合理使用期限内，承包人确保路基基础工程的质量。因承包人原因致使工程在合理使用期限内造成人身和财产损害的，承包人应承担损害赔偿责任。

四、质量保修金额

质量保修金额为施工合同结算价款的 5%。

五、质量保修金的返还

质量保修金在缺陷责任期期满 14 个日历天内无息退还。

如尚有遗留工程待承包人完成，则发包人有权扣发一定比例的质量保修金以抵得上遗留工程的费用，直到该遗留工程完成时才予发还。

六、其他

双方约定的其他工程质量保修事项：中标签订合同时另行协商。

本工程质量保修书作为施工合同附件，由施工合同发包人、承包人双方共同签署。

发包人（公章）：	承包人（公章）：
法定代表人：	法定代表人：
委托代理人：	委托代理人：
年　　月　　日	年　　月　　日

【简析】

本例文在现行建设工程施工合同范本的基础上进行了加强约定，施工合同的起草，依据是现行国家法律法规。主要分为协议书、通用条款、专用条款和质量保修书四部分。其中通用条款在起草中可略去。协议书中对主要内容如工程内容、工期要求、合同金额、履约保证等条款必须明确。同时专用条款须根据工程特点及现行建设工程的行业特性，针对有可能出现的合同漏洞，在规范文本的基础上进行加强约定。

第二节　劳务承包合同

一、劳务承包合同的含义

《中华人民共和国建筑法》（以下简称《建筑法》）第二十九条规定："建筑工程总承包单位可以将承包工程中的部分工程发包给具有相应资质条件的分包单位。"劳务作业分包，是指施工总承包企业或者专业承包企业（以下简称工程承包人）将其承包工程中的劳务作业发包给具有相应资质的劳务分包企业（以下简称劳务分包人）完成的活动。

二、劳务承包合同的性质与作用

在建设过程中，施工单位和有资质的劳务承包企业在《建筑法》《中华人民共和国合同法》（以下简称《合同法》）《中华人民共和国劳动法》（以下简称《劳动法》）等法规的前提条件下签订承包合同，把总包工程中全部或部分分项工程的劳务工作转包给劳务公司。通过劳务承包合同的签订，使得总包单位对劳务公司的管理和调配得到了法律约束，同时，也反过来制约总包单位对劳务承包单位及劳务工作个体的服务和责任。

其中，劳务承包合同和劳务合同的区别在于：劳务承包合同是总包或分包的施工单位与劳务公司签订的劳务转包合同；劳务合同是指个体作业人员与劳务公司或施工企业签订的用人合同。

三、劳务承包合同的种类

（一）按分项工程性质分

根据单位工程中不同的分部分项工程所使用的技术班组不同，合同类别分为：钢筋工程劳务承包合同、泥工班组劳务承包合同、混凝土工程劳务承包合同、模板工程劳务承包合同、安全脚手架工程劳务承包合同等。

（二）按承包方式分

根据承包方式可分为清包工和大包工两种。

1. 清包工

劳务承包公司或承包队伍，只承担分包工程中的劳务工作和工程中的辅助材料及小型工具。生产过程中所需的大型机械设备、主要材料由发包方负责提供。

2. 大包工

劳务承包公司或承包队伍不但承担包工程中的劳务工作，同时，还承担施工过程中所需要的常规大型施工机械、辅材或部分主体材料。如承担塔吊、钢筋加工机械、模板等。

四、劳务承包合同的写作及要求

（一）劳务承包合同的组成结构

1. 基本条款部分

（1）承包方资质情况。包括承包方资质等级、资质证书号码、资质年限。

（2）工程概况。包括工程地点、名称，承包内容范围及数量。

（3）分包工期及质量标准。

（4）合同文件及解释顺序。

组成本合同的文件及优先解释顺序如下：

①劳务承包合同。

②合同附件。

③本工程施工总承包合同或本工程施工专业承（分）包合同。

（5）分包方式及劳务报酬。

（6）图纸要求。约定甲方向乙方提供图纸的时间和份数。

2. 专用条款部分

（1）甲乙双方义务规定。

（2）劳务结算依据和方法。

（3）拨款方式。

（4）甲乙双方安全责任义务及工程事故处理方法及程序。

（二）劳务承包合同的写作要求

劳务承包合同的写作应满足如下要求：

（1）明确工程承包内容及范围。

（2）明确承包方式、施工机械、主、辅材料提供方式。

（3）明确劳务内容双方结算依据及方法。

如：钢筋工程结算依据可按图示工程量＋变更工程量以××元/吨计算，也可以按建筑面积××元/m^2计算；模板工程可按图示构件模板接触面积计算，也可按建筑面积××元/m^2计算。

（4）明确付款方式及日期。

（5）明确双方权利与义务。

（6）明确安全责任事故划分依据，及事故处理程序、解决办法。

五、案例分析

【例文】

劳务分包合同示范文本

（适用范围：用于合法劳务分包）

编号：

工程承包人：____________________（以下简称甲方）

劳务分包人：____________________（以下简称乙方）

鉴于甲方与建设单位已经签署____________________________工程施工总（分）包合同，乙方愿以自身施工能力提供劳务配合。为此，双方依据《中华人民共和国合同法》《中华人民共和国建筑法》及其他有关法律、行政法规，遵循平等、自愿、公平和诚实守信原则，经过充分协商，就____________________________工程项目的劳务分包事项订立本合同，以资双方共同遵守。

1. 乙方资质情况

资质证书号码：____

发证机关：____

资质专业及等级：____

复审时间及有效期：____

2. 劳务分包工作对象及提供劳务内容

工程名称：____

工程地点：____

分包范围：____

提供分包劳务内容及数量见附件1。

甲方有权视乙方完成工程进度和质量状况对分包范围内的劳务内容和数量进行调整，乙方表示认同和服从，调整通知书提前____天送达。

3. 分包工作期限

开始工作日期：______________年______月______日

结束工作日期：______________年______月______日

总日历工作天数为：__________天；

若开工时间提前或延迟，甲方将视施工现场开工条件以书面形式通知乙方。

4. 质量标准

工程质量：按甲方与业主签订的建设工程施工合同总（分）包合同有关质量的约定、国家和行业现行的验收规范和质量评定标准，本工作必须达到质量评定________等级。

5. 合同文件及解释顺序

组成本合同的文件及优先解释顺序如下：

（1）本合同。

（2）本合同附件。

（3）本工程施工总承包合同。

(4) 本工程施工专业承（分）包合同。

6. 标准规范

除本工程总（分）包合同另有约定外，本合同适用标准规范如下：

(1) ____________________

(2) ____________________

7. 总（分）包合同

7.1 甲方应提供总（分）包合同（有关承包工程的价格细节除外），供乙方查阅。当乙方要求时，甲方应向乙方提供一份总包合同或专业分包合同（有关承包工程的价格细节除外）的副本或复印件。

7.2 乙方应全面了解、熟悉和遵守总（分）包合同的各项规定（有关承包工程的价格细节除外）。

8. 劳务分包方式：

在甲方组织、安排和指挥下，乙方提供满足甲方要求能够保证工程质量、工作要求的劳务人员以及必需的机具设备，遵守和服从甲方的管理及施工规范，实施本合同项下的劳务项目，甲方按照乙方所完成的工作任务支付劳务报酬。

9. 劳务报酬

9.1 劳务报酬采取以工作成果的综合劳务单价计价，按确认的工程量计算，即劳务报酬＝工程量×综合劳务单价，综合劳务单价见附件2。

9.2 综合劳务单价包括乙方发生的各项施工成本、税费、管理费及其他费用，含劳务人员基本工资，医疗、工伤、养老等社会统筹保险，劳动保护，等等。

9.3 乙方已充分考虑到甲方因供应材料、设备以及履行的各项职责和承担的经济法律责任，也充分考虑到因市场变化可能发生的各种涨价因素，承诺本工程劳务报酬，均为一次包死，不作任何调整。

9.4 因变更设计或其他原因增减的工作项目和数量比照附件2双方确认的综合劳务单价办理，表内没有的项目，参照甲方中标确定的降价幅度决定单价。

10. 图纸

甲方应在劳务分包工作开工______天前，向乙方提供图纸____套，以及与本合同工作有关的标准图____套。

11. 项目经理

11.1 甲方委派的担任驻工地履行本合同的项目经理为__________，职务：________，职称：__________。

11.2 乙方委派的担任驻工地履行本合同的项目经理为 ________，职务：________ 职称：__________。

12. 甲方的义务

12.1 组建与工程相适应的项目管理班子，全面履行总（分）包合同，组织实施施工管理的各项工作，对工程的工期和质量向发包人负责。

12.2 负责编制施工组织设计，统一制定各项管理目标，组织编制年、季、月施工计划，实施对工程质量、工期、安全生产、文明施工，环境保护、职业健康安全的控制、监督、检查和验收。

12.3 负责工程技术交底，组织图纸会审，统一安排技术档案资料的收集整理及交工验收。

12.4 审核乙方劳务人员工作技能和岗位证书及其他劳务手续，对不符合条件者有权要求乙方更换。

12.5 督促乙方建立符合质量、环境、职业健康安全标准的管理体系。

12.6 按时提供图纸，及时交付应供材料、设备，所提供的施工机械设备、周转材料、安全设施保证施工需要。

12.7 按本合同约定，向乙方支付劳动报酬。

12.8 负责与发包人、监理、设计及有关部门联系，协调现场工作关系。

13. 乙方的义务

13.1 对本合同劳务分包范围内的工程质量向甲方负责，组织能够满足施工要求的具有相应资格证书的熟练工人以及必要的材料机具设备实施工程项目；未经甲方授权或允许，不得擅自与发包人及有关部门建立工作联系。

13.2 根据施工组织进度计划的要求，每月底前____天提交下月施工计划，必要时按甲方要求提交旬、周施工计划，以及为完成施工计划相应的劳动力安排计划，经甲方批准后严格实施。

13.3 严格按照设计图纸、施工验收规范、有关技术要求及施工组织设计，精心组织施工，确保工程质量达到约定的标准；投入足够的人力、物力，保证工期；加强安全教育，认真执行安全技术规范，严格遵守安全制度，落实安全措施，确保施工安全；加强现场管理，严格执行建设主管部门及环保、消防、环卫等有关部门对施工现场的管理规定，做到文明施工；承担由于自身责任造成的质量修改、返工、工期拖延、安全事故、现场脏乱造成的损失及各种罚款。

13.4 自觉接受甲方及有关部门的管理、监督和检查；接受甲方随时检查其设备、材料保管、使用情况，及其操作人员的有效证件、持证上岗情况。

13.5 加强对其施工人员进行遵纪守法和安全生产、爱护财产的教育，指定专人负责现场保卫工作，防止偷窃、转移、挪用现场用料及工具设备事件的发生。

13.6 建立与甲方质量、环境、职业健康安全的目标、方针相适应的规章制度和管理体系。

13.7 按时提交报表、完整的原始技术经济资料，配合甲方办理交工验收。

13.8 做好施工场地周围建筑物、构筑物和地下管线和已完工程部分的成品保护工作，因乙方责任发生损坏，乙方自行承担由此引起的一切经济损失及各种罚款。

13.9 妥善保管、合理使用甲方提供或租赁给乙方使用的机具、周转材料及其他设施；工程完工后负责清理施工现场。

13.10 应当对其作业内容的实施、完工负责，承担并履行总（分）包合同约定的、与劳务作业有关的所有义务及工作程序。

14. 安全施工与检查

14.1 乙方应遵守工程建设安全生产有关管理规定，建立完备的安全生产制度，对其工作人员进行经常性的安全教育，严格按安全标准、操作规程组织施工，并随时接受行业安全检查人员依法实施的监督检查，采取必要的安全防护措施，消除事故隐患。由于乙方安全措施不力或因自身原因造成事故的责任和因此而发生的费用，由乙方承担。

14.2 甲方应对其在施工场地的工作人员进行安全教育，并对他们的安全负责。甲方不得要求乙方违反安全管理的规定进行施工。因甲方原因导致的安全事故，由甲方承担相应的责任及发生的费用。

15. 安全防护

15.1 乙方在动力设备、输电线路、地下管道、密封防震车间、易燃易爆地段以及临街交通要道附近施工时，施工开始前应向甲方提出安全防护措施，经甲方认可后实施，防护措施费用由甲方承担。

15.2 实施爆破作业，或在放射、毒害性环境中工作（含储存、运输、使用）及使用毒害性、腐蚀性物品施工时，乙方应在施工前10天以书面形式通知甲方，并提出相应的安全防护措施，经甲方认可后实施，由甲方承担安全防护措施费用。

15.3 乙方在施工现场内使用的安全保护用品（如安全帽、安全带及其他保护用品），由乙方提供使用计划，经甲方批准后，由甲方负责供应，费用由乙方承担。

16. 事故处理

16.1 发生重大伤亡及其他安全事故，乙方应按有关规定立即上报有关部门并报告甲方，同时按国家有关法律、行政法规对事故进行处理。

16.2 乙方和甲方对事故责任有争议时，应按相关规定处理。

17. 保险

17.1 运至施工场地用于劳务施工的材料和待安装设备，由甲方办理或获得保险，且不需乙方支付保险费用。

17.2 甲方必须为租赁或提供给乙方使用的施工机械设备办理保险，并支付保险费用。甲方自行投保的范围（内容）为：______________________________。

17.3 乙方必须为从事危险作业的职工办理意外伤害保险，并为施工场地内自有人员生命财产和施工机械设备办理保险，支付保险费用。乙方认可，甲方支付的合同价款中已经包含了各项保险费用，并授权甲方代扣代缴其承担的保险费用。

乙方自行投保的范围（内容）：______________________________

17.4 保险事故发生时，乙方和甲方有责任采取必要的措施，防止或减少损失。

18. 材料、设备供应

18.1 本工程所需材料，均由甲方根据乙方担负劳务项目的工程量，按照国家有关材料消耗定额标准限额供应；甲方可以委托乙方采购除主材外的辅料及低值易耗性材料，委托采购部分材料甲方应在附件3中列明材料名称、规格、数量、质量或其他要求。委托采购的费用，由乙方凭采购凭证向甲方报销。

18.2 乙方应在接到图纸后__________天内，向甲方提交材料、设备、构配件供应计划；经确认后，甲方应按供应计划（见附件4）要求的质量、品种、规格、型号、数量和供应时间等组织货源并及时交付；需要乙方运输、卸车的，乙方必须及时进行，费用另行约定。如质量、品种、规格、型号不符合要求，乙方应在验收时提出，甲方负责处理。

18.3 乙方必须严格按照定额消耗量使用甲方所供材料，妥善保管甲方供应的材料、设备，严禁偷工减料；因保管不善发生丢失、损坏，乙方应赔偿，并承担因此造成的工期延误等发生的一切经济损失。

18.4　乙方必须真实、客观记录日、月、季的材料消耗量，不得虚假编造。

18.5　乙方超出消耗限额或挪用、转让、变卖施工用料所增加的费用和成本（按市场价格计取）均由乙方自行承担。

19. 料具设备、运输工具使用

19.1　乙方应当组织投入施工所需的料具设备和运输工具，满足施工进度计划要求。乙方投入的料具设备和运输工具见附件5。

19.2　乙方所提供料具设备和运输工具的使用、购买、租赁、运输、装卸、安装、调试等涉及的费用在确定本合同的价款时已考虑，乙方不再另行向甲方计取。

19.3　乙方所提供的料具设备和运输工具由乙方看护、管理，发生丢失、损坏与甲方无关。

19.4　乙方若料具设备和运输工具不能保证施工需要，可由甲方负责提供并与甲方另行订立租赁合同，或由第三方出租。

19.5　对甲方提供给乙方使用的料具设备和运输工具，乙方应认真保管爱护，如有丢失、被盗、损坏，乙方负责赔偿或修复。

20. 质量保证

20.1　甲方应当根据建设工程质量规范和施组要求，行使技术、质量监督管理职权。

20.2　乙方应当按照国家标准、技术规范及设计施工图纸要求，在甲方技术、管理人员统一管理下，精心组织施工。

20.3　乙方不按设计文件和施工规范组织施工或偷工减料或使用不合格的材料或不服从甲方管理、不听从甲方指挥造成工程质量瑕疵的，由乙方负责返工修理、重做或采取补救措施，并承担由此而发生的全部费用。若因此而延误工期则应承担相应的违约责任并赔偿甲方的全部损失。

21. 施工变更

21.1　施工中如发生对原工作内容进行变更，甲方应提前＿＿＿＿＿天以书面形式通知乙方，并提供变更的相应图纸和说明。乙方应按照甲方发出的变更通知及有关要求进行变更；

21.2　因变更导致劳务报酬的增加，由甲方承担，延误的工期相应顺延；因变更减少工程量，劳务报酬应相应减少，工期相应调整。

21.3　施工中乙方不得对原工程设计进行变更。因乙方擅自变更设计发生的费用和由此导致甲方的直接损失，由乙方承担，延误的工期不予顺延。

21.4　因乙方自身原因导致的工程变更，乙方无权要求追加劳务报酬。

22. 施工验收

22.1　乙方应确保所完成施工的质量，符合本合同约定的质量标准。乙方分部单项工程施工完毕，应向甲方提交完工报告，通知甲方验收；甲方应当在收到乙方的上述报告后＿＿＿天内对乙方施工成果进行验收，验收合格或者甲方在上述期限内未组织验收的，视为乙方已经完成了本合同约定工作。但发包人对隐蔽工程验收结果或工程竣工验收结果表明乙方施工质量不合格时，乙方应负责无偿修复，工期不予延长，并承担由此导致的甲方的相关损失。

22.2　全部工程竣工（包括乙方完成工作在内）一经发包人验收合格，乙方对其分包的劳务作业的施工质量不再承担责任，在质量保修期内的质量保修责任由甲方承担。

23. 施工配合

23.1 乙方应配合甲方对其工作进行的初步验收，以及甲方按发包人要求进行的涉及乙方工作内容、施工场地的检查、隐蔽工程验收及工程竣工验收；甲方或施工场地内第三方的工作必须由乙方配合时，乙方应按甲方的指令予以配合。

23.2 乙方按约定完成劳务作业，必须由甲方或施工场地内的第三方进行配合时，甲方应配合乙方工作或确保乙方获得该第三方的配合。

24. 工程量的确认

乙方应提前____________天将当月已经完成的工程量报甲方，由甲方组织人员进行确认。对乙方未经甲方认可，超出设计图纸范围和因乙方原因造成返工的工程量，甲方不予计量。

25. 劳务报酬的支付

25.1 甲方依据乙方完成的符合工程质量要求的工作数量及相应的劳务综合单价计算乙方的劳务费，并按月结算。

25.2 乙方最迟应在每月______日前，编制整理已完工部分的劳务工作数量、材料消耗量等各项资料，呈报甲方予以审核。甲方在收到完备资料后____日内进行验收并签署意见，以此作为劳务价款结算依据。

25.3 甲方按照经审核签认的结算依据，在发包单位向甲方支付当期计量款后的____日内向乙方支付。

25.4 全部工作完成，经发包人认可后______天内，乙方向甲方递交完整的结算资料，双方按照本合同约定的计价方式，进行劳务报酬的最终结算。

25.5 甲方收到乙方递交的结算资料后____天内进行核实，给予确认或者提出修改意见。由甲方予以确认结算资料，在发包单位支付完毕甲方工程款的______天内由甲方依据结算资料向乙方支付劳务报酬尾款。

25.6 乙方和甲方对劳务报酬结算价款发生争议时，按本合同关于争议的约定处理。

26. 清算

26.1 乙方在完成劳务项目后的____日，双方应当就乙方完成工作的范围、内容、数量，依据本合同所确定的条款订立《清算协议》。

26.2《清算协议》内容至少应包括：乙方完成的全部工作项目和内容；乙方应得的劳务价款；甲方支付的劳务款（包括应当支付、已经支付和尚未支付）及应当扣除的其他款项；结清双方债权债务措施和期限以及应当约定的其他内容。同时，乙方应提供与施工相关的债务已清理完毕，农民工工资已全部支付的证明；若有拖欠乙方同意从履约保证金或劳务报酬尾款中扣除。

26.3《清算协议》订立之日起____天内，甲方应对乙方执行本合同条款进行考核，若未出现履约瑕疵，甲方应将履约保证金（不计利息）退还乙方。反之，甲方有权依据本合同进行处置。

27. 合同变更、解除

27.1 具有下列情形之一的，甲方或乙方可以变更或解除本合同：

(1) 双方协商一致同意变更或解除合同的。

(2) 因不可抗力情况的发生致使合同目的不能实现的。

(3) 合同订立的依据、条件及客观情况发生重大变化的。

27.2 有下列情形之一的，甲方有权解除合同：

(1) 乙方擅自转包或分包本合同项下的劳务项目的。

(2) 乙方私自变卖、转让、窃取、挪用甲方供应的材料，经处理后仍未杜绝的。

(3) 乙方偷工减料或违规操作或不服甲方管理造成工程质量、安全事故给甲方信誉造成不好影响的。

(4) 乙方施工进度滞后，连续______个月或累计______天，不能按期完成施工组织计划的。

27.3 具有下列情形之一的，乙方有权解除合同：

(1) 甲方未按约定支付劳务报酬的。

(2) 甲方未按工程进度供应施工材料。

27.4 任何一方变更或解除本合同，应当以书面形式向对方发出通知。对通知内容有争议的，按本合同第29条有关争议的约定处理。

27.5 合同解除后，乙方应妥善做好已完工程和剩余材料、设备的保护和移交工作，按甲方要求撤出施工场地。甲方应为乙方撤出提供必要条件，支付以上所发生的费用，并按合同约定支付已完工作劳务报酬。有过错的一方应当赔偿因合同解除给对方造成的损失。合同解除后，不影响双方在合同中约定的结算和清理条款的效力。

28. 违约责任

28.1 当发生下列情况之一时，甲方应承担违约责任：

(1) 甲方违反本合同第25条的约定，不按时向乙方支付劳务报酬。

(2) 甲方不履行或不按约定履行合同义务的其他情况。

28.2 甲方不按约定核实乙方完成的工程量或不按约定支付劳务报酬或劳务报酬尾款时，应按同期银行贷款利率向乙方支付拖欠劳务报酬的利息，并按拖欠金额向乙方支付每日____‰的违约金。

28.3 甲方不履行或不按约定履行合同的其他义务时，应向乙方支付____________元的违约金，并赔偿因其违约给乙方造成的经济损失，顺延被延误的工作时间。

28.4 当发生下列情况之一时，乙方应承担违约责任：

(1) 乙方因自身原因延期交工的，每延误一日，应向甲方支付____________元的违约金。

(2) 乙方施工质量不符合本合同约定的质量标准，除应进行整改使之符合质量标准外，还应向甲方支付____________元的违约金。

(3) 乙方不履行或不按约定履行合同的其他义务时，应向甲方支付______________违约金______________元并赔偿因其违约给甲方造成的经济损失，延误的工作时间不予顺延。

28.5 一方违约后，另一方要求违约方继续履行合同时，违约方承担上述违约责任后仍应继续履行合同。

29. 争议解决

29.1 合同执行过程中，如发生争议，双方应本着诚实信用和公平合理的原则及时协商、调解解决。协商、调解不成的，双方约定采用下列两种方式之一解决争议：

(1) 向____________仲裁委员会申请仲裁。

(2) 向____________人民法院起诉。

29.2 发生争议后，除非出现下列情况，双方都应继续履行合同，保持工作连续，保护好已完工作成果：

(1) 单方违约导致合同确已无法履行，双方协议终止合同。

(2) 调解要求停止合同工作，且为双方接受。

(3) 仲裁机构要求停止合同工作。

(4) 法院要求停止合同工作。

30. 禁止转包或再分包

乙方不得将本合同项下的劳务作业转包或再分包给他人。否则，乙方将依法承担责任。

31. 不可抗力

31.1 本合同中不可抗力的定义与总包合同中的定义相同。

31.2 不可抗力事件发生后，乙方应立即通知甲方项目经理，并在力所能及的条件下迅速采取措施，尽力减少损失，甲方应协助乙方采取措施。甲方项目经理认为乙方应当暂停工作时，乙方应暂停工作。不可抗力事件结束后48小时内乙方向甲方项目经理通报受害情况和损失情况，及预计清理和修复的费用。不可抗力事件持续发生，乙方应每隔7天向甲方项目经理通报一次受害情况。不可抗力结束后14天内，乙方应向甲方项目经理提交清理和修复费用的正式报告和有关资料。

31.3 因不可抗力事件导致的费用和延误的工作时间由双方按以下办法分别承担：

(1) 工程本身的损害、因工程损害导致的第三方人员伤亡和财产损失由甲方承担；

(2) 甲方和乙方的人员伤亡由其所在单位负责，并承担相应费用。

(3) 乙方自有机械设备和甲方租赁给乙方使用的机械设备损坏及停工损失，由乙方自行承担。

(4) 停工期间，乙方应甲方要求留在施工场地的必要管理人员及保卫人员的费用由甲方承担。

(5) 工程所需清理、修复费用，由甲方承担。

(6) 延误的工作时间相应顺延。

31.4 因合同一方延迟履行合同后发生不可抗力的，不能免除延迟履行方的相应责任。

32. 文物和地下障碍物

32.1 在劳务作业中发现古墓、古建筑遗址等文物和化石或其他有考古、地质研究价值的物品时，乙方应立即保护好现场并于4小时内以书面形式通知甲方项目经理，甲方项目经理应于收到书面通知后24小时内报告当地文物管理部门，甲方和乙方按文物管理部门的要求采取妥善保护措施。甲方承担由此发生的费用，顺延合同工作时间。如乙方发现后隐瞒不报或哄抢文物，致使文物遭受破坏，责任者依法承担相应责任。

32.2 劳务作业中发现影响工作的地下障碍物时，乙方应于8小时内以书面形式通知甲方项目经理，同时提出处置方案，甲方项目经理收到处置方案后24小时内予以认可或提出修正方案，甲方承担由此发生的费用，顺延合同工作时间。所发现的地下障碍物有归属单位时，甲方应报请有关部门协同处置。

33. 合同终止

双方履行完合同全部义务，乙方向甲方交付劳务作业成果，并经甲方验收合格；甲方向乙方支付完毕劳务报酬价款；本合同即告终止。

34. 其他

34.1 履约保证金

(1) 在本合同签订后____日内，乙方同意向甲方一次性缴纳______元人民币作为履行本合同保证金，或由甲方在第一次向乙方支付的计量款中全额扣除；

(2) 乙方若违反本合同约定，则按本合同第 29 条规定向甲方支付违约金或赔偿损失。据此，甲方有权直接从履约保证金中相应扣除，不足部分乙方须用其他财产另行补足；

(3) 工程竣工验收合格后，乙方没有违反本合同约定，甲方应在支付最后劳务报酬尾款时一并退还给乙方。

34.2 环保

乙方在提供劳务的过程中，应当按照甲方对作业面环境保护的管理规定，制定防护方案，采取防护措施，切实保护好施工现场环境和驻地周边环境，避免和减少由于施工方法不当或保护措施不力而引起的对环境的污染和破坏。

若因管理不当或措施不力造成对环境的污染、破坏，其后果由责任方负责并承担相应费用。

34.3 纳税

乙方通过其提供的劳务所获取的劳务报酬应缴纳的全部税费，均由乙方自行承担，并由甲方代扣代缴，完税后甲方应提供缴讫凭证复印件给乙方。

35. 生效与终止

本合同自双方签字盖章之日起生效，至乙方完成工作并验收合格、甲方支付完毕劳务价款后自行终止。

36. 附则

36.1 本合同未尽事宜，甲、乙双方可根据具体情况另行协商作出补充规定，补充规定与本合同具有同等效力。

36.2 本合同正本两份，具有同等效力，由甲方和乙方各执一份；本合同副本______份，甲方执______份，乙方执______份。

附件 1：分包劳务内容、数量一览表

附件 2：综合劳务单价一览表

附件 3：甲方委托采购部分材料一览表

附件 4：甲方供应材料、设备、构配件计划一览表

附件 5：乙方自备料具、设备、运输工具一览表

甲方：（公章）	乙方：（公章）
住　　所：____________	住　　所：____________
法定代表人：____________	法定代表人：____________
委托代理人：____________	委托代理人：____________
开户银行：____________	开户银行：____________
账　　号：____________	账　　号：____________
邮政编码：____________	邮政编码：____________
年　月　日	年　月　日

附件1：

分包劳务内容、数量一览表

序号	工程名称	劳务内容	数量	单位	开工日期	竣工日期
合计						

甲方：（盖章）　　　　　　　　　　　　经办人：

乙方：（盖章）　　　　　　　　　　　　经办人：

年　月　日制

附件2：

综合劳务单价一览表

序号	工程项目	劳务内容	数量	综合劳务单价/元	综合劳务合价/元
合计					

甲方：（盖章）　　　　　　　　　　　　经办人：

乙方：（盖章）　　　　　　　　　　　　经办人：

年　月　日制

附件3：

甲方委托采购部分材料一览表

序号	品种	规格型号	单位	数量	单价	质量等级	备注

甲方：（盖章）　　　　　　　　　　　　　　　经办人：

乙方：（盖章）　　　　　　　　　　　　　　　经办人：

年　月　日制

附件4：

甲方供应材料、设备、构配件计划一览表

序号	品种	规格型号	单位	数量	单价	质量等级	供应时间	送达地点	备注

甲方：（盖章）　　　　　　　　　　　　　　　经办人：

乙方：（盖章）　　　　　　　　　　　　　　　经办人：

年　月　日制

附件 5：

乙方自备料具、设备、运输工具一览表

序号	品种	规格型号	单位	数量	到达时间	送达地点	备注

甲方：（盖章）　　　　　　　　　　经办人：

乙方：（盖章）　　　　　　　　　　经办人：

年　月　日制

【简析】

本范例是劳务分包合同的通用范本，针对不同的劳务分包，如钢筋工程、模板工程、砖砌体工程等，在写作时应考虑相应的工程特点、质量要求、验收要求、承包方式、机械设备的约定，特别是工程款结算的依据、方法和要求必须明确，同时还应考虑相应的安全文明管理措施等，在分包合同写作时都应作出详尽的描述。

第三节　物资采购合同

物资采购合同主要可分为材料采购合同和设备采购合同。此两类合同在含义和写作格式上没有区别。

一、物资采购合同的含义

物资采购合同是指平等主体的自然人、法人、其他组织之间，以工程项目所需材料为标的、以材料及设备买卖为目的，出卖人（简称卖方）转移材料或设备的所有权于买受人（简称买方），买受人支付材料或设备价款的合同。

物资材料采购合同是商务性的契约文书，其内容条款一般应包括：卖方与买方的全名、法人代表，以及双方通信联系的电话、电报、电传等；采购货品的名称、型号和规格，以及采购的数量、价格和交货期，交付方式和交货地点，质量要求和验收方法，以及不合格品的处理；当另订有质量协议时，则在采购合同中写明见质量协议、违约责任等。

二、物资采购合同的性质与作用

1. 物资采购合同的性质

物资采购合同是卖方与买方经过双方谈判协商一致同意而签订的“供需关系”的法律性文书。

2. 物资采购合同的作用

随着目前建筑市场法律体系的逐步完善、各种合同标准文本的推广使用，以及施工企业内部印章管理、合同会签、合同交底等制度的建立和完善，施工企业的合同管理工作在预防和减少纠纷产生、降低经营风险和成本、促进企业健康发展上发挥着越来越大的作用。施工企业只有遵循合同的约定，正确履行合同义务，并通过自身合同管理水平的不断提高，才能圆满实现预期的管理目标。约束合同双方都遵守和履行合同内容，并且是双方联系的基础。签订合同的双方都有各自的经济目的，物资采购合同是经济合同，双方受经济合同法的保护并承担责任。

三、物资采购合同的种类

一般根据物资采购内容，可分为建筑材料采购合同、装修材料采购合同和水电材料采购合同等。

四、物资采购合同的写作格式与方法

在写作物资采购合同时，一般需按照建筑行业关于该类合同的要求撰写，其有一般格式。下面以建筑材料采购合同的格式为例介绍这类合同的写作方法与条款释义。

××公司建筑材料采购合同

为了增强甲乙双方的责任感，加强经济核算，提高经济效益，确保双方实现各自的经济目的，根据《中华人民共和国合同法》及其他有关法律、法规的规定，买卖双方在平等、自愿、公平、诚实信用的基础上，经甲乙双方充分协商，就材料买卖事宜达成如下协议，特订立本合同，以便共同遵守。

第1条　定义

1.1　甲方：材料采购方。

1.2　乙方：材料提供方。

1.3　货物：指本合同所述的设备、产品或材料。

1.4　规格：指本合同中指定的货物所应具有的技术参数。

1.5　合同：指甲乙双方签署的采购合同连同任何附件或补充合同。

1.6　投标函：指由乙方填写并签字盖章的向甲方提供的货物报价。

1.7　投标书：指投标函和合同中规定的乙方应随投标函一起提交的所有其他文件。

1.8　货款：在货物交付并安装验收合格之后，甲方按合同规定应支付的款项（扣除保修金）。

1.9　天：除合同中特别注明外，均指日历天。时限的最后一天的截止时间为当日24时。

第 2 条　合同文件

2.1　合同文件组成及解释顺序

合同文件应能互相解释，互为说明、补充，合同履行过程中，甲乙双方有关供货的通知、计划、洽商、变更等书面协议或文件应视为本合同的组成部分。包括“同意（商定）”“达成（取得）一致”或“协议”等词的各项规定都要用书面记录。“书面”系指手写、打字或印刷，并形成永久性记录。

2.2　法律要求

本合同文件适用中华人民共和国的法律、法规和对本工程有管辖权的各级政府颁布的行政法规，以及地方政府所属部门或授权机构发布的规定。

乙方保证会遵守国家和当地法律法规，并承诺完全弥补甲方因乙方违反本条款令甲方蒙受的一切损失。

第 3 条　单价与数量

3.1　单价

除非另有说明，任何货物的单价或整项费用均为包干性质，即已包括样板试制、样品、生产、安装、运输、卸车、保险、货物检验试验（调试）、经销、商检、关税、国家及地方税费、企业经营管理费、利润、土建配合费及其他可能发生的所有费用。如在供货、安装期内，发生预期的市场价格涨跌、汇率变动、国家或地方政策改变，单价一律不予调整。

3.2　供货、安装数量

（1）本合同内的货物数量为暂定，在甲方确认供货完成后，按乙方实际供货数量并经甲方确认后结算。

（2）乙方在生产之前或在供货总量达到合同暂定数量的 85％时，应向甲方详细了解实际需求量，否则因此造成的乙方无法按期供货或乙方货物积压，由乙方承担所有责任。

3.3　结算数量

结算数量以甲方和乙方签字的接收调料单为准，任何在生产、加工、运输、装卸过程中发生的损耗数量及货物自然损耗数量均不计入结算数量。

3.4　计量单位

（1）以个或套为单位计量的货物，其单价应与“个”或“套”对应；数量按自然个数或套数计算；每一个或套货物应包括其自然所需的或其使用功能所必需的配件、备用零件以及辅助材料。

（2）以平方米、米所计量的货物，其单价应与“平方米”“米”对应；数量按货物实际净尺寸而不按其标称尺寸计算。

（3）以公斤或吨为单位计量的货物，其单价应与“公斤”“吨”对应；数量按其物理形状及重量特征计算其理论重量。如需通过称量确定其重量，由双方在签订合同之前约定。

第 4 条　材料质量要求

4.1　品质要求

本合同所采购货物应该：

（1）与本合同所规定的数量、质量和要求完全相符。

（2）用材精良、做工讲究、全新货物。

（3）与甲方提供或确认的样品、样板、规格一致。

(4) 能达到本合同所特定说明的性能标准。

(5) 满足合同明确规定或默示该货物应符合使用之目的。

(6) 符合合同指定的试验要求，乙方需负责一切试验费用。

(7) 按本合同供应的货物的设计、结构和质量各方面除必须符合合同的品质等要求外，还必须同时符合国家、当地或行业的所有法规、条例、规范或标准的要求。

如果法规、规范、标准、甲方或乙方提供的资料以及样板之间存在差异，不论合同条款如何规定，甲方均有权指示乙方无条件执行较高标准，且无须为此支付任何额外的费用。

4.2 质量等级

如果乙方提供的货物存在若干的质量等级，则乙方应主动在投标文件中特别注明或书面说明，同时还需要说明该等级在同种或同类产品质量等级序列中所处的级别。乙方于投标时未说明货物质量等级的，则甲方有权认定货物质量等级为乙方生产的同种或同类产品质量等级中最高级别。

4.3 技术参数

乙方应在投标时对其所提供的货物提供详细的技术参数说明，明确指出货物的适用范围以及局限性。如果因乙方所提供货物的某一项或某几项技术参数不能满足甲方的要求而影响甲方对该货物的使用，而乙方又未作出特别说明的，则无论甲方是否在招标文件、图纸中提出明确要求，乙方都必须无条件进行补救，并赔偿甲方因此造成的全部损失。

第 5 条 付款方式

5.1 分批付款

乙方在交货地点将货物交给甲方，经双方验收合格后，乙方即可按甲方规定的格式向甲方提交《物资付款申请书》(一式两份)，详细说明乙方认为其应得到的款项，并附上相关的收/调料单原件送货单及正版商业发票，并加盖公司印章。

5.2 保修金的支付

在保修期满之后 180 天内，乙方向甲方书面提出保修金结算申请，甲方如对货物质量无异议，应在接到申请后尽快向乙方支付保修金，保修金不计利息。如乙方在此期限内未提出保修金结算申请，则视作乙方已自动放弃保修金，甲方有权不向乙方支付保修金。

保修金的支付并不表示乙方保修责任的结束，乙方仍应尽最大努力完成修补缺陷或损害所需要的所有工作。

第 6 条 包装与运输

6.1 包装要求

货物应包装牢固，按货物的特点采取防潮、防震、防锈等措施，在正常运输情况下运抵目的地时应完好无损，并按合同规定或双方随后的协议，由乙方运抵交货地点交货。由于包装不良所发生的损失，由乙方负责。

每件货物的包装外表以不褪色的颜料印明件号、毛重、尺码以及“勿近潮湿”“小心轻放”“向上”等标志。

6.2 运输方式

如无特别说明，运输方式由乙方确定。甲方不保证交货地点出入口位置与乙方踏勘工地时一致。

6.3 转运中的损失或丢失

第7条 材料送达

7.1 文件要求

乙方将材料运到工地后，乙方应向甲方提交以下有关所供货物的文件（中文版），以满足政府有关部门或甲方的要求。

（1）产地来源证明。

（2）厂方生产证明。

（3）质量检验合格证明书。

（4）装箱单。

（5）重要部件清单、产地、品牌（尤其是进口部件）。

（6）使用说明书。

（7）维修手册或保养说明书。

（8）安装手册。

（9）其他有关所供货物的文件。

乙方提供了任何上述文件并不减轻或免除乙方在本合同内的其他责任。

7.2 卸车、搬运、堆放

如无特别说明，乙方的供货责任应包括将货物卸车，搬运到工地内的上下不超过建筑物一层高度阶梯的任何地方，或距工地最近一个出入口200米以内、上下不超过建筑物一层高度阶梯的工地以外的地方，并按甲方要求及根据货物特点堆放整齐。

如本合同包括乙方安装责任，则应将货物安全卸至安装地点。

7.3 验收和交付

货物卸车后，甲方、乙方、监理单位和甲方指定的安装单位共同对货物进行外观、规格型号、数量检验，检验合格后，三方签署接收调料单，作为交付凭证。甲方对接收调料单的签署并不影响乙方对货物本身应承担的质量责任。实际交货时间以接收调料单注明的时间为准。

7.4 货物检测

按国家、当地或行业的法规、条例、规范或标准的规定进行检测。检测机构应符合国家、地方的相关规定。

7.5 拒收

如乙方提供的材料不符合本合同的规定或乙方不能承担合同规定其应负的责任，甲方可拒收材料。乙方应立即安排给予补修或更换，由此而产生的一切费用由乙方负责。

7.6 交付货物的更换

已交付货物在接收之后使用之前，或经试用发现其质量、规格、颜色、功能等与交付标准不符，或抽样送检不合格，乙方有义务免费更换，且不得因此使双方确定的供货时间及甲方使用时间上有所延误。

7.7 调试验收

货物安装调试后，甲方、乙方和甲方指定的监理单位进行验收，验收合格后，共同签署调试验收单。

第8条 双方责任

8.1 甲方职责

（1）向乙方提供其所需的图纸、资料及货物的堆放场地。

（2）对乙方提供的样板、样品、图纸进行审核、确认。

（3）按合同规定及时审批乙方的付款申请，并支付款项。

（4）向乙方介绍验收人员及其职权。

（5）选择独立的检测机构对货物进行检测时，通知乙方到场监督。

8.2 乙方职责

（1）向甲方提交货物的使用说明书及安装布置图纸，并须得到甲方的确认。

（2）按合同规定提供货物及相关服务，并在货物到达前按合同规定期限通知甲方。

（3）提供货物验收所必需的文件和手续，对货物的堆放、仓储条件进行说明。

（4）甲方提出在任何时间视察乙方的生产车间、仓储地点，乙方不得反对。如果乙方为货物之经销商，则应负责与制造商联络安排视察、参观。乙方不得以涉及专利等理由拒绝甲方视察，但可以不接受甲方视察专利工序、工艺的要求。

（5）如甲方需要，乙方应免费为甲方及其指定的人员或机构进行培训。

第9条 变更

9.1 交货时间的变更

（1）甲方如需将交货时间延迟，应在合同规定的时间内书面通知乙方，如因此涉及乙方仓储、资金占用、管理费等额外支出，甲方不承担责任。

（2）任何一方如要求将交货时间提前，应征得对方的同意。

9.2 变更的形式

订货数量、货物品质等要求，供货时间及任何其他内容必须以书面形式变更或撤销，口头变更或撤销一概无效。其中，本合同之条款与条件的变更或撤销只能以甲乙双方书面签署形式进行。

除非得到甲方批准，乙方不得对货物做任何改变或修改。

9.3 变更的费用

因甲方原因导致的变更如果造成了乙方的损失，乙方应在接到变更后3天内提出赔偿要求，并附上详细的说明及相关的证据，以便甲方查实。如果乙方逾期未提出赔偿，应认为乙方未因该项变更招致损失。甲方核实乙方损失确是甲方变更所导致的后，应向乙方支付相应的赔偿费用，并加入合同价款中。

如果甲方的变更是由于乙方原因造成的，则所有的责任均由乙方承担。

第10条 质量保修

（1）如无特别说明，质量保修期自本工程竣工验收之日起计算。

（2）在质量保修期内，乙方免费向甲方供应并更换一切在正常情况下自然磨损的设备零件，并负责由于质量问题产生的费用。

（3）保修期满后，如甲方要求，乙方承诺届时按市场价向甲方提供必需的零配件，且不记取人工费用。

第11条 货物的产权

11.1 所有权

（1）所有权的转让。

乙方对其所供货物必须拥有合法的所有权、处分权或经销权。货物一经交付给甲方后，其所有权即转至甲方，但甲方有权按有关条款规定予以拒收。乙方有义务向甲方保证不会有第三方对乙方所供的货物主张任何权利。如在货物交付后，有第三方声明对货物拥有所有权，则由此造成甲方卷入所有权纠纷、诉讼、不能按期使用、经济损失等，一概由乙方负责。甲方保留按合同文件规定的违约责任向乙方索赔的权利。

(2) 所有权的合法性。

如乙方所供的货物为走私、赃物或未完税费，造成交付给甲方的货物被政府机关查封、没收的，因此引致甲方的直接损失及所有间接损失，一概由乙方负责。

11.2 知识产权

如果有任何第三方以乙方所供应的货物致使该第三方所拥有的专利权、著作权、商标权、专有技术、商号及商业符号受到侵害为由，向甲方采取任何法律行动或提出索赔的，则乙方必须完全补偿甲方因此产生的任何损失（包括商誉损失）。

如果发生上述情况，乙方在收到甲方通知书后应代甲方与采取法律行动的相关方进行交涉，并处理由此而引发的任何法律程序。因交涉及处理法律程序所产生的任何费用及所带来的赔偿责任均由乙方负责。

第12条 安全要求

12.1 安全责任

乙方必须保证其所供货物的安全性，保证甲方、监理、甲方指定的安装单位及货物的最终使用人在安装及使用过程中的人身财产安全。任何因货物的安全问题造成甲方、监理、甲方指定的安装单位及货物的最终使用人伤亡、财产损失的，由乙方赔偿因此引起的一切损失，而无论赔偿数额是否超过合同价款总额。

12.2 安全隐患

货物在安装、使用时如有安全隐患，则乙方应在投标时向甲方说明，并出具书面的安装、使用指示。如果在货物交付时才说明，甲方有权拒收，而甲方的损失则按质量或逾期违约责任向乙方索赔。

乙方对安全隐患有及时说明的义务，并不能免除乙方因安全隐患造成甲方、监理、甲方指定的安装单位及货物的最终使用人的伤亡、财产损失而应负有的赔偿责任。

12.3 现场安全

(1) 乙方必须确保所有由其安排进入工地现场的人佩戴标准的安全帽，并需提供合适的个人保护用具包括口罩、手套及安全鞋等，并确保他们正确使用该等保护用具。

(2) 乙方必须确保由其安排进入工地现场的起重机械或吊重器具在使用之前已依据有关安全条例取得有效的检验证明文件。

(3) 乙方必须确保进入工地现场的乙方人员佩戴工作卡。甲方或监理单位有权拒绝没有佩戴工作卡的人士进入工地现场，因此而导致的供货延误一概由乙方负责。

第13条 环保要求

乙方送货车辆进入工地时应避免遗洒、扬尘、噪声过大、随意丢弃包装物料及废物。

第14条 合同转让与分供

14.1 合同转让

未经对方同意，任何一方不得将本合同转让。

14.2 分供

未经甲方书面同意，乙方不得将本合同指向的货物交由其他第三方生产。如乙方为经销商，未经甲方书面同意，乙方不得组织非甲方认可的制造商加工、生产本合同指向的货物。

第15条　违约责任

15.1　逾期交货

(1) 如果非甲方原因致使乙方逾期交货，则乙方应按合同规定向甲方支付逾期交货赔偿费；

(2) 违约方支付逾期交货赔偿费后，甲方有权选择终止合同或继续履行合同。

15.2　不能交货

如乙方不能交货，不论是涉及货物的全部或部分，而影响了任何部分货物的商业用途、效果或价值，则甲方有权终止全部或部分未交货合同。

15.3　质量缺陷

乙方供应的货物质量达不到合同规定的标准，甲方拒绝接收，由此造成的乙方运输、保险等损失由乙方承担。造成逾期交货的，甲方将按15.1～15.2款的规定追究乙方的责任。

乙方供应的货物质量达不到合同规定的标准，造成甲方让步接收的，甲方有权对货物进行折价。

15.4　合同转让与分供

乙方未经甲方同意将本合同转让给第三方，或将货物交由其他第三方加工、生产，甲方有权选择终止合同或要求乙方停止违约行为并按合同继续履行。

15.5　合同终止后的赔偿

如果乙方出现违约行为导致合同终止或部分终止，乙方除应向甲方退还已支付的货款外，甲方还有权要求乙方支付未交货货款总额20%的违约金并承担由此给甲方造成的一切损失，包括甲方另购同类产品的差价、工程延误造成的损失及所引起的运费、弃置费用、变卖费用、仓租和管理费等。

15.6　逾期付款

如果非乙方原因致使甲方逾期付款，则甲方应按合同规定向乙方支付逾期付款赔偿费。

第16条　声明及保证

16.1　买方

(1) 买方为一家依法设立并合法存续的企业，有权签署并有能力履行本合同。

(2) 买方签署和履行本合同所需的一切手续均已办妥并合法有效。

(3) 在签署本合同时，任何法院、仲裁机构、行政机关或监管机构均未作出任何足以对买方履行本合同产生重大不利影响的判决、裁定、裁决或具体行政行为。

(4) 买方为签署本合同所需的内部授权程序均已完成，本合同的签署人是买方的法定代表人或授权代表人。本合同生效后即对合同双方具有法律约束力。

16.2　卖方

(1) 卖方为一家依法设立并合法存续的企业，有权签署并有能力履行本合同。

(2) 卖方签署和履行本合同所需的一切手续均已办妥并合法有效。

(3) 在签署本合同时，任何法院、仲裁机构、行政机关或监管机构均未作出任何足以对卖方履行本合同产生重大不利影响的判决、裁定、裁决或具体行政行为。

(4) 卖方为签署本合同所需的内部授权程序均已完成，本合同的签署人是卖方的法定代表人或授权代表人。本合同生效后即对合同双方具有法律约束力。

第17条　争议解决方式

17.1　本合同项下发生的争议，双方应协商或向市场主办单位、消费者协会申请调解解决，也可向行政机关提出申诉。

17.2　调解、申诉解决不成的，应向人民法院提起诉讼，或按照另行达成的仲裁条款或仲裁协议申请仲裁。

第18条　其他约定事项

第19条　对本合同的变更或补充不合理地减轻或免除卖方应承担的责任的，仍以本合同为准

第20条　任何一方如要求全部或部分注销合同，必须提出充分理由，经双方协商。提出注销合同一方须向对方偿付注销合同部分总额________%的补偿金

第21条　客观条件变化

21.1　买方如发生破产、关闭、停业、合并、分立等情况时，应立即书面通知卖方并提供有关证明文件，如本合同因此不能继续履行时，卖方有权采取相关措施。

21.2　买方和担保人的法定地址、法定代表人等发生变化，不影响本合同的执行，但买方和担保人应立即书面通知卖方。

21.3　卖方在参加买方破产清偿后，其债权未能全部受偿的，可就不足部分向保证人追偿。

21.4　卖方决定不参加买方破产程序的，应及时通知买方的保证人，保证人可以就保证债务的数额申报债权参加破产分配。

第22条　如因生产资料、生产设备、生产工艺或市场发生重大变化，买方需变更产品品种、规格、质量和包装时，应提前________天与卖方协商

第23条　不可抗力

23.1　本合同所称不可抗力是指不能预见、不能克服、不能避免并对一方当事人造成重大影响的客观事件，包括但不限于自然灾害，如洪水、地震、火灾和风暴等以及社会事件如战争、动乱、政府行为等。

23.2　如因不可抗力事件的发生导致合同无法履行时，遇不可抗力的一方应立即将事故情况书面告知另一方，并应在________天内，提供事故详情及合同不能履行或者需要延期履行的书面资料，双方认可后协商终止合同或暂时延迟合同的履行。本合同可以不履行或延期履行或部分履行，并免予承担违约责任。

第24条　解释

本合同的理解与解释应依据合同目的和文本原义进行，本合同的标题仅是为了阅读方便而设，不应影响本合同的解释。

第25条　补充与附件

本合同未尽事宜，依照有关法律、法规执行，法律、法规未做规定的，双方可以达成书面补充协议。本合同的附件和补充协议均为本合同不可分割的组成部分，与本合同具有同等的法律效力。

第26条　本合同一式________份。经法定代表人签章后生效

有效期从________年________月________日起至________年________月________日止。

甲方（盖章）：______________　　　　乙方（盖章）：______________
法定代表人（签字）：________　　　　法定代表人（签字）：________
开户银行：______________　　　　开户银行：______________
账号：______________　　　　账号：______________
________年______月______日　　　　________年______月______日
签订地点：______________　　　　签订地点：______________

五、材料采购合同的写作要求

材料采购合同的写作应注意以下六个方面：

1. 合同主体应具备所需资格

对通过市场跟踪或者招投标诞生的合同当事人，应核查其营业执照、资质证书、企业资信和注册资本等工商登记信息，并核查其使用的印鉴是否合法与真实，验明其是否具有主体资质、权利能力和行为能力。

对于联合体投标的项目，国家有关规定或者招标文件对投标人的资格条件具有相关的规定，联合体各方均应具备规定的相应资格条件，由同一专业的单位组成的联合体应按照资质等级较低的单位确定联合体的资质等级，并应由联合体各方共同确定联合体投标单位的牵头人。

对于代订合同的经办人，应请其出具委托人的授权委托书，并核查其是否处于委托书的委托权限和期限内。

2. 合同内容应公平合法

合同文件内不得存在违反国家法律、行政法规的禁止性规定，否则将导致合同无效或者合同内部分相关条款的无效。

3. 合同用语应规范

合同用语应表述准确，同样用语的含义应相互一致，不能存在互相矛盾、含糊不清、易产生误解或歧义的表述。应明确质量标准，如材料标准达到“结构长城杯标准”还是“获得结构长城杯，并以获取证书为准”，“两年保修期满后付款”和“保修期满两年后付款”的约定截然不同，此等内容或其同类内容都是合同签订过程中常出现的问题，需要予以严格的避免和消除。

4. 合同形式应与合同内容相符

在部分施工材料采购过程中，一方面，由于建筑施工企业的各职能部门人员比较熟悉购销合同的操作；另一方面，因各建筑施工企业比较重视分包合同的管理而导致相关签字盖章手续较购销合同更烦琐，合同经办人员往往签订《材料购销合同》以实现简化盖章手续而保障工程进度需要等的目的，但实际签订的合同并非属于仅负责材料供货及运输的购销合同，而是属于仍包括材料安装及验收等的分包合同，例如，对于一些石材、保温材料的供应合同。

在此等情况下，由于受到材料采购合同标准文本的局限，从而未能在合同内约定工期、工程质量验收及详细结算依据、程序等条款，一旦施工企业在产生合同纠纷下追讨供货商的工期违约、质量验收不合格等的赔偿，则很难找到相应的合同依据。

例如，在一起配电箱等的材料设备采购合同纠纷中，合同约定“工程验收付合同价的10%”，工程验收是否发生成为双方争议的焦点。供货商认为工程验收指设备验收，即货到后通电一试即可，验收的义务由买受人承担，买受人自行对机器进行调试证明合格即为验收；而施工企业则认为验收指供电设备所属系统的验收，作为施工单位的买受人无权验收，应由供电局执行验收，故出卖人要求的合同价10%的货款支付尚不具备付款条件。

此类纠纷在施工企业的合同管理中非常普遍，故对于名为购销合同、实为分包合同的合同，应尽量使用分包合同的适用文本，或参照分包合同的管理要求而对所使用的材料采购合同标准文本作出必需的完善。

5. 重视黑白合同

白合同即在当地政府主管部门备案的合同。一些建设项目的发包人可能要求与承包人在备案合同基础上另行签订相关的补充协议，并在其中就价款、工期、质量、让利、取费等对承包人提出相对白合同而言更为苛刻的合同条件，以作为执行合同使用，从而构成黑合同。

根据最高人民法院司法解释的规定，当事人就同一建设工程另行订立的建设工程施工合同与经过备案的中标合同实质性内容不一致的，应当以备案的中标合同作为结算工程价款的根据。简而言之，白合同的效力高于黑合同，该司法解释为平衡建筑市场发承包双方利益、维护承包人权利提供了相关的法律依据。

施工企业在目前无力改变“两套合同”的现状下，应以超过发包人的热情而追求白合同的签订，而不能简单认知为白合同仅用于合同备案及无所谓。当合同的实质性条款发生变更后，施工企业应积极地敦促发包人适时办理相关的合同变更备案手续。

值得说明的是，上述司法解释条款的出台已日益获得发包人的重视；发包人以节省备案费用为理由而压低备案合同价款或者在黑白合同内采用不同的计价方式等，都会给合同双方的实际合同履约带来很大问题。遇到此等情况时，施工企业应在合同履行中时刻注意两个合同的差异存在，并适时做好相关的准备。

6. 合理限制三方协议、债权转让协议在分包合同中的应用

建设工程的合同安排中常常存在由发包人选定指定分包人、由总承包人与指定分包人签订相关分包合同、并由发包人直接支付分包工程款给指定分包人的情况。在此情况下，虽然通过合同约定甚至通过签订相关的三方协议而免除了总承包人履行分包工程付款的义务，但是合同条款内没有对总承包人自行分包的分包人与指定分包人的有关合同权责作出进一步的规定。

六、案例分析

【例文】

采购材料与标的不符引起的合同纠纷案

2016年8月10日，吉祥服装厂（被告）携服装样品到某市大华商厦（原告）协商签订服装购销合同。大华商厦同意订货，并于当月16日签订了合同。当时，吉祥服装厂称样品用料为纯棉布料，大华商厦主管人看后也认定是纯棉布料，对此没有异议。双方在合同中约定：吉祥服装厂向大华商厦提供按样品及样品所用同种布料制作的女式裙9 000件，总价款为360 000元。一个月后由吉祥服装厂将货物送到商厦营业地，大华商厦按样品验收后于1～5天内将全部货款一次付清。8月25日，吉祥服装厂按合同约定的时间将货物运送到了指定的地点，大华商厦验货后认为数量、质量均符合合同约定，于是按约定的时间向服装厂支付了货款。但是，9月1日，有一位顾客购买此裙后认为不是纯棉布料，要求退货。大华商厦立即请有关部门进行检验，后证实确实不是纯棉布料，里面含有15%的化纤成分。大华商厦认为吉祥服装厂有欺诈行为，于是函告吉祥服装厂前来协商，要求或者退货或者每件成品降低价款10元。吉祥服装厂则辩称：其厂业务员去南方某市购买此布料时是按纯棉布料的价格购买的，有发票为证，且当时拿样品给商厦看时，商厦也认为是纯棉布料，因而不存在欺诈行为，不同意退货，如果退货，每件成品只能降低5元，为此双方经过多次协商均未达成一致意见。此后，商厦主管人员调离岗位，此争议被搁置，直至次年9月26日，商厦才诉至法院，要求解除合同，退还全部制成品，并要求吉祥服装厂承担责任，赔偿损失。

[问题提出]

本案涉及因重大误解而订立的合同效力问题，同时涉及如何正确区分欺诈和重大误解，另外，还涉及（撤销合同）撤销权的行使问题。

[法律依据]

《民法通则》第五十九条规定："下列民事行为，一方有权请求人民法院或者仲裁机关予以变更或者撤销：（一）行为人对行为内容有重大误解的；（二）显失公平的。被撤销的民事行为从行为开始起无效。"

《民法通则》第六十一条第一款规定："民事行为被确认为无效或者被撤销后，当事人因该行为取得的财产，应当返还给受损失的一方。有过错的一方应当赔偿对方因此所受的损失，双方都有过错的，应当各自承担相应的责任。"

《民通意见》第七十一条规定："行为人因对行为的性质、对方当事人、标的物的品种、质量、规格和数量等的错误认识，使行为的后果与自己的意识相悖，并造成较大损失的，可以认定为重大误解。"

《民通意见》第七十三条规定："对于重大误解或者显失公平的民事行为，当事人请求变更的，人民法院应当予以变更；当事人请求撤销的，人民法院可以酌情予以变更或者撤销。""可变更或者可撤销的民事行为，自行为成立时起超过一年当事人才请求变更或者撤销的，人民法院不予保护。"

[案情分析及处理结果]

在本案中，被告吉祥服装厂在采购布料时误以为是纯棉布料并将其制成成品卖给原告，从其主观上看，并没有故意作虚假陈述或故意隐瞒真实情况，不存在欺诈的故意，因此，被告的行为不是欺诈行为。但是，由于原告和被告都将布料当作纯棉布料而订立了合同，双方对合同标的物的质量都发生了错误认识，并且此种错误认识严重影响了原告的利益，根据《民通意见》第七十一条的规定，此合同为因重大误解而订立的合同，根据《民法通则》第五十九条和《民通意见》第七十三条第一款的规定，当事人可以请求人民法院予以撤销或者予以变更。

但在此案中，由于双方订立合同的时间为2016年8月16日，而原告在2017年9月26日才向法院起诉，因此，根据《民通意见》第七十三条第二款的规定："可变更或者可撤销的民事行为，自行为成立时起超过一年当事人才请求变更或者撤销的，人民法院不予保护。"原告的诉讼请求不应得到法院的支持。因顾客退货而造成的损失应根据过错程度由双方承担。

［存在问题］

对于本案，存在以下不同意见：

第一种意见认为，被告吉祥服装厂将含化纤15%的布料当作纯棉布料制成成品，卖给原告，并告知为100%纯棉，与事实不符，已构成欺诈，原告享有合同撤销权，可以请求变更解除合同，赔偿损失。

第二种意见认为，原被告双方签订合同是基于对合同标的质量的错误认识，属于重大误解，原告方享有合同撤销权，因为合同已履行完毕，撤销合同、恢复原状将给双方造成更大的损失，所以应对合同的价格条款予以变更，兼顾双方的利益。

第三种意见认为，虽然原告基于重大误解，享有合同撤销权，但由于原告在一年的除斥期间内没有行使撤销权，该权利消灭，原告解除合同的请求不予支持，因顾客退货而造成的损失应根据过错程度由双方承担。

【简析】

可见，对于双方是因欺诈而订立的合同还是因重大误解而订立的合同存在争议。

一般认为因重大误解订立的合同，是当事人对合同关系某种事实因素主观认识上的错误而订立的合同。重大误解有双方误解和单方误解之分，前者指双方当事人意图指向的标的不一致或双方对同一合同因素发生认识相同的错误，后者指当事人一方对合同因素的错误理解。重大误解一般以双方误解为原则，以单方误解为例外。

重大误解的构成要件是：①必须是表意人因误解作出了意思表示。②误解必须是合同当事人自己的误解，因第三人的错误而发生误解，并非合同法上的误解，当事人因第三人的错误而发生利益上的重大失衡，可按显失公平处理。③需表意人无主观上的故意。④误解必须是重大的，所谓重大，指一般人如果处于表意人的地位，假使不是由于错误，就不会作出那样的意思表示。

从司法实践来看，重大误解包括如下几种情况：①对合同的性质发生误解，如将买卖作为赠予或将赠予作为买卖。②对当事人特定身份的认识错误，如以信用为基础的委托合同和对履约能力有特殊要求的合同（承揽、加工合同），如果对当事人的身份发生了误解，可以认定为重大误解。③对标的物性质的误解，如把赝品当作真品。④对标的物质量的认识错误。⑤对标的物价值或报酬的误解。此外，当事人对标的物数量、包装、履行方式、履行地点、履行期限等内容的误解，如果并未影响当事人权利义务或合同目的的实现，一般不应认定为重大误解。

因欺诈而订立的合同与因重大误解而订立的合同在定性问题上容易混淆。根据《民通意见》的规定，采用欺诈手段订立合同，是一方当事人故意告知对方虚假情况，或者故意隐瞒真实情况，诱使对方作出错误表示而订立的合同，重大误解和欺诈都包含了表意人的认识错误问题，二者的根本区别在于：在重大误解的情况下，误解一方陷入错误认识是由于自己的过失（非故意）造成的，而非受欺诈的结果；在欺诈的情况下，受欺诈人陷入错误认识是由于他人实施欺诈行为而诱使自己作出非真实的意思表示，而非自己的过失造成的。按《民法通则》的规定，欺诈、胁迫行为属于无效行为，新《合同法》则增加了限制条件，即只有此类行为损害国家利益才是无效的；损害非国家利益的，按第五十四条的规定，属于可撤销行为。

本案值得关注的另外一个问题是撤销权的行使。撤销权人行使撤销权的除斥期间是一年，自撤销权人知道或应当知道权利发生即撤销事由起算，撤销权存续一年而当事人没有行使的，撤销权因除斥期间届满而归于消灭。撤销权在性质上属于形成权，一方当事人无权依自己的意思直接通知对方当事人撤销合同，只能请求人民法院或仲裁机构予以撤销。而《合同法》第五十五条规定："有下列情形之一的，撤销权消灭：（一）具有撤销权的当事人自知道或者应当知道撤销事由之日起一年内没有行使撤销权；（二）具有撤销权的当事人知道撤销事由后明确表示或者以自己的行为放弃撤销权。"《民通意见》第七十三条第二款规定："可变更或可撤销的民事行为，自行为成立时起超过一年当事人才请求变更或撤销的，人民法院不予保护。"可见，当事人在既定的时间内不行使撤销权，则发生撤销权消灭的法律后果。这一年的期间为法定不变期间，不因任何事由而延长或缩短。此处值得注意的是《合同法》的规定与最高人民法院的司法解释有差异，二者的差别在于除斥期间的起算点表述不一致。《合同法》规定撤销权的除斥期间自权利人知道或者应当知道撤销事由之日起算，而最高人民法院司法解释中则规定除斥期间自可撤销的民事行为发生时起算。在二者发生冲突的情况下应当优先适用《合同法》的规定，因为新法优于旧法，特别法优于普通法。

第四节　工程监理合同

一、工程监理合同的含义

工程监理合同的全称为建设工程委托监理合同，简称为监理合同，是监理单位根据委托人的委托，依照法律、行政法规及有关技术标准、设计文件和建设工程合同的约定，对承包单位在施工质量、建设工期和建设资金使用等方面代表建设单位实施监督的一种合同行为。建设单位称委托人，监理单位称受托人。

二、工程监理合同的性质与作用

（一）工程监理合同的性质

根据《建筑法》《合同法》《建设工程质量管理条例》《建设工程安全生产管理条例》关于工程监理的规定可以看出，工程监理是一种工程监督行为，而不是一种工程建设行为，不属于《建筑法》所指称的"建筑活动"。监理单位的权利来自委托人的授权，此授权行为并不是法律上的承、发包行为，而应属于法律上的委托行为；监理合同的内容是进行"工程监督"，而不是"工程建设"。按照要求，委托人与监理单位建立委托监理关系一般都要签订书面合同，采用的合同文本大多为被视为行业惯例的《建设工程委托监理合同》或《建设工程监理合同》。从该合同的名称和内容来看，建设工程的委托监理也属于委托关系。同时，根据《合同法》第二百七十六条的规定，发包人与监理人的权利义务以及法律责任，应当依照《合同法》关于委托合同以及有关其他法律、行政法规的规定。可见，《合同法》

也是把委托监理合同看作委托合同。

《合同法》第三百九十六条规定："委托合同是委托人和受托人约定，由受托人处理委托人事务的合同。"委托监理关系中，发包人是委托人，监理人是受托人，双方约定的内容是由监理人处理发包人关于工程监督的事务。根据《建筑法》等法律、行政法规的规定，工程的建设分别由具有相应资质的勘察单位、设计单位和施工单位进行，发包人与监理人只能就工程的监督问题进行约定，监理人的权利义务只涉及"工程监督"不涉及"工程建设"。

综上所述，委托监理合同的性质应该为委托合同，是以服务为标的的，即监理工程师凭据自己的知识、经验、技能受业主委托为其所签订的其他合同的履行实施监督和管理。

（二）工程监理合同的作用

工程监理合同的作用主要表现在以下几个方面：

（1）工程监理合同确定了工程监督和工程管理的主要目标，是合同双方在工程中各种经济活动的依据。

工程监理合同在工程实施前签订。它确定了工程所要达到的目标以及与目标相关的所有主要的和具体的问题。

（2）工程监理合同规定了双方的经济关系。合同一经签订，合同双方就结成一定的经济关系，规定了双方在合同实施过程中的经济责任、利益和权力。

从根本上来说，合同双方的利益是不一致的。由于利益的不一致，合同双方都从各自利益出发考虑和分析问题，采用一些策略、手段和措施达到自己的目的。但这又必然影响和损害对方利益，妨碍工程顺利实施。合同是调节这种关系的主要手段，它规定了双方的责任和权益，双方都可以利用合同保护自己的利益，限制和制约对方。

（3）工程监理合同是工程建设过程中合同双方的最高行为准则。合同是严肃的，具有法律效力，受到法律的保护和制约。订立合同是双方的法律行为。合同一经签订，只要合同合法，双方必须全面地完成合同规定的责任和义务。如果不能认真履行自己的责任和义务，甚至单方撕毁合同，则必须接受经济的，甚至法律的处罚。除特殊情况（如不可抗力因素等），使合同不能实施外，合同当事人即使亏本，甚至破产也不能摆脱这种法律约束力。

（4）工程监理合同是工程过程中双方争执解决的依据。由于双方经济利益的不一致，在工程建设过程中，有争执是难免的。合同争执是经济利益冲突的表现，它常常起因于双方对合同理解的不一致，合同实施环境的变化，有一方违反合同或未能正确履行合同等。合同对争执的解决有以下两个决定性作用：

①争执的判定以合同作为法律依据。即以合同条文判定争执的性质、谁对争执负责、应负什么样的责任等。

②争执的解决方法和解决程序由合同规定。

三、工程监理合同的种类

（1）双方协商签订合同的形式，是根据法律要求制定的，由适宜的管理机构签订并执行的正式合同。

（2）信件式合同，较简单，通常是由监理单位制定，由委托方签署一份备案，退给监理单位执行。

（3）委托通知单式，是由委托方发出的执行任务的委托通知单。这种方法是通过一份份的通知单，把监理单位在争取委托合同提出的建议中所规定的工作内容委托给他们，成为监理单位所接受的协议。

（4）采用标准合同的形式。在西方发达国家中，许多监理行业协会或组织都制定了一些合同参考格式或标准合同格式。现在世界上较为常见的一种标准委托合同格式是国际咨询工程师联合会（FIDIC）颁布的《雇主与咨询工程师项目管理协议书国际范本与国际通用规则》，最新版本是《业主/咨询工程师标准服务协议书》。

四、工程监理合同的写作

（一）工程监理合同条款的组成结构

工程监理合同是委托任务履行过程中当事人双方的行为准则，因此内容应全面、用词要严谨。合同条款的组成结构包括以下几个方面：合同内所涉及的词语定义和遵循的法规；监理人的义务；委托人的义务；监理人的权利；委托人的权利；监理人的责任；委托人的责任；合同生效、变更与终止；监理报酬；其他；争议的解决。

（二）《建设工程监理合同（示范文本）》（GF—2012—0202）的组成

《建设工程监理合同（示范文本）》（以下简称《监理合同范本》或《范本》）（GF—2012—0202）由协议书（下称“合同”）、标准条件、通用条件和专用条件组成。

1．“合同”

“合同”是一个总的协议，是纲领性文件。主要内容是当事人双方确认的委托监理工程的概况（工程名称、地点、规模及总投资）；合同签订、生效、完成时；双方愿意履行约定的各项义务的承诺，以及合同文件的组成。监理合同除“合同”外，还应包括以下几项：

（1）监理投标书或中标通知书。

（2）监理委托合同标准条件。

（3）监理委托合同专用条件。

（4）在实施过程中双方共同签署的补充与修正文件。

“合同”是一份标准的格式文件，经当事人双方在有限的空格内填写具体规定的内容并签字盖章后，即发生法律效力。

2．监理投标书或中标通知书

（1）监理投标书。这里的监理投标书是指监理中标人的投标书。监理投标书中的投标函及监理大纲是整个投标文件中具有实质性投标意义的内容。投标函是监理取费的要约和对监理招标文件的响应；而投标监理大纲则是投标人履行监理合同、开展监理工作的具体方法、措施以及组织和人员装备的计划，是投标人为了取得监理报酬而承诺的付出和义务。

监理合同当事人应重视监理投标书和通知书在监理合同管理中的地位。严格地说，监理的报价是中标人依据其投标书，主要是监理大纲中载明的监理投入作出的。当监理委托人要求监理人提供监理投标书（监理大纲）中没有提到的，监理合同其他条款中也没有约定的服务或人员装备时，监理人就可以要求补偿；当监理人不能按投标书配备监理人员装备或提供服务的，监理委托人有权要求监理人改正或向监理人提出索赔乃至追究违约责任。

（2）中标通知书。监理中标通知书是招标人对监理中标人在投标书中所作要约的全盘接受，是对中标人要约的承诺。中标通知书一旦送达中标人，与中标人的投标书一同构成了对双方都有法律约束力的文件。直到正式的监理合同签订，中标通知书和投标书都是维系和制约监理招投标双方的文件。

3. 标准条件

内容涵盖了合同中所用词语的定义，适用范围和法规，签约双方的责任、权利和义务，合同生效、变更与终止，监理报酬，争议解决以及其他一些情况。它是监理合同的通用文本，适用于各类工程建设监理委托，是所有签约工程都应遵守的基本条件。

4. 专用条件

由于标准条件适用于所有的工程建设监理委托，因此其中的某些条款规定得比较笼统，需要在签订具体工程项目的监理委托合同时，就地域特点、专业特点和委托监理项目的特点，对标准条件中的某些条款进行补充、修正。如对委托监理的工作内容而言，认为标准条件中的条款还不够全面，允许在专用条件中增加双方议定的条款内容。

所谓“补充”，是指标准条件中的某些条款明确规定，在该条款确定的原则下，在专用条件的条款中进一步明确具体内容，使两个条件中相同序号的条款共同组成一条内容完备的条款。如标准条件中规定“监理合同适用的法律是国家法律、行政法规，以及专用条件中议定的部门规章或工程所在地的地方法规、地方规章。”这就要求在专用条件的相同序号条款内写入应遵循的部门规章和地方法规的名称，作为双方都必须遵守的条件。

所谓“修正”，是指标准条件中规定的程序方面的内容，如果双方认为不合适，可以协议修改。如标准条件中规定“委托人对监理人提交的支付通知书中酬金或部分酬金项目提出异议，应在收到支付通知书 24 小时内向监理人发出异议的通知。”如果委托人认为这个时间太短，在与监理人协商达成一致意见后，可在专用条件的相同序号内延长时效。

5. 双方的权利和义务

双方签订合同，其根本目的就是为实现合同的标的，明确双方的权利和义务。在合同中的每一条款当中，都反映了这种关系。为了使合同更加清晰、明确，便于掌握，在制定中，把双方在执行合同中的权利义务，分列在一起设立了“委托人的权利”“委托人的义务”“监理人的权利”和“监理人的义务”。在掌握中应注意，合同双方的权利和义务都是成对出现的，在制定一方权利的同时，约定了另一方的义务。

归纳起来双方的权利义务如下：

(1) 委托人的权利。

①委托人有选定工程总承包人以及与其订立合同的权利。

②委托人有对工程规模、设计标准、规划设计、生产工艺设计和设计使用功能要求的认定权，以及对工程设计变更的审批权。

③监理人调换总监理工程师需事先经委托人同意。

④委托人有权要求监理人提供监理工作月报及监理业务范围内的专项报告。

⑤委托人发现监理人员不按监理合同履行监理职责，或与承包人串通给委托人或工程造成损失的，委托人有权要求监理人更换监理人员，直到解除合同并要求监理人承担相应的赔偿责任或连带赔偿责任。

(2) 委托人的义务。

①委托人在监理人开展监理业务之前应向监理人支付预付款。

②委托人应当负责工程建设的所有外部关系的协调，为监理工作提供外部条件。如将部分或全部协调工作委托监理人承担，则应在专用条款中明确委托的工作和相应的报酬。

③委托人应当在双方约定的时间内免费向监理人提供与工程有关的为监理工作所需要的工程资料。

④委托人应当在专用条款约定的时间内就监理人书面提交并要求作出决定的一切事宜作出书面决定。

⑤委托人应当授权一名熟悉工程情况、能在规定时间内作出决定的常驻代表（在专用条款中约定），负责与监理人联系。更换常驻代表，要提前通知监理人。

⑥委托人应当将授予监理人监理的权利，以及监理人主要成员的职能分工、监理权限及时书面通知已选定的合同承包人，并在与第三人签订的合同中予以明确。

⑦委托人应当在不影响监理人开展监理工作的时间内提供如下资料：

a. 与本工程合作的原材料、购配件、设备等生产厂家名录。

b. 提供与本工程有关的协作单位、配合单位的名录。

⑧委托人应免费向监理人提供办公用房、通信设施、监理人员工地住房及合同专用条件约定的设施。对监理人自备的设施给予合理的经济补偿（补偿金额＝设施在工程使用时间占折旧年限的比例×设施原值＋管理费）。

⑨根据情况需要，如果双方约定，由委托人免费向监理人提供其他人员，应在监理合同专用条件中予以明确。

（3）监理人的权利。

①监理人在委托人委托的工程范围内，享有以下权利：

a. 选择工程总承包人的建议权。

b. 选择工程分包人的认可权。

c. 对工程建设有关事项包括工程规模、设计标准、规划设计、生产工艺设计和使用功能要求，向委托人的建议权。

d. 对工程设计中的技术问题，按照安全和优化的原则，向设计人提出建议，如果提出的建议可能会提高工程造价，或延长工期，应当事先征得委托人的同意。当发现工程设计不符合国家颁布的设计工程质量标准或设计合同约定的质量标准时，监理人应当书面报告委托人并要求设计人更正。

e. 审批工程施工组织设计和技术方案，按照保质量、保工期和降低成本的原则，向承包人提出建议，并向委托人提出书面报告。

f. 主持工程建设有关协作单位的组织协调，重要协调事项应当事先向委托人报告。

g. 征得委托人同意，监理人有权发布开工令、停工令、复工令，但应当事先向委托人报告。如在紧急情况下未能事先报告时，则应在 24 小时内向委托人作出书面报告。

h. 工程上使用的材料和施工质量的检验权。对于不符合设计要求和合同约定及国家质量标准的材料、构配件、设备，有权通知承包人停止使用。对于不符合规范和质量标准的工序、分部分项工程和不安全施工作业，有权通知承包人停工整改、返工。承包人得到监理机构复工令后才能复工。

i. 工程施工进度的检查、监督权，以及工程实际竣工日期提前或超过工程施工合同规定的竣工期限的签认权。

j. 在工程施工合同约定的工程价格范围内，工程款支付的审核和签认权，以及工程结算的复核确认权与否决权，未经总监理工程师签字确认，委托人不支付工程款。

k. 由于委托人或承包人的原因使监理工作受到阻碍或延误，以致产生了附加工作或延长了持续时间，则监理人应当将此情况下可能产生的影响及时通知委托人。完成监理业务的时间相应延长，并得到附加工作的报酬；由于非自己的原因而暂停或终止执行监理业务，其善后工作以及恢复执行监理业务的工作，应当视为额外工作，有权得到额外的报酬。

②监理人在委托人授权下可对任何承包人合同规定的义务提出变更。如果由此严重影响了工程费用、质量或进度，则这种变更须经委托人事先批准。在紧急情况下未能事先报委托人批准时，监理人所作的变更也应尽快通知委托人。在监理过程中如发现工程承包人员工作不力，监理机构可要求承包人调换有关人员。

③在委托的工程范围内，委托人或承包人对对方的任何意见和要求（包括索赔要求），均必须首先向监理机构提出，由监理机构研究处置意见，再同双方协商确定。当委托人和承包人发生争执时，监理机构应根据自己的职能，以独立的身份判断，公正地进行调解。当双方的争议由政府建设行政主管部门调解或仲裁机构仲裁时，应当提供作证的事实材料。

（4）监理人的义务。

①监理人按合同约定派出监理工作需要的监理机构及监理人员。向委托人报送委派的总监理工程师及其监理机构的主要成员名单、监理规划，完成监理合同专用条件中约定的监理工程范围内的监理业务。在履行合同义务期间，应按合同约定定期向委托人报告监理工作。

②监理人在履行本合同的义务期间，应认真勤奋地工作，为委托人提供与其水平相适应的咨询意见，公正维护各方面的合法利益。

③监理人使用委托人提供的设施和物品属委托人的财产。在监理工作完成或中止时，应将其设施和剩余的物品按合同约定的时间和方式移交委托人。

④在合同期内和合同终止后，未征得有关方同意，不得泄露与本工程、本合同业务有关的保密资料。

6. 建设工程委托监理合同双方的责任

（1）监理人的责任。

①监理人的责任期即委托监理合同有效期。在监理过程中，如果因工程建设进度的推迟或延误而超过书面约定的日期，双方应进一步约定相应延长的合同期。

②监理人在责任期内，应当履行约定的义务。如果因监理人过失而造成了委托人的经济损失，应当向委托人赔偿。累计赔偿总额不应超过监理报酬总额（除去税金）。

③监理人对承包人违反合同规定的质量和要求完工（交货、交图）时限，不承担责任。因不可抗力导致委托监理合同不能全部或部分履行，监理人不承担责任。但对违反认真工作规定引起的与之有关的事宜，向委托人承担赔偿责任。

④监理人向委托人提出赔偿要求不能成立时，监理人应当补偿由于该索赔所导致委托人的各种费用支出。

（2）委托人的责任。

①委托人应当履行委托监理合同约定的义务，如有违反，则应当承担违约责任，赔偿

给监理人造成的经济损失。

②监理人处理委托业务时，因非监理人原因的事由受到损失的，可向委托人要求补偿损失。

③委托人如果向监理人提出赔偿的要求不能成立，则应当补偿由该索赔所引起的监理人的各种费用支出。

7. 工程监理合同的生效、变更与终止

（1）由于委托人或承包人的原因使监理工作受到阻碍或延误，以致发生了附加工作或延长了持续时间，则监理人应当将此情况与可能产生的影响及时通知委托人。完成监理业务的时间相应延长，并应得到附加工作的报酬。

（2）在委托监理合同签订后，实际情况发生变化，使得监理人不能全部或部分执行监理业务时，监理人应当立即通知委托人。该监理业务的完成时间应予延长。当恢复执行监理业务时，应当增加不超过42日的时间用于恢复执行监理业务，并按双方约定的数量支付监理报酬。

（3）监理人向委托人办理完竣工验收或工程移交，承包人和委托人已签订工程保修责任书，监理人收到监理报酬尾款，本合同即终止。保修期间的责任，双方在专用条款中约定。

（4）当事人一方要求变更或解除合同时，应当在42日前通知对方，因解除合同使一方受到损失的，除依法可以免除责任的外，应由责任方负责赔偿。变更或解除合同的通知或协议必须采取书面形式，协议未达成之前，原合同依然有效。

（5）监理人在应当获得监理报酬之日起30日内仍未收到支付单据，而委托人又未对监理人提出任何书面解释时，或暂停执行监理业务时限超过六个月的，监理人可以向委托人发出终止合同的通知，发出通知后14日内仍未得到委托人答复，可进一步发出终止合同的通知，如果第二份通知发出后42日内仍未得到委托人答复，可终止合同或自行暂停执行全部或部分监理业务。委托人承担违约责任。

（6）监理人由于非自己的原因而暂停或终止执行监理业务，其善后工作以及恢复执行监理业务的工作，应当视为额外工作，有权得到额外的报酬。

（7）当委托人认为监理人无正当理由而又未履行监理义务时，可向监理人发出指明其未履行监理义务的通知。若委托人发出通知后21日内没有收到答复，可在第一个通知发出后35日内发出终止委托监理合同的通知，合同即行终止。监理人承担违约责任。

（8）合同协议的终止并不影响各方面应有的权利和应当承担的责任。

8. 监理报酬

正常的监理酬金的构成，是乙方在工程项目监理中所需的全部成本，再加上合理的利润和税金。具体应包括以下两项：

（1）直接成本。

①监理人员和监理辅助人员的工资，包括津贴、附加工资、奖金等。

②用于该项工程监理人员的其他专项开支，包括差旅费、补助费、书报费等。

③监理期间使用与监理工作相关的计算机和其他仪器、机械的费用。

④所需的其他外部协作费用。

（2）间接成本。间接成本是指全部业务经营开支和非工程项目的特定开支，主要包括以下几项：

①管理人员、行政人员、后勤服务人员的工资。

②经营业务费，包括为招揽业务而支出的广告费等。

③办公费，包括文具、纸张、账表、报刊、文印费用等。

④交通费、差旅费、办公设施费（公司使用的水、电、气、环卫、治安等费用）。

⑤固定资产及常用工器具、设备的使用费。

⑥业务培训费、图书资料购置费。

⑦其他行政活动经费。

我国现行的监理费计算方法主要有四种，即国家物价局、建设部颁发的价费字 479 号文《关于发布工程建设监理费有关规定的通知》中规定的四种方法：

①按照监理工程概预算的百分比计收。

②按照参与监理工作的年度平均人数计算。

③不宜按①、②两项办法计收的，由甲方和乙方按商定的其他方法计收。

④中外合资、合作、外商独资的建设工程，工程建设监理费由双方参照国际标准协商确定。

上述四种取费方法，其中第③、④种的具体适用范围，已有明确的界定，第①、②两种的使用范围，按照我国目前情况，做如下规定：

第①种方法，即按监理工程概预算百分比计收，这种方法比较简单、科学，在国际上也是一种比较常用的方法，一般情况下，新建、改建、扩建的工程，都应采用这种方式。

第②种方法，即按照参与监理工作的年度平均人数计算收费，1994 年 5 月 5 日建设部监理司以建监工便〔1994〕第 5 号文作了简要说明。这种方法，主要适用于单工种或临时性，或不宜按工程概预算的百分比计取监理费的监理项目。

按以上取费方法收取的费用，仅是正常的监理工作的那部分取费，在监理工作中所收费用还应包括附加工作和额外工作的报酬。其收费应按照监理合同专用条件约定的方法计取，并按约定的时间和数额进行支付。

正常的监理工作、附加工作和额外工作的报酬，按照监理合同专用条件中约定的方法计算，并按约定的时间和数额支付。

如果委托人在规定的时间内未支付监理报酬，自规定之日起，还应向监理人支付滞纳金。滞纳金从规定支付期限最后一日算起。

支付监理报酬所采取的货币币种、汇率由合同专用条件约定。

如果委托人对监理人提交的支付通知中报酬项目提出异议，应当在收到支付通知书 24 小时内向监理人发出表示异议的通知，但委托人不得拖延其他无异议报酬项目的支付。

9. 其他

（1）委托的建设工程监理所必要的监理人员出外考察、材料、设备复试，其费用支出经委托人同意的，在预算范围内向委托人实报实销。

（2）在监理业务范围内，如需聘用专家咨询或协助，由监理人聘用的，其费用由监理人承担，由委托人聘用的，其费用由委托人承担。

（3）监理人在监理工作中提出的合理化建议，使委托人得到了经济利益，委托人应当按专用条件中的约定给予经济奖励。

(4) 监理人驻地监理机构及其职员不得接受监理工程项目施工承包人的任何报酬或者经济利益。监理人不得参与可能与合同规定的与委托人的利益相冲突的任何活动。

(5) 监理人在监理过程中，不得泄露委托人申明的秘密，监理人也不得泄露设计人、承包人等提供并申明的秘密。

(6) 监理人对于由其编制的所有文件拥有版权，委托人仅有权为本工程使用或复制此类文件。

10. 争议的解决

因违反或终止合同而引起的对损失或损害的任何赔偿，应首先通过双方协商友好解决。如协商未能达成一致，可提交主管部门协调。仍不能达成一致时，根据约定提交仲裁机构仲裁或向法院起诉。

五、工程监理合同的写作要求

建设工程委托监理合同是一种专业性很强的合同，为此建设部和国家工商总局联合颁布了建设工程委托监理合同范本。但是委托人在与监理人签订合同时，不能机械地套用范本，需要注意以下一些问题：

1. 监理单位及其监理人员必须具有相应资质

根据《工程建设监理规定》第十七条规定，监理单位实行资质审批制度。首先，设立监理单位，须报工程建设监理主管机关进行资质审查合格后，向工商行政管理机关申请企业法人登记。监理单位应当按照核准的经营范围承接工程建设监理业务。其次，《建设工程监理规范》对各类监理人员都作了相应的资质要求，作为合同一方的监理单位派出的监理人员，要符合《建设工程监理规范》(GB/T 50319—2013) 的要求。

2. 应该包括对质量、造价、进度进行全面控制和管理的条款

在监理合同范本专用条件部分有关监理范围和监理工作的内容条款中，委托人往往只要求监理人对工程质量进行监控。而在有关监理人权利的条款中，却根据《建设监理合同范本》赋予了监理人有关工程造价和进度的一系列权利，显然造成了权利义务的不对称。还应注意的是，建设单位与承包单位之间与建设工程合同有关的联系活动应通过监理单位进行。

3. 注意保持前后条款的协调性

在《监理合同范本》第 4、6、10、11、15、16 等条款中，都有“按合同约定或需要专用条款另行约定的”内容。而合同主体在套用范本时，往往遗漏了需要再行约定的部分，使上述条款存在约定不明或没有约定的缺陷，因此，我们在使用监理合同范本时，要注意保持前后条款协调一致，对需要补充的条款，必须另行作出具体详细的约定。

4. 区分监理人责任条款中的过失和故意

《监理合同范本》第二十六条规定了监理人的过失导致委托人造成经济损失的责任，即累计赔偿总额不应超过监理报酬总额。此条款对委托人有失公平，因为要证明监理人主观上的责任是非常困难的，且合同范本中并没有规定证明责任由谁承担。我们认为，对监理人没有监理资质、与承包人串通损害委托人利益或拒绝履行监理义务等故意违反合同义务的行为，固然要求其承担全部赔偿责任；而对于监理人的过失行为，只要造成损失，就推定其主观上存在故意，除非监理人有足够证据证明此行为是由其过失所致。委托人在与监理人签约时要对这一点明确约定。

5. 委托人的代位求偿权

根据《范本》第二十九条，监理人在处理委托业务时，因非监理人原因的事由受到损失的，可以向委托人要求补偿损失。但是，如果因第三人侵权导致监理人遭受损失，委托人在补偿监理人后，有权代替监理人向第三人追偿。《范本》第二十九条并没有委托人代位求偿权的规定，为了保证委托人能够顺利行使代位求偿权，在签约时应对委托人代位求偿权作出明确约定。

6. 合同解除权的约定

监理合同是一种提供服务的合同，当服务者提供的服务不符合需要或是损害委托人的利益时，委托人有权单方面解除合同。《监理合同范本》没有规定委托人的合同单独解除权，我们认为监理合同可以约定在下列情况下，委托人有权单方面解除合同并要求监理人承担违约责任：

（1）监理人及其派出的监理人员不具备相应资质条件的。

（2）监理人与承包人恶意串通损害委托人利益的。

（3）监理人转包或分包本合同项下的监理服务。

7. 合同价款的计算问题

《范本》专用条件部分第三十九条规定了监理人正常工作报酬、附加工作报酬和额外工作报酬的计算方法，这是出于合同签订后实际情况可能发生变化，导致监理业务需要延长时间、暂停或终止。这实际上意味着委托人要单方面承担将来可能出现的风险。我们在审查监理合同时通常建议委托人采取总包价的方式，多不退，少不补，无论监理工作是否需要延长时间、暂停或终止，总之，监理人的各种报酬都在这个价款内。

六、案例分析

【例文】

合同号：××××

四　川　省

建设工程委托监理合同

四 川 省 建 设 厅
四川省工商行政管理局 制

第一部　分协议书

委托人（全称）：________________

监理人（全称）：________________

根据《合同法》《建筑法》及其他有关法律、法规，遵循平等、自愿、公平和诚信的原则，双方就下述工程委托监理与相关服务事项协商一致，订立本合同。

一、工程概况

1. 工程名称：______________

2. 工程规模：______________

3. 工程地点：______________

二、词语限定

协议书中相关词语的含义与通用条件中的定义与解释相同。

三、组成本合同的文件

1. 协议书；

2. 中标通知书；

3. 投标文件；

4. 专用条件；

5. 通用条件；

6. 附录：

附录A：相关服务的范围和内容；

附录B：委托人派遣的人员和提供的办公房屋、资料、设备。

本合同签订后，双方依法签订的补充协议也是本合同文件的组成部分。

四、总监理工程师

总监理工程师姓名：______________；注册号：______________。

五、合同期限

六、双方承诺

1. 监理人向委托人承诺，按照本合同约定提供监理与相关服务。

2. 委托人向监理人承诺，按照本合同约定派遣相应的人员，提供办公房屋、资料，并按本合同约定支付酬金。

七、合同订立

1. 订立时间：______年____月____日。

2. 订立地点：______________。

3. 本合同一式__陆__份，甲方__肆__份，乙方__贰__份。

委托人：______（盖章）______	监理人：______（盖章）______
住所：______________	住所：______________
邮政编码：______________	邮政编码：______________
法定代表人或其授权的代理人：____（签字或签章）____	法定代表人或其授权的代理人：____（签字或签章）____
开户银行：______________	开户银行：______________
账号：______________	账号：______________
电话：______________	电话：______________
传真：______________	传真：______________
电子邮箱：______________	电子邮箱：______________

第二部分　通用条款

（详见2013版《监理合同范本》）

第三部分　专用条款

1. **定义与解释**

1.2 解释

1.2.1 本合同文件除使用中文外，还可用＿无＿。

1.2.2 约定本合同文件的解释顺序为：按通用条款中1条1.2款1.2.2项执行。

2. **监理人义务**

2.1 监理的范围和内容

2.1.1 监理范围包括：①从工程施工、竣工验收和验收后的保修阶段全过程监理；②按通用条款中2条2.1款2.1.2项执行。

2.1.2 监理工作内容还包括：

(1) 工程施工及保修阶段的“三控制、两管理、一协调”，即投资控制、进度控制、质量控制；合同管理和信息管理；工程的组织协调、安全文明施工、计量监理等监理工作规范内容；

(2) 检查督促施工单位对各标段工程的竣工图、竣工资料的收集整理、审核；

(3) 协助委托人编写开工报告；

(4) 审查承包人各项施工准备工作，下达开工通知书；

(5) 督促检查承包人对施工管理制度和质量保证体系的监理、健全与实施；

(6) 审查承包人提交的施工组织设计、施工技术方案和施工进度计划，并督促实施，检查落实情况；

(7) 组织设计交底，图纸会审，审查设计变更；

(8) 审查投资控制计划，复核已完工程量，并签署复核意见；

(9) 审查工程使用的原材料、半成品、成品、构配件和设备质量，若有不合格材料，严格按照建设工程监理法规、章程进行处置；

(10) 以上未尽事宜详见合同通用条款及现行建设工程监理法律法规。

2.2 监理与相关服务依据

2.2.1 监理依据包括：现行建设工程施工规范、质量标准、法律法规等。

2.2.2 相关服务依据包括：按通用条款、现行建设工程监理法规。

2.3 项目监理机构和人员

总监理工程师：＿＿＿＿＿＿＿＿。

各标段项目须最低配备的监理人员：＿＿＿＿＿＿＿＿。

2.4 履行职责

2.4.1 对监理人的授权范围：＿按通用条款中2条2.4款执行＿。

2.5 提交报告

监理人应提交报告的种类（包括监理规划、监理月报及约定的专项报告）、时间和份数：＿每月25日提交、1份＿。

2.7 使用委托人的财产

附录 A 中由委托人无偿提供的房屋的所有权属于：委托人。

监理人应在本合同终止后 10 天内移交委托人无偿提供的办公房屋、设备。

3. 委托人义务

3.4 委托人代表

委托人代表为：＿＿＿＿＿＿＿＿＿＿＿＿。

3.6 答复

委托人同意在 7 个日历天内，对监理人书面提交并要求作出决定的事宜给予书面答复。

4. 违约责任

4.1 监理人的违约责任

4.1.1 监理人赔偿金额按下列方法确定：

赔偿金＝直接经济损失×正常工作酬金÷工程概算投资额（或建筑安装工程费）。

5. 监理服务费

5.1 服务费计算规则

5.1.1 本项招标文件暂定投资额＿＿＿＿万，监理费用中标价即合同价款为＿＿＿＿，监理费率为＿＿＿＿%。最终监理价＝（政府审计部门或委托方确定的具有资质的第三方审计机构审定监理工程服务内容相应的建安工程费/本次监理招标范围内的建安工程计费基数）×投标报价。包括投标人完成本招标工程监理服务范围内的全部监理内容及后期服务的全部费用。

5.1.2 支付酬金

以监理工程服务内容相应的单项工程进度进行付款，即按以下比例付款：

1）单项工程形象进度至正负零时，支付该项工程监理费的 15%（该单项工程施工合同总价款×1.555%×15%）；

2）单项工程形象进度至主体封顶时，支付该项工程监理费的 30%（该单项工程施工合同总价款×1.554%×30%）；

3）单项工程形象进度至竣工验收时，支付该项工程监理费的 30%（该单项工程施工合同总价款×1.554%×30%）；

当该项工程已支付的监理费达到该项工程总监理费的 75%时，不再按施工进度支付监理费。工程项目整体竣工验收并办清竣工结算后支付至该项工程结算的监理费 95%，监理期满支付剩余 5%。

6. 合同生效、变更、暂停、解除与终止

6.1 生效

本合同生效条件：双方签字盖章且监理人的履约保证金按招标文件约定（人民币柒万元）足额到位后生效。

6.2 变更

7. 争议解决

7.2 调解

对本合同有争议进行调解时，可提交住房城乡建设主管部门进行调解。

7.3 仲裁或诉讼

合同争议的最终解决方式为下列第__2__种方式：

(1) 提请________、________仲裁委员会进行仲裁。

(2) 向工程所在地人民法院提起诉讼。

8. 其他

8.2 检测费用

监理工作范围内的检测费用包含在监理合同价中。

8.3 咨询费用

监理工作范围内的咨询费用包含在监理合同价中。

8.4 著作权

监理人在本合同履行期间及本合同终止后两年内出版涉及本工程的有关监理与相关服务的资料的限制条件：__无__。

9. 补充条款

9.1 委托人有权依据国家法律、法规和《四川职业技术学院工程监理管理办法》对监理机构和监理业务进行检查、监督和考核。

9.2 监理人应在监理服务期内自费办理派驻到项目所在地人员投保雇主责任险，对自备财产投保财产险。保险时间应随服务时间的延长而顺延，并在出险后自行办理索赔。如果监理人不办理上述保险，则应对有关风险和后果自负其责。

9.3 监理人的项目监理人员及组织机构必须是投标时所报人员及组织机构，且不得更换。委托人随时对施工现场的监理人员进行抽查，若出现实际投入的监理人员与投标所报人员不符，或无故减少驻场人员，按未能履约处理，委托人有权利不退还监理人的履约保证金，并终止委托合同。

9.4 本项目要求总监理工程师按合同约定常驻现场，保证每周在现场工作时间不少于40个小时。其他投标所报监理人员应驻现场。总监和一般监理人员如需更换，应至少提前7天以书面形式通知委托人，待委托人同意后，方可更换，并对监理公司按总监更换伍万元/人·次，更换专业监理工程师贰万元/人·次收取罚金。后任应继续行使合同文件约定的前任的职权，履行前任的义务。

9.5 委托人现场巡查，监理人所派驻现场人员未经许可擅自离岗每次罚款500～1 000元；

9.6 委托人现场抽查工程质量不符合合同约定及质量验收规范等，每次罚款2 000～10 000元（此罚款不受9.1条所限制）；安全监管不到位按双方所签合同相关规定执行。

9.7 如出现重大经济、质量、安全等问题，除按本合同相关条款处理外，还将按法律、法规报相关部门处理。

9.8 履约保证金在工程验收合格后无息退还。

【简析】

几乎所有的建筑行业都涉及建设工程委托监理，签订一份公平、公正的委托监理合同，对整个监理过程的实施至关重要。建设工程委托监理合同，是根据工程建设单位聘请监理单位使其对工程项目进行管理，明确双方权利、义务的协议。该示范文本（选作例文时有删节）共分三部分，共六十七条，第Ⅰ部分为建设工程委托监理合同，共五条，多为当事人双方按照客观情况如实填写的条款；第Ⅱ部分为标准条件（通用条款），分词语定义、适用范围和法规、委托人与监理人的权利、义务和责任，以及合同的变更终止，监理报酬、争议的解决等共四十九条固定的条款，只有极少数条款是需要当事人根据实际情况填写的；第Ⅲ部分为专用条件，是对前述条款的解释。

第五节 购房合同

一、购房合同的含义

购房合同是指根据《中华人民共和国合同法》《中华人民共和国城市房地产管理法》及其他有关法律、法规之规定，买受人和房地产开发企业，在平等、自愿、协商一致的基础上就买卖商品房达成的协议。

二、购房合同的特点

(1) 购房合同是一种民事法律行为。

(2) 购房合同以产生、变更或终止民事权利义务关系为目的。

(3) 购房合同是两个以上的当事人意思表示相一致的协议，即合同是当事人协商一致的产物。

(4) 购房合同是合同当事人在平等自愿基础上产生的民事法律行为。

三、签订合同的原则

合同订立要遵循一定的原则，才可以规范合同双方的行为。合同法规定了当事人订立合同需遵循平等、自愿、公平和诚实信用原则。

1. 平等原则

平等原则是指地位平等的合同当事人，在权利义务对等的基础上，经充分协商达成一致，以实现互利互惠的经济利益的原则。这一原则包括以下三个方面的内容：

(1) 合同当事人的法律地位一律平等。在法律上，合同当事人是平等主体，没有高低、主从之分，不存在命令者与被命令者、管理者与被管理者。这意味着不论所有制性质，也不问单位大小和经济实力的强弱，其地位都是平等的。

(2) 合同中的权利义务对等。所谓对等，是指享有权利，同时就应承担义务，而且，彼此的权利、义务是相应的。这要求当事人所取得的财产、劳务或工作成果与其履行的义务大体相当；要求一方不得无偿占有另一方的财产，侵犯他人权益；要求禁止平调和无偿调拨。

(3) 合同当事人必须就合同条款充分协商，取得一致，合同才能成立。

2. 自愿原则

自愿原则是合同法的重要基本原则，合同当事人通过协商、自愿决定和调整相互权利义务关系。自愿原则体现了民事活动的基本特征，是民事关系区别于行政法律关系、刑事法律关系的特有原则。民事活动除法律强制性的规定外，由当事人自愿约定。自愿原则也是发展社会主义市场经济的要求，随着社会主义市场经济的发展，合同自愿原则就显得越来越重要了。

自愿原则是贯彻合同活动的全过程的，包括：第一，订不订立合同自愿，当事人依自己意愿自主决定是否签订合同；第二，与谁订合同自愿，在签订合同时，有权选择对方当事人；第三，合同内容由当事人在不违法的情况下自愿约定；第四，在合同履行过程中，当事人可以协议补充、变更有关内容；第五，双方也可以协议解除合同；第六，可以约定违约责任，在发生争议时，当事人可以自愿选择解决争议的方式。总之，只要不违背法律、行政法规强制性的规定，合同当事人有权自愿决定。

3. 公平原则

公平原则要求合同双方当事人之间的权利义务要公平合理，要大体上平衡，强调一方给付与对方给付之间的等值性，合同上的负担和风险的合理分配。具体包括：第一，在订立合同时，要根据公平原则确定双方的权利和义务，不得滥用权力，不得欺诈，不得假借订立合同恶意进行磋商；第二，根据公平原则确定风险的合理分配；第三，根据公平原则确定违约责任。公平原则作为合同法的基本原则，其意义和作用是：公平原则是社会公德的体现，符合商业道德的要求。将公平原则作为合同当事人的行为准则，可以防止当事人滥用权力，有利于保护当事人的合法权益，维护和平衡当事人之间的利益。

4. 诚实信用原则

诚实信用原则要求当事人在订立、履行合同，以及合同终止后的全过程中，都要诚实，讲信用，相互协作。诚实信用原则具体包括：第一，在订立合同时，不得有欺诈或其他违背诚实信用的行为；第二，在履行合同义务时，当事人应当遵循诚实信用的原则，根据合同的性质、目的和交易习惯履行及时通知、协助、提供必要的条件、防止损失扩大、保密等义务；第三，合同终止后，当事人也应当遵循诚实信用的原则，根据交易习惯履行通知、协助、保密等义务，称为后合同义务。

四、购房合同的写作方法

购房合同的写作方法，一般需按照房地产行业关于该类合同的要求进行写作，有范本格式。下面以购房合同范本为例，介绍购房合同的写法与条款释义。

商品房买卖合同（范本）

商品房买卖合同说明

1. 本合同文本为示范文本，也可作为签约使用文本。签约之前，买受人应当仔细阅读本合同内容，对合同条款及专业用词理解不一致的，可向当地房地产开发主管部门咨询。

2. 本合同所称商品房是指由房地产开发企业开发建设并出售的房屋。

3. 为体现合同双方的自愿原则，本合同文本中相关条款后都有空白行，供双方自行约定或补充约定。双方当事人可以对文本条款的内容进行修改、增补或删减。合同签订生效后，未被修改的文本印刷文字视为双方同意内容。

4. 本合同文本中涉及的选择、填写内容以手写项为优先。

5. 对合同文本【 】中选择内容、空格部位填写及其他需要删除或添加的内容，双方应当协商确定。【 】中选择内容，以划√方式选定；对于实际情况未发生或买卖双方不作约定时，应在空格部位打×，以示删除。

6. 在签订合同前，出卖人应当向买受人出示应当由出卖人提供的有关证书、证明文件。

7. 本合同条款由中华人民共和国建设部和国家工商行政管理局负责解释。

商品房买卖合同（合同编号：________）

合同双方当事人：

出卖人：____；

注册地址：____；

营业执照注册号：____；

企业资质证书号：____；

法定代表人：____；

联系电话：____；

邮政编码：____；

委托代理人：________；地址：________；邮政编码：________；

联系电话：____；

委托代理机构：____；

注册地址：____；

营业执照注册号：____；

买受人：____；

地址：____；

邮政编码：____________；联系电话：__________；

委托代理人：________；地址：________；邮政编码：________。

根据《中华人民共和国合同法》《中华人民共和国城市房地产管理法》及其他有关法律、法规之规定，买受人和出卖人在平等、自愿、协商一致的基础上就买卖商品房达成如下协议：

第一条　项目建设依据

出卖人以________方式取得位于________、编号为________的地块的土地使用权。【土地使用权出让合同号】【土地使用权划拨批准文件号】【划拨土地使用权转让批准文件号】为________。

该地块土地面积为________，规划用途为________，土地使用年限自________年________月________日至________年________月________日。

出卖人经批准，在上述地块上建设商品房，【现定名】【暂定名】________。建设工程规划许可证号为________，施工许可证号为________。

第二条　商品房销售依据

买受人购买的商品房为【现房】【预售商品房】。预售商品房批准机关为________，商品房预售许可证号为________。

第三条　买受人所购商品房的基本情况

买受人购买的商品房（以下简称该商品房，其房屋平面图见本合同附件1，房号以附件1上表示为准）为本合同第一条规定的项目中的：

第________【幢】【座】________【单元】【层】________号房。

该商品房的用途为________，属________结构，层高为________，建筑层数地上________层，地下________层。

该商品房阳台是【封闭式】【非封闭式】。

该商品房【合同约定】【产权登记】建筑面积共________平方米，其中，套内建筑面积________平方米，公共部位与公用房屋分摊建筑面积________平方米（有关公共部位与公用房屋分摊建筑面积构成说明见附件2）。

第四条　计价方式与价款

出卖人与买受人约定按下述第________种方式计算该商品房价款：

1. 按建筑面积计算，该商品房单价为（________币）每平方米________元，总金额（________币）________仟________佰________拾________万________仟________佰________拾________元整。

2. 按套内建筑面积计算，该商品房单价为（________币）每平方米________元，总金额（________币）________仟________佰________拾________万________仟________佰________拾________元整。

3. 按套（单元）计算，该商品房总价款为（________币）________仟________佰________拾________万________仟________佰________拾________元整。

4. 其他方法计算____。

第五条　面积确认及面积差异处理

根据当事人选择的计价方式，本条规定以【建筑面积】【套内建筑面积】（本条款中均简称面积）为依据进行面积确认及面积差异处理。

当事人选择按套计价的，不适用本条约定。

合同约定面积与产权登记面积有差异的，以产权登记面积为准。

商品房交付后，产权登记面积与合同约定面积发生差异，双方同意按第________种方式进行处理：

1. 双方自行约定：

（1）____；

（2）____；

（3）____；

（4）____。

2. 双方同意按以下原则处理：

（1）面积误差比绝对值在3%以内（含3%）的，据实结算房价款；

（2）面积误差比绝对值超出3%时，买受人有权退房。

买受人退房的，出卖人在买受人提出退房之日起15天内将买受人已付款退还给买受人，并按________利率付给利息。

买受人不退房的，产权登记面积大于合同约定面积时，面积误差比在3%以内（含3%）部分的房价款由买受人补足；超出3%部分的房价款由出卖人承担，产权归买受人。

产权登记面积小于合同登记面积时，面积误差比绝对值在3%以内（含3%）部分的房价款由出卖人返还买受人；绝对值超出3%部分的房价款由出卖人双倍返还买受人。

$$面积误差比=\frac{产权登记面积-合同约定面积}{合同约定面积}\times 100\%$$

因设计变更造成面积差异，双方不解除合同的，应当签署补充协议。

第六条　付款方式及期限

买受人按下列第________种方式按期付款：

1. 一次性付款____。

2. 分期付款____。

3. 其他方式____。

第七条　买受人逾期付款的违约责任

买受人如未按本合同规定的时间付款，按下列第________种方式处理：

1. 按逾期时间，分别处理（不做累加）

(1) 逾期在________日之内，自本合同规定的应付款期限之第二天起至实际全额支付应付款之日止，买受人按日向出卖人支付逾期应付款万分之________的违约金，合同继续履行。

(2) 逾期超过________日后，出卖人有权解除合同。出卖人解除合同的，买受人按累计应付款的________%向出卖人支付违约金。买受人愿意继续履行合同的，经出卖人同意，合同继续履行，自本合同规定的应付款期限之第二天起至实际全额支付应付款之日止，买受人按日向出卖人支付逾期应付款万分之________［该比率应不小于第（1）项中的比率］的违约金。

本条中的逾期应付款指依照本合同第六条规定的到期应付款与该期实际已付款的差额；采取分期付款的，按相应的分期应付款与该期的实际已付款的差额确定。

2. 其他方式____。

第八条　交付期限

出卖人应当在________年________月________日前，依照国家和地方人民政府的有关规定，将具备下列第________种条件，并符合本合同约定的商品房交付买受人使用：

1. 该商品房经验收合格。

2. 该商品房经综合验收合格。

3. 该商品房经分期综合验收合格。

4. 该商品房取得商品住宅交付使用批准文件。

5. 其他情况____。

但如遇下列特殊原因，除双方协商同意解除合同或变更合同外，出卖人可据实予以延期：

1. 遭遇不可抗力，且出卖人在发生之日起________日内告知买受人的。

2. ____。

3. ____。

第九条　出卖人逾期交房的违约责任

除本合同第八条规定的特殊情况外，出卖人如未按本合同规定的期限将该商品房交付买受人使用，按下列第＿＿＿＿种方式处理：

1. 按逾期时间，分别处理（不做累加）

(1) 逾期不超过＿＿＿＿日，自本合同第八条规定的最后交付期限的第二天起至实际交付之日止，出卖人按日向买受人支付已交付房价款万分之＿＿＿＿的违约金，合同继续履行。

(2) 逾期超过＿＿＿＿日后，买受人有权解除合同。买受人解除合同的，出卖人应当自买受人解除合同通知到达之日起＿＿＿＿天内退还全部已付款，并按买受人累计已付款的＿＿＿＿%向买受人支付违约金。买受人要求继续履行合同的，合同继续履行，自本合同第八条规定的最后交付期限的第二天起至实际交付之日止，出卖人按日向买受人支付已交付房价款万分之＿＿＿＿[该比率应不小于第（1）项中的比率]的违约金。

2. ＿＿＿＿＿＿＿＿＿＿＿＿＿＿＿＿＿＿＿＿＿＿＿＿＿＿＿＿＿＿＿＿＿＿＿＿＿＿。

第十条　规划、设计变更的约定

经规划部门批准的规划变更、设计单位同意的设计变更导致下列影响到买受人所购商品房质量或使用功能的，出卖人应当在有关部门批准同意之日起10日内，书面通知买受人：

(1) 该商品房结构形式、户型、空间尺寸、朝向。

(2) ＿＿＿＿＿＿＿＿＿＿＿＿＿＿＿＿＿＿＿＿＿＿＿＿＿＿＿＿＿＿＿＿＿＿＿＿＿＿。

(3) ＿＿＿＿＿＿＿＿＿＿＿＿＿＿＿＿＿＿＿＿＿＿＿＿＿＿＿＿＿＿＿＿＿＿＿＿＿＿。

(4) ＿＿＿＿＿＿＿＿＿＿＿＿＿＿＿＿＿＿＿＿＿＿＿＿＿＿＿＿＿＿＿＿＿＿＿＿＿＿。

(5) ＿＿＿＿＿＿＿＿＿＿＿＿＿＿＿＿＿＿＿＿＿＿＿＿＿＿＿＿＿＿＿＿＿＿＿＿＿＿。

(6) ＿＿＿＿＿＿＿＿＿＿＿＿＿＿＿＿＿＿＿＿＿＿＿＿＿＿＿＿＿＿＿＿＿＿＿＿＿＿。

(7) ＿＿＿＿＿＿＿＿＿＿＿＿＿＿＿＿＿＿＿＿＿＿＿＿＿＿＿＿＿＿＿＿＿＿＿＿＿＿。

买受人有权在通知到达之日起15日内作出是否退房的书面答复。买受人在通知到达之日起15日内未做书面答复的，视同接受变更。出卖人未在规定时限内通知买受人的，买受人有权退房。

买受人退房的，出卖人须在买受人提出退房要求之日起＿＿＿＿天内将买受人已付款退还给买受人，并按＿＿＿＿利率付给利息。买受人不退房的，应当与出卖人另行签订补充协议。＿＿＿＿＿＿＿＿＿＿＿＿＿＿＿＿＿＿＿＿＿＿＿＿＿＿＿＿＿＿＿＿＿＿＿。

第十一条　交接

商品房达到交付使用条件后，出卖人应当书面通知买受人办理交付手续。双方进行验收交接时，出卖人应当出示本合同第八条规定的证明文件，并签署房屋交接单。所购商品房为住宅的，出卖人还需提供《住宅质量保证书》和《住宅使用说明书》。出卖人不出示证明文件或出示证明文件不齐全，买受人有权拒绝交接，由此产生的延期交房责任由出卖人承担。由于买受人原因，未能按期交付的，双方同意按以下方式处理：＿＿＿＿＿＿。

第十二条　出卖人保证销售的商品房没有产权纠纷和债权债务纠纷因出卖人原因，造成该商品房不能办理产权登记或发生债权债务纠纷的，由出卖人承担全部责任。

第十三条　出卖人关于装饰、设备标准承诺的违约责任

出卖人交付使用的商品房的装饰、设备标准应符合双方约定（附件三）的标准。达不到约定标准的，买受人有权要求出卖人按照下述第＿＿＿＿种方式处理：

1. 出卖人赔偿双倍的装饰、设备差价。

2. ______________________________。

3. ______________________________。

第十四条　出卖人关于基础设施、公共配套建筑正常运行的承诺

出卖人承诺与该商品房正常使用直接关联的下列基础设施、公共配套建筑按以下日期达到使用条件：

1. ______________________________。

2. ______________________________。

3. ______________________________。

4. ______________________________。

5. ______________________________。

如果在规定日期内未达到使用条件，双方同意按以下方式处理：

1. ______________________________。

2. ______________________________。

3. ______________________________。

第十五条　关于产权登记的约定

出卖人应当在商品房交付使用后________日内，将办理权属登记需由出卖人提供的资料报产权登记机关备案。如因出卖人的责任，买受人不能在规定期限内取得房地产权属证书的，双方同意按下列第________项处理：

1. 买受人退房，出卖人在买受人提出退房要求之日起________日内将买受人已付房价款退还给买受人，并按已付房价款的________%赔偿买受人损失。

2. 买受人不退房，出卖人按已付房价款的________%向买受人支付违约金。

3. ______________________________。

第十六条　保修责任

买受人购买的商品房为商品住宅的，《住宅质量保证书》作为本合同的附件。出卖人自商品住宅交付使用之日起，按照《住宅质量保证书》承诺的内容承担相应的保修责任。

买受人购买的商品房为非商品住宅的，双方应当以合同附件的形式详细约定保修范围、保修期限和保修责任等内容。

在商品房保修范围和保修期限内发生质量问题，出卖人应当履行保修义务。因不可抗力或者非出卖人原因造成的损坏，出卖人不承担责任，但可协助维修，维修费用由购买人承担______________________________。

第十七条　双方可以就下列事项约定：

1. 该商品房所在楼宇的屋面使用权______________________________。

2. 该商品房所在楼宇的外墙面使用权______________________________。

3. 该商品房所在楼宇的命名权______________________________。

4. 该商品房所在小区的命名权______________________________。

5. ______________________________。

6. ______________________________。

第十八条　买受人的房屋仅作________使用，买受人使用期间不得擅自改变该商品房

的建筑主体结构、承重结构和用途。除本合同及其附件另有规定者外，买受人在使用期间有权与其他权利人共同享用与该商品房有关联的公共部位和设施，并按占地和公共部位与公用房屋分摊面积承担义务。

出卖人不得擅自改变与该商品房有关联的公共部位和设施的使用性质。__________。

第十九条　本合同在履行过程中发生的争议，由双方当事人协商解决；协商不成的，按下述第________种方式解决：

1. 提交________仲裁委员会仲裁。

2. 依法向人民法院起诉。

第二十条　本合同未尽事项，可由双方约定后签订补充协议（附件四）。

第二十一条　合同附件与本合同具有同等法律效力。本合同及其附件内，空格部分填写的文字与印刷文字具有同等效力。

第二十二条　本合同连同附件共________页，一式________份，具有同等法律效力，合同持有情况如下：

出卖人________份，买受人________份。

第二十三条　本合同自双方签订之日起生效。

第二十四条　商品房预售的，自本合同生效之日起30天内，由出卖人向________申请登记备案。

出卖人（签章）：　　　　　　　　　　买受人（签章）：

【法定代表人】：　　　　　　　　　　【法定代表人】：

【委托代理人】：（签章）　　　　　　【委托代理人】：（签章）

签于________年____月____日　　　　　签于________年____月____日

附件一：房屋平面图

附件二：公共部位与公用房屋分摊建筑面积构成说明

附件三：装饰、设备标准

1. 外墙：

2. 内墙：

3. 顶棚：

4. 地面：

5. 门窗：

6. 厨房：

7. 卫生间：

8. 阳台：

9. 电梯：

10. 其他：

附件四：合同补充协议

五、购房合同的写作要求

在写作购房合同时，以下合同条款容易引起合同纠纷，需要特别注意。

1. 关于房屋面积方面的条款

商品房以建筑面积计算房款，建筑面积由套内建筑面积与分摊的共有面积两部分成。应在合同中约定套内建筑面积和分摊的共有面积多少，并约定建筑面积不变而套内建筑面积发生误差以及建筑面积与套内建筑面积均发生误差的处理方式。

目前交付房屋时，往往建筑面积增大，且不超过3%，但套内建筑面积减少，公摊面积增大。为避免此种对买房人不利的情况出现，合同中有必要约定套内建筑面积不得减少多少，公摊面积不得增大多少等等，如2%，并约定超出此范围怎么办，退房或不退房；退房包括哪些费用，不退房如何承担违约责任等。

另一种按套内建筑面积计算房款，套内建筑面积与合同约定不符时，一般按照最高院司法解释确立的一般原则即是否超过3%处理。

2. 关于价格、收费、付款额的条款

价格条款应比较明确，应有细项约束开发商不得随意加价，不应包括其他各种不合理费用。在付款方式条款中，应明确、详细规定付款方式，如缴纳定金的时间、数额、分期付款的步骤、时间、数额等。

可注明买方在合同生效的几天之内向金融机构申请贷款，如果不能通过的话，买方可以取消合同，全数取回定金。建议买方无论有无贷款的必要，最好争取加入此条款，达到留给自己一个冷静期的效果。

3. 关于房屋质量的条款

购房者在签合同时一定要详细地把质量要求写进合同。如：卧室、厨房、卫生间的装修标准、等级；建材配备清单、等级；屋内设备清单；水、电、气、管线通畅；门、窗、家具瑕疵；房屋抗震等级等质量要求都应涉及。合同中还可以规定房屋的保质期、附属设备保持期等。

有些购房人认为，商品房竣工后已经过政府主管部门组织的竣工验收，验收合格后才允许交付使用，因此，商品房不应当出现质量问题。而且还有《住宅质量保证书》和《住宅使用说明书》，这两书已对商品房质量的细节做了规定，因此也就没有必要在合同中约定商品房的质量问题。但事实并非如此。商品房竣工验收是以抽查的方式进行验收，因而不能保证每一套商品房的质量都合格，而且竣工验收的质量标准和购房人所希望的质量要求也可能有差距。至于《住宅质量保证书》和《住宅使用说明书》关于房屋质量的规定，都是由开发商拟定，侧重保护开发商的利益，因此有必要在购房合同中约定房屋的质量问题，即对墙体、地面、顶棚平直度，顶棚、厨房、卫生间防水情况，表面裂缝等进行必要约定。

4. 关于售后物业管理的条款

这是购房人在签合同时容易忽略的内容，要注意防止物业管理公司变更物业费。

自2001年6月1日起施行的《商品房销售管理办法》第十三条规定："商品房销售时，房地产开发企业选聘了物业管理企业的，买受人应当在订立商品房买卖合同时与房地产开发企业选聘的物业管理企业订立有关物业管理的协议。"

但是，在实际签约时，很多房地产公司不同意在订立商品房买卖合同时与买受人签订有关物业管理协议。对此，买受人应该据理力争，防止交房时物业公司变更物业费。

5. 关于履行合同的期限和方法的条款

应写明房屋交付的日期，房屋价金的交付日期、金额和方法。例如交付房价款，是一次付清，还是分期付清。

6. 关于产权登记的条款

由双方依规定的日期会同办理，或委托代理人办理。在办理产权过户手续时，卖方应出具申请房屋产权移转给买受人的书面报告，以及缴纳的税单。

按照《商品房销售管理办法》的规定，约定办理产权证的期限应为 60 日。但是，实际签约时，出卖人往往将此期限延长，通常有 90 日、180 日等。买房人应力争在合同中，将出卖人为买受人办理产权证的期限约定为 60 日，不宜太长。如果此期限时间过长，如 365 天以上，表明此项目的土地或房屋很可能被设定了抵押担保，短期内不能解除抵押，对买受人采用公积金贷款和尽快取得房产证有很大影响。

7. 关于税费负担的条款

房屋买卖中应缴纳的一切捐税、费用，应按法律规定，各自承担，并明确载入合同。

8. 关于违约责任的条款

违约责任包括出卖人逾期交付房屋应负的责任，或不能或不履行交付房屋应负的责任；买受人逾期付款应负的责任，以及毁约不买应负的责任等。房产销售合同有关违约责任的条款一般都有“销售方遇不可抗力导致逾期交房，不承担责任”这样的表述。“不可抗力”指不能预见、不能避免并不能克服的客观情况（仅指自然灾害，不包括政府行为或社会异常事件）。因此签订合同时，应特别注意“不可抗力”在合同中是如何界定的。

现在开发商在购房合同中，关于逾期交房的违约责任一般约定为每迟延一日承担全部房款万分之二或万分之三的违约金。这个违约金的比例偏低，与支付房款的银行贷款利息相当，违约金的惩罚性体现不够，买房者应争取提高该比例，可以考虑在万分之五至千分之一之间。

9. 关于不可抗力

签订合同时，注意“不可抗力”在合同中是如何界定的。

任何一方不得就此做扩大解释，否则，该解释不具有约束力。并应约定一个告知期限。

出卖人不能把发展商自己的过错（如对市场判断不准确投资失误、项目设计不周密修改方案等因素）归之为不可抗力，同时，也不能把应该预计到而没有预计到的季节影响、上级行为、政府行为等因素归之为不可抗力，从而免除自己理应承担的违约责任。因此出卖人有时提出以下免责条款，买受人最好不要同意：非出卖人原因，有关部门延迟发出有关批准文件的；施工中遇到异常恶劣天气、重大技术问题不能及时解决的。

10. 必要补充协议的写作

《商品房买卖合同》补充协议内容一般包括付款方式、房屋平面图、公共面积与公用房屋分摊面积说明、装修标准、迟延交房特殊原因的说明、公建配套设施以及花园绿地的权属、物业管理等。建议购房者在签约时一定不要局限于格式条款的内容，对有损于自己利益的条款要与卖方协商重新拟定，对遗漏的事项要加以补充。因此，学会补充协议的写作是很必要的。

总之，购房人在签订商品房买卖合同时，不要着急，尽可能多咨询一些专业人士，这样才能签订一份权利、义务对等的商品房买卖合同。

六、房屋产权文书

1. 房屋产权的含义

房屋产权是指房产的所有者按照国家法律规定所享有的权利，也就是房屋各项权益的总和，即房屋所有者对该房屋财产的占有、使用、收益和处分的权利。

2. 房屋产权文书的种类

房屋产权文书有较多的类别，常见的种类有以下十一种：

（1）房屋遗嘱继承公证书。

（2）私有房屋买卖合同公证书。

（3）城市房屋拆迁补偿、安置协议公证书。

（4）房屋租赁许可证。

（5）房屋租赁合同。

（6）银行同意抵押房屋办理商品房预售许可证的证明。

（7）房地产管理局房屋拆迁公告。

（8）房屋产权登记书。

（9）有限产权房屋接轨告知书。

（10）房地产管理局关于城市房屋拆迁纠纷裁决书。

（11）房屋拆迁许可证、房屋权属证书（登记证明）灭失声明。

七、案例分析

【例文】

原告刘某是某电脑公司职员，被告郭某是某中学教师，原告与被告系朋友关系。2016 年 11 月，原告刘某得知本市某房地产公司出售经济适用房，欲购买一套。而根据本市有关政策规定，只有具有本市户口的人才有资格购买，原告非本市户口，无购房资格。原告就与被告口头商定，由原告以被告名义购买经济适用房一套，该商品房由原告实际占有、使用。随后，原告出资 20 万元，由被告与某房地产开发公司签订了房屋买卖合同，购得一套 80 平方米的两居室房，产权人登记为郭某。之后不久，郭某以该房屋的产权证作抵押向银行贷款 15 万元借给其弟做生意。贷款到期后，郭某无力偿还，银行遂要求变卖房屋以实现抵押权。刘某得知后向法院起诉，主张自己为房屋的实际产权人，要求确认被告的房屋抵押行为无效。

【简析】

我国相关法律规定，房屋等不动产要进行产权登记。房屋产权登记，是指按照法律规定，由有关国家机关对城市房屋的所有权进行登记。房屋是不动产，取得、变更房屋所有权是以房屋产权登记为标志的，这与动产不同。城市房屋买卖过程中，一定要充分注意，占有房屋不代表取得了房屋所有权，还需要办理房屋产权登记。本案实属房屋产权纠纷案，当事人一方以另一方的名义购买房屋并实际占有和使用，而另一方则实际被登记为房屋产权人，究竟谁应当被确认为房屋的真正产权人？本案中，被告郭某虽然没有出资，但他具有购房资格，以自己的名义签订了房屋买卖合同，并登记为房屋产权人，所以应该确认被告实际取得房屋所有权。而根据案情来看，原告刘某根本不具有购房资格，况且房屋登记处也没有登记他是产权人，即使是他出资购买的房屋，也因为不符合相关法律规定，而不能取得房屋所有权。刘某虽向法院起诉，主张自己为房屋的实际产权人，但主张是无效的。

实 训 演 练

1. 某建筑工程拟签订施工合同，工程内容及承包范围为：施工图纸土建部分及工程量清单范围内的全部工作内容，质量标准为《建筑装饰装修工程质量验收标准》(GB 50210—2018) 合格等级；合同工期为 180 天，合同价款为人民币 8 358 054.00 元，最终价款以审计局审计结论为准确认工程价；合同价款方式为固定价格合同，其中因基础超深、设计变更、现场洽商引起的工程量增减可予以调整，调整部分总价下浮 10%；进度款拨付为：基础分部完成拨付 30%，主体分部完成拨付至 75%，剩余 20%经审计部门审计结束后支付，其中 5%留作质保金。根据以上情况拟写作该工程施工合同。

2. 某施工单位拟将在建项目基础及主体分部钢筋工程分包于 A 劳务公司。分包条件：钢筋班组自备钢筋加工机械，施工单位提供住宿条件，分包价款按施工图纸及设计变更钢材工程量×320 元/吨计价，工程质量要求优良，材料损耗率控制在 2%以内。试根据上述基本内容，拟写作钢筋工程劳务分包合同。

3. 自行考虑施工背景（可自备相关施工图纸），拟写作模板工程劳务分包合同。（分包价款按模板建筑面积×12～18 元/m^2 计价）

4. 鑫鑫建筑工程有限公司欲与建筑原材料提供商签订采购合同，为了更好地做好原材料的采购工作，需安排跟单员。试述跟单员应该在建筑材料采购合同的实施过程中发挥哪些作用？

步骤提示：

(1) 跟单员首先收集建筑工程有限公司各个用料部门的《采购原材料申请单》。

(2) 再根据规定的原材料型号、规格等质量标准和采购量，选择合适的原材料供应商。

(3) 对重点建筑原材料供应商的调查。

(4) 对建筑原材料市场进行全面了解和调查。

(5) 配合公司领导签订原材料采购合同。

(6) 填写原材料供应商登记卡。

5. 如何签订购房合同？

步骤提示：

(1) 在《商品房买卖合同》示范文本基础上与开发商谈判“补充协议”，以弥补《商品房买卖合同》示范文本的不足。

(2) “补充协议”的主要内容：小区规划、房屋交付使用的条件、售楼广告、公共财产、物业管理、抵押、房屋面积、贷款、交房条件及相关资料、房屋的检验期限、契税和维修基金、产权证、合同更名、处理合同争议的条款、合同正本的持有和保存。

(3) 正确引用《最高人民法院关于审理商品房买卖合同纠纷案件适用法律若干问题的解释》。

第六章 建筑工程日志

第一节 施工日志

一、施工日志的含义和主要内容

1. 施工日志的含义

施工日志又称施工日记，是对建筑工程整个施工阶段的施工组织管理、施工技术等有关施工活动和现场情况变化的真实的综合性记录，也是处理施工问题的备忘录和总结施工管理经验的基本素材，是工程竣工验收资料的重要组成部分。

2. 施工日志的主要内容

由于施工日志是现场情况变化的真实的综合性记录，施工日志应以单位工程为记载对象，从工程开工起至工程竣工止，按专业指定专业负责人，逐日记载，并保证内容真实、连续和完整，记录人员要签字，主管领导定期也要签阅。其主要应记录以下内容：

（1）原材料进场验收及检验情况：水泥、钢材、预拌混凝土、砂石、外加剂、砖、砌块等进场数量、使用部位、型号规格、强度等级及生产厂家，进场验收情况，抽样检验数量及试验单位，试验结果。

（2）砂、石、水泥、外加剂、水等计量情况。

（3）施工试验情况：砂浆、混凝土、试件、留置数量、代表方量、部位、试验结果、焊缝等检测情况。

（4）工程质量检查情况记录：

①实体质量指过程质量检查情况及隐蔽验收检查情况，应注明部位、数量、项目内容、限期整改情况，包括参加单位、人员。

②原材料、施工试验不合格的处理。

③土方回填质量。

④地基处理质量。

（5）基础、楼层放线抄测记录。

（6）技术交底情况。

（7）混凝土结构、水泥地面养护情况。

（8）设计变更情况。

3. 施工日志填写要求

（1）施工日志填写不允许有空白项。

（2）施工简况：应记录施工项目形象进度、施工负责人、技术、安全负责人。

（3）施工进度：应记录当日完成工程的部位、具体工程数量。

（4）材料、设备进场及使用情况：当日进场设备、材料需记录，并记录材料使用在何部位。

（5）材料、设备检测或送检情况：进场材料需送实验室的应记录清楚，并检查其合格证、出厂检测报告；写明由哪个监理见证、取样人是谁；不需送实验室的，现场应检验其合格证、出厂检测报告。

（6）主要机械设备进场使用情况：机械设备的运转情况正常与否。

（7）技术交底情况：当日作业内容技术交底，写明交底人、接受人、交底内容。

（8）安全交底及现场安全检查情况：当日作业内容技术交底，写明交底人、接受人、交底内容。

（9）工程质量检查验收情况及验收工作记事：每个检验批均需检查，写明检查验收情况，合格与否，符合不符合设计及施工质量规范要求，应写明规范名称及编号。

（10）监理指令或通知情况：记录当日监理对工程质量、安全情况的指示或通知。

（11）上级或其他单位安全质量检查情况及指令：记录监理、质检站等单位对工地的安全质量检查情况。

（12）检验批、分项、分部工程报检及验收情况：记录当日报验的检验批、分项、分部工程情况。

（13）设计图纸及设计变更情况：当日的设计图纸变更情况。

（14）环保及其他情况：环保。

（15）要清楚施工日记应记录的内容。

二、施工日志的写作

施工日志可按单位工程、分部工程或施工工区（班组）建立，由专人负责收集、填写记录和保管。一般包括基本信息、主要内容和其他内容。

（一）基本信息

基本信息包括日期、气象、平均温度、施工部位、出勤人数、操作负责人等。

（1）日期、星期、气象、平均温度。平均温度可记为××℃～××℃，气象按上午、下午分别记录。

（2）施工部位。施工部位应将分部、分项工程名称和轴线、楼层写清楚。

（3）出勤人数、操作负责人。出勤人数一定要分工种记录，并记录工人的总数。

（二）主要内容

1. 工作内容

（1）当日施工内容及实际完成情况。

（2）施工现场有关会议的主要内容。

（3）有关领导、主管部门或各种检查组对工程施工技术、质量、安全方面的检查意见和决定。

（4）建设单位、监理单位对工程施工提出的技术、质量要求、意见及采纳实施情况。

2. 检验内容

(1) 隐蔽工程验收情况。应写明隐蔽的内容、轴线、分项工程、验收人员、验收结论等。

(2) 试块制作情况。应写明试块名称、轴线、试块组数。

(3) 材料进场、送检情况。应写明批号、数量、生产厂家以及进场材料的验收情况，以后补上送检后的检验结果。

3. 检查内容

(1) 质量检查情况：当日混凝土灌注及成型、钢筋安装及焊接，模板安拆等质量检查和处理记录，混凝土养护记录，砂浆、混凝土外加剂掺用量，质量事故原因及处理方法，质量事故处理后的效果验证。

(2) 安全检查情况及安全隐患处理（纠正）情况。

(3) 其他检查情况，如文明施工及场貌管理情况等。

(三) 其他内容

(1) 设计变更、技术核定通知及执行情况。

(2) 施工任务交底、技术交底、安全技术交底情况。

(3) 停电、停水、停工情况。

(4) 施工机械故障及处理情况。

(5) 冬雨期施工准备及措施执行情况。

(6) 施工中涉及的特殊措施和施工方法、新技术、新材料的推广使用情况。

三、撰写施工日志的注意事项

(1) 按时、真实、详细记录，书写时一定要字迹工整、清晰，最好用正楷字书写。

(2) 当日的主要施工内容一定要与施工部位相对应。

(3) 养护记录要详细，应包括养护部位、养护方法、养护次数、养护人员、养护结果等。

(4) 焊接记录也要详细记录，应包括焊接部位、焊接方式（电弧焊、电渣压力焊、搭接双面焊、搭接单面焊等）、焊接电流、焊条（剂）牌号及规格、焊接人员、焊接数量、检查结果、检查人员等。

(5) 其他检查记录一定要具体详细，不能泛泛而谈。检查记录记得详细，还可代替施工记录。

(6) 停水、停电一定要记录清楚起止时间，停水、停电时正在进行什么工作，是否造成损失。

(7) 施工日志应按单位工程填写，从开工到竣工验收时止，逐日记载，不可中断。

(8) 中途发生人员变动，应当办理交接手续，保持施工日志的连续性和完整性。

四、案例分析

【例文一】

施工日志

项目名称：××高速公路××段　　　　合同号：A2

承包单位：××一局集团有限公司

监理单位：××建工程咨询（××）有限公司　　　　编　号：××××

工程部位	路基工程及桥涵工程	天气情况	晴，×℃～×℃
里程（桩号）	GK37＋300～K43＋700	记录时间	2010－11－14
现场值班及带班人员	王××	施工人数	水泥班组：48人

施工内容：

1. 水泥班组七个工人砌筑K42＋030～K42＋420段截水沟，两个工人在K40＋600里程处开凿石头。
2. 一台挖掘机在K41＋500里程处挖淤泥。两台后八轮车配合将淤泥运至指定的弃土场，一台装载机在此将淤泥推平。
3. 两台装载机和一台挖掘机在K39＋100里程处挖砂包土，四台自卸翻斗车配合将土运至K39＋235～K39＋341主线鱼塘处，两台装载机将土推平，一台压路机压实。
4. K40＋195涵洞顶板和K40＋195涵洞顶板混凝土浇筑，水泥班组四个工人放料及振捣，一个模板工人护模。
5. 三台重型翻斗车运卵石至K41＋450里程处

材料使用情况：

水泥30 t，砂石120 m^3

主要机械设备：

挖掘机、装载机、压路机、自卸翻斗车

安全质量情况：

无安全事故

其他（大事记、会议、变更、检查等）：

无

记录人：李××　　　　技术负责人：张××

【简析】

这是一篇公路工程方面的施工日志，记录比较完整，可以作为公路建设路基工程及桥涵工程施工日志填写的范例。

【例文二】

施工日志

<table>
<tr><td>日期</td><td>2010年6月5日</td><td>星期</td><td>六</td><td rowspan="2">平均
气温</td><td colspan="2">气　象</td></tr>
<tr><td rowspan="2">施工部位</td><td rowspan="2">主体施工×××</td><td>出勤人数</td><td>操作负责人</td><td>上午</td><td>下午</td></tr>
<tr><td>×人</td><td>王××</td><td>℃</td><td>℃</td><td>℃</td></tr>
<tr><td colspan="7">1. 今天施工部位为主体施工第12层，Ⓐ～Ⓑ轴线、①～⑨轴线、柱子钢筋与模板。
2. 今天购进汽油42.5 L，普通水泥150 t，由现场监理人员按规范进行了见证取样，并立即送到了实验室进行检测，下午进场支模钢管20 t。
3. 今天转发了“关于地下室部分墙体设计变更”的通知，变更通知号为×年×月×日第×号，具体内容详见该设计变更，目前该部位墙体未施工。
4. 上午，由现场钢筋工长和模板工长分别对钢筋班和模板班进行了质量、安全技术交底。主要就前期出现的一些影响质量的因素进行了分析并提出了具体控制措施。
5. 下午，在实验室取回了5层混凝土试压报告，经查混凝土强度等级均达到了设计要求，已将报告送达监理部。
6. 公司质量安全处对工地进行了全面检查，主要针对目前现场材料堆放、主体混凝土质量提出了具体要求。详细内容见会议记录。
7. 劳动力安排情况：
①34名钢筋工安装柱和剪力墙钢筋；
②53名模板工搭设满堂架；
③10名钢筋车间人员加工12层板钢筋；
④15名普工转运材料，5名普工清扫楼层。</td></tr>
<tr><td>工长</td><td colspan="2">张××</td><td colspan="2">记录员</td><td colspan="2">李××</td></tr>
</table>

【简析】

这是一篇施工日志，看似简单，却存在一些问题，主要是：

（一）填写不规范。

1. 基本信息中的“气象”“平均气温”未填写。

2. 施工部位不详细，应对施工主体部位进行详细描述。

（二）表述上有很多问题。

1. 缺主语。“今天转发了‘关于地下室部分墙体设计变更’的通知”，究竟是谁转发了？应改为“今天由现场总监理工程师转发了‘关于地下室部分墙体设计变更’的通知”；

2. 填写不详细。“下午，在实验室取回了5层混凝土试压报告”，应写清楚取回的试验报告为多少份。

第二节 监理日志

一、监理日志的含义、作用及分类

（一）监理日志的含义

工程建设监理是建设项目管理主体的重要组成部分，工程建设监理是严格按照有关法律、法规和技术规范实施的，监理资料的收集、编写、整理是监理工作的重要环节，是监理服务工作量和价值的体现。而监理日志的记录是监理资料中较重要的组成部分，是工程实施过程中最真实的工作证据，所以监理日志必须保证真实、全面，充分体现参建各方合同的履行程度。公正地记录好每天发生的工程情况，是监理人员的重要职责。

监理日志又称监理日记，是监理人员每天必须完成的一项重要工作，监理日记要充分展示监理人在工程建设监理过程中的各项活动，是监理行为、重要施工过程的真实反映，是问题查证的重要资料记录。

监理日志要有时效性、价值性、针对性、真实性。

（二）监理日志的作用

监理日志是重要的质量记录，是分析、处理责任问题的重要依据，由此可见，它是项目监理部监理工作状况的综合反映，是监理的工作量及价值的体现，其作用体现在以下三个方面：

1. 监理日志是监理活动全面而又连续的最真实的记录

监理审批记录、验收记录大多是对施工结果的认可，不能系统反映监理活动，对有些特殊问题的原因、处理结果更难全面反映，而以文字记载为主的日志可将重要的监理活动全面、连续地记录下来。

2. 监理日志是监理人员对施工活动最全面的监控记录

监理的验收表格只是对施工活动间断性的记录，不能反映施工过程，一些施工过程出现的问题无法在验收表中得到反映，日志则是记录这些问题的载体，对处理有关问题具有重要的参考价值。

3. 监理日志是反映监理工作水平、工作成效的窗口

监理日志体现了监理人员的技术素质、业务水平，展示了监理人员履行监理职责的能力和工作成效。同时，也反映出监理企业的管理水平。

（三）监理日志的分类

（1）监理日志可分项目监理日志和专业监理日志，每个工程项目必须设项目监理日志，对于专业不复杂的工程项目，经项目总监理工程师确定，也可取消专业监理日志，只设项目监理日志。

（2）专业监理日志和项目监理日志不分层次，平行记载并归档。

（3）专业监理日志由专业监理工程师填写，定期由项目总监理工程师审阅并逐日签字；

项目监理日志可与主要专业（如土建专业）监理日志合并，由项目总监理工程师或项目总监理工程师指定专人当日填写，项目总监理工程师每日签阅。

二、监理日志的写作

监理日志是监理实施监理活动的原始记录，应真实、准确、全面地记录与工程进度、质量、安全相关的问题。一般包括基本信息、主要内容和其他内容等。

（一）基本信息

基本信息包括工程名称、施工单位、施工单位现场负责人、监理工程师、天气情况等。应准确记录工程名称、施工单位、天气情况等。记录当天的天气状况，特别是出现异常气候应予描述。例如，天气预报当天的天气晴，实际上在当天的某一时刻出现大雨等异常情况，监理日记中应予记录，应记录出现时间、持续时间。

（二）主要内容

1. 工程施工情况

（1）工程部位。准确记录承包商当天工程施工作业部位，施工形象进度。

（2）承包商动态。记录承包商人员、机械、材料的进出场情况，当天的施工情况，施工作业是否符合要求，施工过程是否正常，施工安排是否符合计划安排。

（3）关键工序、关键部位的施工情况概要。

（4）质量检查、试验情况。当天监理检查、试验情况结果是否符合要求，不符合要求的处理措施及处理结果。

（5）承包商提出的问题及其答复。承包商提出的问题，监理的答复。

2. 监理工作情况

（1）现场质量、进度问题的发现和处理。记录施工过程中监理发现的问题，解决的方法以及整改过程的记录。在监理过程中，并不只是发现问题，更重要的是怎样科学、合理地解决问题，所以监理日记要记录好发现的问题，同时更要记录好解决问题的方法和过程。

（2）上级的通知或指示。记录接到通知、指示的时间、内容，通知或指示的执行情况及反馈。若没有处理，在以后的记录中还应继续进行跟踪记录。

（3）当日施工承包商（重要的）、业主、设计单位的相关来文或要求。承包商提出的具体问题，监理的答复。

（4）对已往提出问题的复查。记录对已往提出问题的跟踪检查情况，问题处理的结果，避免问题没有得到解决而不了了之。

（5）重点、关键部位的旁站记录。旁站部位都是施工难度大，技术要求高，难以检查，出现问题难以处理的关键工序，因此真实、准确地记录好旁站情况，对于每一位监理人员来说至关重要。旁站记录的主要内容：准确记录施工部位，施工工艺；如果施工过程天气骤然变化，也应真实地记录下来；真实记录现场与旁站施工有关的建设单位、承包商的技术管理人员情况，承包商的质量保证体系的运行情况，如承包商质量保证体系管理人员是否到位，是否按事先的要求对关键部位或关键工序进行检查等；准确记录完成的工程量；施工过程情况、试验与检验情况、设备材料使用情况；检查机械、设备是否和报批的一致，记录机械、设备的运行参数，如管道压浆的压力、持续时间等；记录材料的使用情况，包括厂家、型号、使用数量等；施工过程是否有异常情况，如因意外停工，应写清停工原因及承包商所做的处理；监理的工作情况，包括监理人员发出的指令，承包商提出的问题及监理人员的回复等。

（三）其他内容

（1）安全文明施工管理。记录监理巡视、检查过程中发现的问题及监理指令，承包商对指令的执行情况。

（2）参加会议的记录和有关工程的洽谈记录。

（3）来访情况等。

总之，监理日志是一项重要的信息归档资料，是监理工作的重要基础记录，所有监理人员均应按时填写，为项目提供有价值的证据，为自己和公司树立良好的形象，提高监理活动的社会信誉。同时，也是一种自我保护的手段。

三、撰写监理日志的注意事项

（1）监理日志的书写应符合法律、法规、规范的要求，真实、全面、充分体现工程参建各方合同履行程度，公正记录每天发生的工程情况，准确反映监理每天的工作情况及工作成效。禁止作假，不能为了某种目的修改日志，不得随意涂改、刮擦。

（2）准确记录日期、气象情况。有些监理日志往往只记录时间，而忽视气象记录，其实气象情况与工程质量有直接关系。因此，监理日志除写明日期，还应详细记录当日气象情况（包括气温、晴、雨、雪、风力等天气情况）及因天气原因而延误的工期情况。

（3）做好现场巡查，真实、准确、全面地记录工程相关问题。监理人员在书写监理日记之前，必须做好现场巡查，增加巡查次数，提高巡查质量，巡查结束后按不同专业、不同施工部位进行分类整理，最后工整地书写监理日记并签名。记录监理日记时，要真实、准确、全面地反映与工程相关的一切问题（包括“三控制、二管理、一协调”）。

（4）监理日志应注意监理事件的“关闭”。监理人员在记监理日志时，往往只记录工程存在的问题，而没有记录问题的解决，从而存在“缺口”。发现问题是监理人员经验和观察力的表现，而解决问题是监理人员能力和水平的体现，是监理的价值所在。在监理工作中．并不只是发现问题，更重要的是怎样科学合理地解决问题。所以监理日记要记录好发现的问题、解决的方法以及整改的过程和程度。所以，监理日志应记录所发现的问题、采取的措施及整改的过程和效果，使监理事件圆满“闭合”。

（5）关心安全文明施工管理，做好安全检查记录。一般的委托监理合同中，大多不包括安全内容。虽然安全检查属于委托监理合同外的服务，但直接影响操作工人的情绪。进而影响工程质量，所以监理人员也要多关心、多提醒。做好检查记录，从而保证监理工作的正常开展。

（6）监理日志应书写工整、清晰，用语规范。监理日志体现了记录人对各项活动、问题及其相关影响的表达。文字如处理不当，如错别字多，涂改明显，语句不通，不符合逻辑，或用词不当、用语不规范、采用日常俗语等，都会产生不良后果。语言表达能力不足的监理人员在日常工作中要多熟悉图纸、规范，提高技术素质，积累经验，掌握写作要领。严肃、认真地记录好监理日记。

（7）禁止填写与工程无关的内容；不该记录的会议内容不得记录在监理日志上。

（8）所有的监理人员均应每天按时填写监理日志，尽量避免事后补记，监理日志记录后，要及时交项目总监理工程师审阅，以便及时沟通和了解，从而促进监理工作正常、有序地开展。

（9）监理日志必须妥善保管，不得丢失或损毁，并且不得随意外借。工程竣工后，按照监理文件归档要求进行规整和保存。

四、案例分析

【例文一】

监理日志

单位工程名称	同前	施工单位	××××建工集团	现场负责人	黄××
时间及天气	2010.4.10 多云	最高气温	25 ℃	最低气温	16 ℃

1. 工程进展情况：1#楼，二层梁板模板支设。2#楼，三层剪力墙钢筋绑扎。3#楼，二层结构梁板模板拆除，七层楼面放线。4#楼，二层结构架板钢筋验收及结构混凝土浇捣。5#楼，二层楼板钢筋绑扎。6#楼，六层剪力墙封模。商铺7#楼，结构二层墙体砌筑。商铺8#楼，二层框架柱封模。

2. 进场材料：今日上午钢材进场大约32吨，下午已进行见证取样送检，详见见证取样登记台账。

3. 监理情况：

（1）巡视检查：1#楼梁板模板支设基本上符合要求，对监理提出的相关模板内的清理要求，施工单位能及时整改到位。2#楼剪力墙钢筋检查发现㉑轴交Ⓑ轴、⑰轴交Ⓐ轴等共六处11根暗柱钢筋电渣压力焊焊包不合格，责成质量员黄志坚进行整改，并发出监理通知单018#，要求加强工序质量自检工作。整改后报监理复查。3#楼模板拆除混凝土强度符合要求，检查有安全管理人员值守，安全措施基本到位。4#楼钢筋通过验收，同意进行混凝土浇筑，详见旁站记录。5#楼楼板钢筋绑扎符合要求。6#楼剪力墙、商铺8#楼框架柱模板封模检查情况良好，联系单040#相关要求基本得到落实。7#楼墙体砌筑检查，外墙竖向灰缝饱满度较差，施工单位应监理要求进行了相关整改，针对该情况，发出监理工作联系单041#，要求施工单位做好相关墙体砌筑技术交底的落实。（2）旁站监理：4#楼二层结构混凝土浇捣开始时间15：20，详见旁站监理记录。

4. 收到业主单位转达的设计变更一份。

5. 业主单位张××下午要求明天监理报送相关门窗分包单位考察时间表。

6. 下午收到施工单位报送的屋面防水施工方案。

填表人：赵××　　　　总监理工程师（签章）：张××

2010年4月10日　　　　2010年4月10日

【简析】

这是一篇建筑工程监理日志，填写总体比较规范，但也存在一些问题，主要是：

（一）填写不规范。

1. “单位工程名称”填写不规范，应写“单位工程名称”的全称；

2. “钢材进场大约32吨”不准确，应去掉“大约”，还应标明钢材的批号。

（二）表述不清楚。

1. “模板支设基本上符合要求”，应去掉“基本上”；

2. “收到业主单位转达的设计变更一份”，应写明设计变更的编号及主题。

【例文二】

旁站监理记录

（梁板钢筋隐蔽及自拌混凝土浇筑）

工程名称：××××××　　　　　　　　　　　　　　　　　　　　编号：B11—　××

日期及气候：××年×月×日	工程地点：××小区东侧
旁站监理的部位或工序：××××××××	
旁站监理开始时间：××年×月×日	旁站监理结束时间：××年×月×日

施工情况：施工前配备各类人员，施工机械运转正常。施工员、质检员、安全员对施工人员进行安全技术交底及分工。××#水泥，配比单编号××，配比××，水灰比××，混凝土强度××。采用塔式起重机送料，自××轴至××轴顺序浇筑

监理情况：

1. 施工前对班组进行安全技术交底。
2. 核查原材料复检报告真实、有效。
3. 质检员、施工员在现场，特殊工种持有效证件。
4. 节点钢筋配置、连接符合设计及规范，模板安装尺寸正确、牢固，垫块、马凳设置正确，施工面清洁、无杂物，隐蔽工程验收合格。
5. 按配比单进行了计量，在小铁车上作明显标记，搅拌时间符合要求。
6. 施工方法按工艺标准进行，混凝土振捣密实，钢筋隐蔽过程中无明显移位，模板形态正常，支撑稳定。
7. 检查了梁的轴线、标高、截面及板厚、保护层等，偏差均在合格范围内。
8. 上午：××、下午：××在现场测混凝土坍落度，分别为××cm、××cm。
9. 现场见证取样制作标养和同条件试块各一组

发现问题：

□砂或石子用量超过规定，发现时间：	□坍落度不符要求，发现时间：
□钢筋移位、变形，部位：	□模板胀模、下沉，部位：
□振捣不密实，漏振，部位：	□垫块、马凳滑脱，部位：
□板面不平整，板厚不够，部位：	□轴线偏位，部位：

处理意见：

□调整配比，准确计量	□调整水灰比至符合要求
□跟班钢筋工现场处理	□跟班木工现场处理
□作业人员立即纠正、处理	□重新垫好
□整改至符合要求	□整改至符合要求

备注：

1. 本次施工过程中发现的问题在□上打√；
2. 相关的处理意见在□上打√；
3. 现场监理人员、质检员、施工员对上述问题及处理意见共同复查、确认

承包单位：××××××	监理单位：××××××
项目经理部：××××××	项目监理机构：××××××
质检员（签字）：王××	旁站监理人员（签字）：谢××
××年××月××日	××年××月××日

【简析】

这是一篇记录比较详细的建筑工程旁站监理记录，是对监理日志更加详尽的补充，为了杜绝不规范行为的发生，监理企业应将旁站作为质量控制的一个重要手段。

第三节　施工安全日志

一、施工安全日志的含义和作用

1. 施工安全日志的含义

施工安全日志是由项目专职安全管理人员从建设项目开始到竣工，对整个施工过程中的重要生产和技术活动连续不断的翔实记录，是项目安全施工的真实写照和安全管理人员工作活动的翔实总结。也是工程施工安全事故原因分析的依据，施工安全日志在整个工程档案中具有非常重要的位置。

目前，国家、行业均未对安全施工日志的格式、内容进行规范。日志内容的繁简和记录质量的高低完全取决于安全管理者的素质高下。以表格或文本形式，因个人的习惯而异，根据企业、业主的要求而定。

2. 施工安全日志的作用

施工安全日志是安全员在一天中执行安全管理工作情况的记录，是分析研究施工安全管理的参考资料，也是发生安全生产事故后，可追溯检查的最具可靠性和权威性的原始记录之一，认定责任的重要书证之一。主要起到以下五个方面的作用：

（1）施工安全日志是一种记录。它主要记录的是在施工现场已经发生的违章操作、违章指挥、安全问题和隐患，并对发现的问题进行处理的记录。

（2）施工安全日志是一种证据。它是设备设施是否进行了进场验收、质安员是否对现场安全隐患进行了检查的证明。

（3）施工安全日志是工程的记事本，是反映施工安全生产过程的最详尽的第一手资料，它可以准确、真实、细微地反映出施工安全情况。

（4）施工安全日志可以起到文件接口的作用，并可以用于追溯出一些其他文件中未能提及的事情。

（5）施工安全日志作为施工企业自留的施工资料，它所记录的因各种原因未能在其他工程文件中显露出来的信息，将来有可能成为判别事情真相的依据。

二、施工安全日志的写作

施工安全日记的内容可分为基本内容、施工内容和主要记事三个方面。

1. 基本内容

基本内容包括了日期、星期、天气等基本信息的填写。

2. 施工内容

施工内容包括了施工的分项名称、层段位置、工作班组、工作人数及进度情况。

3. 主要记事

(1) 巡检（发现安全事故隐患、违章指挥、违章操作等）情况。

(2) 设施用品进场记录（数量、产地、强度等级、牌号、合格证份数等）。

(3) 设施验收情况。

(4) 设备设施、施工用电、“三宝、四口”防护情况。

(5) 违章操作、事故隐患（或未遂事故）发生的原因、处理意见和处理方法。

(6) 其他特殊情况。

三、撰写施工安全日志的注意事项

(1) 应抓住事情的关键。例如，发生了什么事；事情的严重程度；何时发生的；谁干的；谁领谁干的；谁说的；说什么了；谁决定的；决定了什么；在什么地方（或部位）发生的；要求做什么；要求做多少；要求何时完成；要求谁来完成，怎么做；已经做了多少；做得合格不合格等。只有围绕这些关键问题进行描述，才能记述清楚，才具备可追溯性。

(2) 记述要详简得当。该记的事情一定不要漏掉，事情的要点一定要表述清楚，不能写成“大事记”。如没有把当天的天气情况、施工的分项工程名称和层段位置的轴线、楼层等写清楚，工作班组、工作人数和进度等均没有进行详尽记录。试想一下，连工作的班组和人数都不清楚，怎能做好现场的安全生产管理工作。

(3) 当天发生的事情应记在当天的日志中，要逐日记载，不得后补。施工日志应按土建、设备安装等专业划分，分别填写。土建专业的施工安全日志必要时也可涵盖其他专业的部分内容。如根据施工安全其他资料显示，某种设施用品是在某月某日进场的，但日志上找不到记录；捏造不存在的施工内容，由于施工日志未能及时填写，出现大部分内容空缺，记录者就凭空记录与施工现场不相符的内容。

(4) 记录时间要连续。从开工开始到竣工验收时止，逐日记载不许中断。若工程施工期间有间断，应在日志中加以说明，可在停工最后一天或复工第一天里描述。如“巡检（发现安全事故隐患、违章指挥、违章操作等）情况”一栏记录了安全事故隐患，后面“违章操作、事故隐患（或未遂事故）发生的原因、处理意见和处理方法”一栏的记录空白，填写没有闭合。

(5) 停水、停电一定要记录清楚起止时间，停水、停电时正在进行什么工作，是否造成经济损失等，是由于哪方面原因造成的，为以后的工期纠纷留有证据。

(6) 施工安全日志的记录不应是流水账，要有时间、天气情况、分项部位等记录，其他检查记录一定要具体、详细。

四、案例分析

【例文一】

施工安全日志

<table>
<tr><td></td><td>日期</td><td>2010年6月9日</td><td>星期</td><td>三</td><td>天气</td><td>晴</td></tr>
<tr><td rowspan="3">施工内容</td><td>分项工程</td><td>作业面</td><td>作业班组</td><td colspan="2">作业人数</td><td>进度情况</td></tr>
<tr><td>①～④轴四层结构</td><td>搭支模架</td><td>架子工组</td><td colspan="2">20</td><td></td></tr>
<tr><td></td><td></td><td></td><td colspan="2"></td><td></td></tr>
<tr><td rowspan="6">主要记事</td><td colspan="6">一、巡检（发现安全事故隐患、违章指挥、违章操作等）情况：</td></tr>
<tr><td colspan="6">今天技术组组织对四层悬挑部位的支模架进行了联合检查，发现有少数部位的加固不到位，及时下发了整改，必须按方案整改到位方能进入下一道工序。</td></tr>
<tr><td colspan="6">二、设施用品进场记录（数量、产地、标号、牌号、合格证份数等）：</td></tr>
<tr><td colspan="6">材料进场情况：长脚用板、竖立杆、放扫地杆、扫地杆扣紧、扫地小横杆、大横杆、斜撑杆、柱拉杆、剪力撑、脚手板、防护及挡脚板、安全网等。</td></tr>
<tr><td colspan="6">三、设施验收情况：</td></tr>
<tr><td colspan="6"></td></tr>
<tr><td rowspan="7">主要记事</td><td colspan="6">对四层支模架的搭设进行了抽查，部分扣件拧固不紧。</td></tr>
<tr><td colspan="6">四、设备设施、施工用电、“三宝、四口”防护情况：</td></tr>
<tr><td colspan="6">一切正常</td></tr>
<tr><td colspan="6">五、违章操作、事故隐患（或未遂事故）发生的原因、处理意见和处理方法：</td></tr>
<tr><td colspan="6">甲方对工地一些违规现象下了罚款通知。</td></tr>
<tr><td colspan="6">六、其他情况：</td></tr>
<tr><td colspan="6">无</td></tr>
<tr><td colspan="2">专职安全员（签名）：</td><td>王××</td><td>项目负责人（签名）：</td><td>谢××</td><td>审阅日期：</td><td>2010年6月9日</td></tr>
</table>

【简析】

这是一篇施工安全日志，填写项目比较多，但是填写得比较粗糙，主要是：

（一）填写不规范。

1. 填写缺项，对“施工内容”中的“进度情况”应该进行填写；

2. 填写不详细，对“主要记事”中“设施用品进场记录”中的材料进场情况，应详细记录材料的数量、产地、标号、牌号、合格证份数等；

3. 对“设施验收情况”应作详细记录。

（二）语言表述问题。

1. 表达不完整。“及时下发了整改”，应该为及时下发了整改通知。

2. 用语不规范。“下了罚款通知”太口语化，应该为作出罚款决定并通知。

【例文二】

施工安全日记

<table>
<tr><td>日期</td><td>20××年×月×日</td><td>星期</td><td>×</td><td>天气</td><td>晴</td></tr>
<tr><td>作业面</td><td>作业班组</td><td>作业人数</td><td colspan="3">进度情况</td></tr>
<tr><td>混凝土养护</td><td>泥工班组</td><td>35</td><td colspan="3">×××</td></tr>
</table>

续表

日期	20××年×月×日	星期	×	天气	晴
梁板钢筋、模板安装					
今天是工程开工的第135天，四层楼面⑨～⑰轴混凝土养护；五层顶板①～⑨轴梁板钢筋、模板安装；⑨～⑰轴柱钢筋对接；泥工班组三层砖块砌体砌筑；普工清理三层模板及建筑垃圾。 上岗前，对各班组进行了安全技术交底。安全员在全场巡视检查，木工班组未清理拆下的模板及分类堆放整齐；架子工班组未清理现场钢管。泥工班的落手清工作较差，安全员对泥工班组进行了安全教育，并要求做好落手清。同时，各施工班组负责人同安全员共同对本班内人员进行安全教育，讲解本工种安全操作规程及安全操作注意事项和安全防护措施。安全员在全场巡视，木工班组有未戴安全帽的人员，警告下次不许再有这样的事情发生。 今天安全施工作业，无安全事故。					
专职安全员	赵××	项目负责人（签名）	张××	审阅日期	20××年×月×日

【简析】

这是一篇施工安全日记，专职安全员对第135天施工涉及安全方面的内容进行了安全巡查，并及时记录。作为一篇施工安全日记是可以的，对我们建筑工程相关专业的同学以后参加顶岗实习，做好施工安全日记有较好的参考作用。

实训演练

1. 施工日志的主要内容包括哪些？
2. 监理日志有哪些作用？
3. 撰写施工安全日志应注意哪些事项？
4. 撰写监理日志应注意哪些事项？
5. 阅读下面材料，分析监理日志内容是否规范。

监理工作情况：

(1) 工程进展情况：$1^{\#}$楼，二层梁板模板支设。$2^{\#}$楼，三层剪力墙钢筋绑扎。$3^{\#}$楼，模板拆除混凝土强度。

(2) 进场材料；今日上午钢材进场32吨，下午已进行见证取样送检。

(3) 监理情况：

①巡视检查：$1^{\#}$楼梁板模板支设基本符合要求，对监理提出的相关模板内的清理要求，施工单位能及时整改到位。$2^{\#}$楼剪力墙钢筋检查发现㉑轴交Ⓑ轴、⑰轴交Ⓐ轴等共六处11根暗柱钢筋电渣压力焊焊包不合格，责成质量员黄志坚进行整改，并发出监理通知单$018^{\#}$，要求加强工序质量自检工作。整改后报监理复查。$3^{\#}$楼模板拆除混凝土强度符合要求，检查有安全管理人员值守，安全措施基本到位。

②旁站监理：无。

(4) 收到业主单位转达的设计变更一份。

(5) 业主单位下午要求明天监理报送相关门窗分包单位考察时间表。

(6) 下午收到施工单位报送的屋面防水事项施工方案。

(7) 全天综合评述：一切正常。

第七章 技术交底文件与工程变更单

第一节 技术交底文件

一、技术交底文件的含义

技术交底，是在某一单位工程开工前，或一个分项工程施工前，由主管技术领导向参与施工的人员进行的技术性交代，其目的是使施工人员对工程特点、技术质量要求、施工方法与措施和安全等方面有较详细的了解，以便科学地组织施工，避免技术质量等事故的发生。各项技术交底记录汇成的工程技术档案资料就是技术交底文件。本章主要讲解建筑工程类技术交底。

二、技术交底文件的种类

在建筑工程领域，技术交底按内容来分，可分为施工技术交底和安全技术交底。施工技术交底从技术角度直接指导施工；安全技术交底从安全、环保等方面提出需要注意的事项。

(一) 技术交底的内容

1. 设计交底

设计交底也就是设计图纸交底。这是在建设单位主持下，由设计单位向各施工单位（土建施工单位与各专业施工单位）进行的交底，主要交代建筑物的功能与特点、设计意图与要求等。

2. 施工设计交底

一般是施工单位组织，在管理单位专业工程师的指导下，由施工组织设计编制单位（或编制人）向施工工地进行交底。将施工设计要求的全部内容进行交底，使施工人员对建筑概况、施工部署、施工方法与措施、施工进度与质量要求等方面，有较全面的了解，以便在施工中充分发挥各方面的积极性。

3. 分部、分项工程施工技术交底

这是一项工程施工前由工地技术负责人向施工员（工长）或施工员向施工班组进行交底。通过交底，使直接生产操作者能抓住关键，顺利施工。分部、分项工程施工技术交底是基层施工单位一项重要的技术活动。

(二) 安全技术交底分类

安全技术交底分为工序安全交底和工种安全交底。

三、技术交底文件的写作

技术交底是对施工过程中的一项技术指导，技术交底是结合施工图、施工工艺流程和现行的有关国家施工标准、规范及质量标准、规范而作出的一份详细的施工作业技术指导书。工人在施工过程中，一切都要按照技术交底的要求、步骤进行施工，施工作业前必须认真地看懂技术交底的要求及施工步骤，还要使每一个施工作业人员清楚地了解技术交底中的要求和施工步骤，不准出现不按技术交底的要求和步骤进行野蛮施工而造成工程质量存在隐患或工程返工等情况。

为了使技术交底能真正成为指导施工、预防事故、保证质量、提高技术素质的技术性文件，结合工作实践总结，技术交底应包括表头和交底内容两个部分。

1. 表头（基本信息）

表头包括的内容由施工单位填写；日期即技术交底的填写日期，必须在本分项工程施工前下达；工程名称填写单位工程名称；交底部位即分项工程名称。

2. 交底内容

技术交底主要包含施工准备、操作工艺、质量要求、其他措施等。涵盖以下内容：

（1）工程概况与特点。一方面要填写清楚工程名称、地理位置、工程面积，对此项工程进行简要介绍；另一方面要对工程性质、难易程度、要求工期等作简要介绍。

（2）图纸及规范的主要要求。设计者的大体思路以及自己以后在施工中存在的问题，包括主要部位尺寸、标高、材料规格及使用要求、配比要求等。

（3）施工方法。包括工序搭接关系、垂直运输方法、主要机械的使用及操作要点。

（4）对施工进度的要求。包括施工范围、工程量、工作量和施工进度，主要根据实际情况，实事求是填写即可。

（5）质量标准、要求与保证质量措施。按照质量验收规范，结合工程特点，确定控制及验收的标准，即对工程质量提出的要求和必须达到的标准，也是技术员实际验收的标准，并将作为施工任务书工程量及质量验收的依据。

（6）可能发生的技术问题及处理方法。

（7）节约、成品保护要求与措施。即施工中对本分项工程、其他已完成或正在进行的工程、控制桩等的要求及相关保护措施。

（8）安全、消防等要求与措施。

四、撰写技术交底文件的注意事项

技术交底应以书面形式交底为主。对重要部位或较复杂部位应另附翻样图纸，必要时结合实际操作进行交代。填写技术交底记录表（单），由交底人及被交底人签字，并存档一份。所以，在撰写的过程中应注意以下三个方面：

（1）因为工地的各项技术活动均是以执行和实现施工组织设计的各项要求为目的，因此，技术交底也应以施工组织设计为主导内容。

（2）交底要有针对性，即要根据各方面的特点，有针对性地提出操作要点与措施。这里所谓的特点包括：工程状况、地质条件、气候情况（冬、雨季或旱季）、周围环境（如场地窄小、运输困难、周围对降噪防尘的要求等）、操作场地（如高空、深基、立体交叉作业、工序反搭接等）以及施工队伍素质特点（在哪方面技术薄弱）等方面。

（3）要明确指出哪些是关键部位或关键项目。关键部位包括：结构或装修重要部位，质量上易出问题部位，施工难度较大的部位，对总进度（或创造工作面）起决定作用的部位以及新材料、新工艺、新技术项目等。

另外，凡是设计图纸上有变动的项目，一定要将设计变更洽商内容及时向有关工长班组进行交底。

五、案例分析

【例文一】

<table>
<tr><td colspan="2" rowspan="2">技术交底记录</td><td rowspan="2">编号</td><td>G1－7</td></tr>
<tr><td>3</td></tr>
<tr><td>工程名称</td><td colspan="3">××××××××工程</td></tr>
<tr><td>部位名称</td><td>竖井等</td><td>工序名称</td><td>拱架加工</td></tr>
<tr><td>施工单位</td><td>××××城市建设有限公司</td><td>交底日期</td><td>20××年×月×日</td></tr>
<tr><td colspan="4">交底内容：
一、施工准备
1. 技术准备。所有加工人员必须熟悉图纸，理会设计意图，按图纸已做放样。
2. 材料要求。钢筋进场有材质单，进场后作复测合格。
3. 机具准备和场地准备。
二、施工工艺
1. 工序：下料→弯形→“8”形筋成形→拱架放样→安装“8”形筋→焊接成形。
2. “8”形加强筋应冷压成形，焊口应放在两个“8”形焊接处，“8”形筋应横竖交错均匀放置，加工时应保证A、B两面平行，圆角与拐角处不得有裂纹。
“8”形筋长380 mm，宽153 mm，中间接头处平直段30 mm，“8”形筋两端弯折平行段为60 mm，向内折260 mm，角度28°31′23″，弯折半径$R21$，内折半径为$R14$。
3. 连接角钢与主筋之间采用双面焊接，有效焊缝长不小于5 cm，主筋端部与钢板之间，采用周围焊接，焊缝高不小于1.2 cm。
4. 竖井拱架分为四段加工，四段拼装后，内径为4 628 mm，拱架宽为1 620 mm，内主筋距中心点2 314 mm，外主筋距中心点2 476 mm。
5. 隧道拱架也分为四段加工，拱顶弧形段，连接板至拱顶下主筋，1 126 mm至上主筋1 288 mm，上拱内净宽2 168 mm，两侧主拱高1 893 mm，在立拱内侧底部90～290 mm处焊与底拱相连的法兰筋每端4条$\phi16$螺栓，相连底拱长2 168 mm。
6. 拱架加工前均做放样取值。
三、质量标准
1. 主控项目：
（1）钢筋材料规格、直径、焊接质量必须符合设计要求。
（2）钢筋格栅部件拼装的整体结构尺寸符合设计要求。
2. 一般项目：钢筋格栅各节点连接必须牢固，表面无焊渣。
四、成品保护
1. 拱架焊完应平整摆放在库房内。
2. 如果露天，必须用苫布覆盖，以防锈蚀。
五、环境、职业、健康、安全管理措施
1. 环境管理措施
剩余废料应集中堆放，保持现场干净、整洁；所有机械应在棚内工作，减少噪声。</td></tr>
</table>

续表

技术交底记录		编号	G1－7
			3
2. 职业、健康、安全管理措施 （1）加工人员应戴安全帽、穿防护服及相应的个人防护用品。 （2）设专人检查各种机械设备在使用过程中的安全隐患。			
审核人	交底人	接收交底人数	
王××	谢××	×人	

【简析】

总体来说，这篇技术交底记录填写较为完整，但也存在一定的问题，主要表现在以下几个方面：

1. 填写不详细。

（1）在“部位名称”项应该进行详细填写，不能填写成“竖井等”。按照例文从“交底内容”可以看出，施工部位应该还有“隧道”。

（2）“机具准备和场地准备”也应进行较详细的描述，应改成“机具准备：电焊机、弯曲机、切断机、调直机，所用模具工具已齐备；场地准备：制作车间、场地已搭好。”

2. 语言表述问题。

表达不完整。如成品保护中的“如果露天”，应改为“如果露天存储或如果露天存放”等。

【例文二】

××1、2、3号高架桥技术交底

××1号高架桥桥梁中心点桩号：K2177＋544.0，起终桩号：K2177＋091.644～K2177＋996.355，计算桥梁跨径组成：75＋6×125＋75＝900（m）。上部采用三向预应力混凝土变截面钢构—连续组合梁、下部采用双薄壁＋单空心薄壁组合桥墩、钻孔灌注桩基础。

××2号高架桥起、终点桩号分别为K2178＋516.419和K2179＋497.473，桥梁全长981.054 m。计算桥梁跨径组成为：60＋7×100＋60＝820（m）。上部采用预应力混凝土钢构—连续组合梁设计方案，下部采用双薄壁＋单空心薄壁组合桥墩、钻孔灌注桩基础。

××3号高架桥主桥起终桩号：K2180＋787.420～K2181＋307.818，计算桥梁跨径组成为60＋4×100＋60＝520（m），采用预应力混凝土钢构-连梁组合梁设计方案，桥梁上部采用三向预应力混凝土变截面钢构-连续组合梁、下部采用空心薄壁式桥墩、基础采用钻孔灌注桩基础。

三座桥梁上部结构施工均需采用挂篮悬浇工艺，下边将给出一些注意事项供施工参考。

一、材料要求

（一）混凝土

1. 上部构造：主桥箱梁采用C60混凝土，防撞护栏采用C30混凝土。

2. 下部构造：主桥主墩墩身采用C50混凝土，承台及桩基采用C30混凝土，桥台台身及侧墙采用C40混凝土，桥台盖梁采用C40混凝土，承台采用C30混凝土，桥台基桩采用C25混凝土，主墩基桩采用C30混凝土，支座垫块采用C50小石子混凝土，桥台搭板采用C30混凝土。

（二）钢材

1. 预应力钢绞线采用ASTM A416—2002标准的270级高强低松弛钢绞线，其抗拉强度标准值 $f_{pk}=1\ 860$ MPa，直径为15.24 mm，面积为140.0 mm^2，弹性模量 1.95×10^5 MPa；钢束张拉控制应力为抗拉强度标准值的0.75倍。

2. 用于预应力混凝土结构的精轧螺纹粗钢筋的力学指标及表面质量应符合《公路桥涵施工技术规范》（JTG/J F50—2011）附录G—5的规定，抗拉强度标准值（材料屈服点 $\sigma_{0.2}$）为785 MPa，张拉控制应力为抗拉标准强度的0.9倍，弹性模量 $E_s=2.0\times10^5$ MPa。

3. 普通钢筋：设计采用R235级和HRB335级钢筋；带肋钢筋的技术标准应符合《钢筋混凝土用钢 第二部分：热轧带肋钢筋》（GB/T 1499.2—2018）的规定，光圆钢筋应符合《钢筋混凝土用钢筋 第一部分：热轧光圆钢筋》（GB/T 1499.1—2017）的规定。

4. Q235C及Q345C级板材、型钢要求分别符合《碳素结构钢》（GB/T 700—2006）、《低合金高强度结构钢》（GB/T 1591—2018）的规定。

（三）支座及伸缩缝

全桥支座采用GPZ（Ⅱ）系列盆式橡胶支座，支座成品力学性能应满足《公路桥梁盆式支座》（JT/T 391—2009）的要求，另外应注意满足设计文件中支座纵、横桥向位移量要求；伸缩缝采用模数式伸缩装置，伸缩缝成品技术指标应满足《公路桥梁伸缩装置通用技术条件》（JT/T 327—2016）的要求。

（四）锚具及波纹管

锚具及波纹管材料的设计参数均参照OVM系列产品；但仅作为设计、施工参考，不作为工程材料的产品采购指导，该类产品的验收按照《公路桥梁预应力钢绞线用锚具、夹具和连接》（JT/T 329—2010）的要求执行。

（五）桥面防水及铺装

桥面铺装采用10 cm沥青混凝土。

桥面防水采用三涂FYT-1改进型防水材料。

（六）其他用材：其他用材（包括砂、石、水等）的质量应符合《公路桥涵施工技术规范》（JTG/T F50—2011）有关规定和要求。

二、设计要点

（一）主桥静力分析

1. 主桥计算采用两套不同的程序进行计算与校核，两个程序计算结果接近。在成桥状态下考虑结构可能同时出现的作用（结构重力、预加力、混凝土收缩徐变作用、基础变位作用、汽车荷载、温度作用等）分别按承载能力极限状态和正常使用极限状态进行了作用效应组合，取最不利效应组合对结构的强度、刚度和应力进行了验算。

2. 施工状态下按照结构梁段划分，分别对施工过程中各阶段的内力、应力、挠度、稳定性进行了计算和验算。

3. 箱梁横向桥面板分别按框架和简支板考虑固端影响两种模式进行了计算，择其大者控制截面设计。

4. 主桥施工过程中单T进行了下述三种工况的验算。

(1) 最后一个悬臂段不同步施工，一侧施工，另一侧空载。

(2) 一侧堆放的材料、机具等按 8.5 kN/m 计，悬臂端部作用 200 kN 集中力，另一端空载。

(3) 一侧施工机具等动力系数为1.2，另一侧为0.8。

5. 主桥合拢温度按15 ℃±3 ℃计，合拢顺序为先合拢边跨，后合拢中跨。

计算结果表明，在上述各种情况下截面应力分布较为均匀，箱梁顶、底板均未出现拉应力，并有一定的压应力储备。考虑竖向预应力后，箱梁各截面最大主拉应力值满足规范要求。

(二) 引桥上部跨径30m装配式部分预应力混凝土T形连续梁桥静力分析、计算模型及有关参数详见本项目装配式部分预应力混凝土T形连续梁桥通用图［QT/TL200/ZP (7/30) —FHIC2005］的说明部分。

(三) 主桥动力分析及结构局部应力计算

主桥结构动力分析按照《公路工程抗震规范》(JTG B02—2013) 的相关规定，采用本项目工程地质报告中提供的动力参数，将主桥上、下部结构作为空间整体模型采用空间有限元程序"MIDASV6.7"进行了反应谱和时程分析，计算时考虑了两种地震作用组合：①恒载＋100％纵向地震作用＋50％竖向地震作用；②恒载＋100％横向地震作用＋50％竖向地震作用。通过计算结果判定地震作用不控制设计，此外还对主梁进行了局部应力验算，计算结果均满足规范要求。

(四) 主桥下部结构计算

主桥下部结构计算时将上部结构静力计算结果与风力、制动力、支座摩阻力及地震作用按照不同荷载组合分别进行了计算，其中地震作用组合不控制设计，基桩计算根据《公路桥涵地基与基础设计规范》(JTG D63—2007) 中"m"法编制的计算程序进行桩基内力分析，并根据实际地质情况按照嵌岩桩进行了桩长计算。

三、挂篮悬臂浇筑施工注意事项

本桥的施工应严格遵从《公路桥涵施工技术规范》(JTG/T F50—2011) 的有关规定执行。桥梁上下部的施工及施工质量控制应严格按照《公路桥涵施工技术规范》(JTG/T F50—2011) 和其他相关《技术规范》的有关规定执行。

(一) 箱梁采用挂篮悬臂施工工艺，浇筑墩身混凝土时应注意预埋支架临时固结件。具体施工顺序如下：

1. 完成桥墩施工后在托架上现浇0号、1号块。

2. 安装挂篮，从2号块至最后一个梁块，逐块、对称、平衡地进行悬臂浇筑施工。待浇筑梁段混凝土强度达到设计强度的95％(混凝土龄期不小于7天) 时，方可张拉梁段顶板或腹板预应力钢束，然后再张拉竖向、横向预应力筋。浇筑箱梁在混凝土施工过程中，严格控制不平衡弯矩的产生，悬臂两端混凝土的累计浇筑量相差不得大于设计限定数量。挂篮移动同时、同步进行，施工机械不得任意放置，尤其到最大悬臂时，非施工人员上桥也需严格控制。

3. 悬臂浇筑过程中，在每个块件的前端顶、底板应设置几处观测点，施工时测出每个阶段的标高变化情况，以控制节段的抬高量和预拱度设置。

4. 拆除悬臂施工挂篮，形成最大单“T”状态。

5. 安装全桥合拢段吊架（同时吊架预压）、配重，安装劲性骨架；张拉边跨合拢钢束到1/4～1/3设计张拉强度；浇筑边跨合拢段混凝土并同步等量减少配重。待边跨合拢段混凝土龄期及强度满足设计要求后，张拉相应的纵桥向预应力钢束、横向预应力钢束及竖向预应力钢筋。纵桥向预应力钢束张拉顺序为：先补充张拉边跨合拢钢束，再张拉边跨底板预应力钢束。

6. 按先边孔后次边孔、中孔的顺序进行合拢施工，中跨合拢时根据实际控制情况在悬臂端加水箱进行配重。合拢段混凝土的浇筑应在一天中气温最低时进行，并应在尽可能短的时间内完成。合拢段混凝土达到设计强度的95%（混凝土龄期不小于7天）后，方可进行箱梁底板钢束的张拉。

7. 依以上次序依次合拢次边跨、次中跨及中跨，全桥合拢完成。

（二）箱梁墩顶块件（0、1号块）的施工方法，采用在墩旁设托（支）架立模浇筑施工，浇筑混凝土前应对托（支）架进行堆载预压，采用的预压重等同于每延米墩顶块件一期恒载重。墩顶块件作为挂篮拼装工作面。

需要注意以下两个方面：

1. 0、1、1′号块箱梁混凝土浇筑时可分层进行，但第一次浇筑时应浇至腹板高度至少1.50 m。其余梁段应一次浇筑完成。0、1、1′号块与墩顶段混凝土的龄期差不得超过40天。

2. 由于0、1、1′号块体积较大，预应力管道及钢筋密集，施工中应确保管道定位准确，注意混凝土的振捣，浇筑混凝土应采取有效措施减少水化热，避免发生因温度收缩裂缝的情况。此外，应注意各节段混凝土的养护，控制拆模时间。

（三）边跨主墩为连续梁桥墩，在主桥箱梁悬臂浇筑施工过程中需进行墩、梁临时固结，在每个墩顶设置两排40 cm高、100 cm宽、650 cm长的C50混凝土临时支座（支座内浇筑两层硫黄砂浆，每层厚5 cm）及每侧22根JL32精轧螺纹粗钢筋，采用连接器将精轧螺纹粗钢筋接长至箱梁顶面进行张拉，将箱梁临时锚固在墩顶上。待施工至次边跨合拢完成，按照以下顺序解除墩、梁临时固结：

1. 先放松0号块箱梁顶精轧螺纹粗钢筋。

2. 给预先设置在临时支座硫黄砂浆夹层内的电阻丝通电，融化硫黄砂浆层。

3. 取出0号块箱梁横隔板内的精轧螺纹粗钢筋并对管道进行灌浆。

4. 将墩顶清理干净。

5. 给桥墩内的精轧螺纹粗钢筋管道进行灌浆。此外，施工时还应注意电阻丝的功率大小必须根据试验确定。

（四）箱梁在浇筑过程中，应严格控制箱梁线形，使之符合设计要求。各悬臂单“T”悬浇完成后，相邻两悬臂端的相对竖向标高差不应大于20 mm，轴线偏差不大于10 mm。悬臂浇筑过程中，应按施工控制文件要求，在每个块件的前端顶、底板布设测点及箱内埋设有关测试元件，加强变形观测，对箱梁标高、线形及轴线等进行控制调整。

（五）合拢临时锁定

1. 边跨合拢临时锁定时，在劲性骨架安装完成，混凝土浇筑前先张拉合拢钢束达1/4～1/3设计张拉强度，待边跨合拢混凝土浇筑完成并达到设计张拉要求后再张拉至设计张拉强度。

2. 劲性骨架安装时大气温度与主梁合拢温度要求相同。

3. 合拢段混凝土浇筑前应彻底清除劲性合拢骨架的油污、焊渣等杂物。

4. 合拢段劲性骨架要求焊接迅速完成，并形成刚接。焊接时在预埋件周边混凝土上浇水降温，避免烧伤混凝土。

（六）挂篮及吊架要求

1. 挂篮自重设计按65吨控制，同时挂篮应设有调整±10 cm竖向挠度的功能，以便调整立模标高。

2. 挂篮必须设置防脱落装置，确保挂篮不会脱落。

3. 挂篮在预应力孔道压浆达到强度90%后方可前移。

4. 如利用竖向预应力作为挂篮后锚点，不得少于8个点。

5. 应对挂篮进行预拼装及荷载试验、预压并进行相应的试验，以了解其弹性变形规律。

6. 吊架自重设计按20吨控制。

（七）混凝土质量和施工要求

1. 应按《公路标准施工技术规范》（JTG/T F50—2011）严格控制上部箱梁各部尺寸，在任何情况下梁段自重误差应在±3%范围内。

2. 新、旧混凝土接合面应清除浮浆、凿毛、清洗干净。

3. 箱梁外露面（腹板外侧、底板底面、悬臂板底面）应光洁、平整、美观，要保持在一个平、立面上，凹凸差不得大于0.5 cm；底板顶面在混凝土初凝前抹平。

4. 混凝土应充分振捣密实，尤其在管道密集部位及锚固区应特别加强混凝土的振捣，确保混凝土浇筑质量。

5. 箱梁墩顶块件及混凝土应尽量一次浇筑完成，其余梁段混凝土也应一次浇筑完成。

6. 浇筑大体积混凝土应采取减少水化热的有效措施，避免发生温度收缩裂缝。

7. 同一单“T”两侧梁段悬臂浇筑施工进度应对称、平衡，实际不平衡偏差不得超过梁段设计重量的20%。

8. 在浇筑主梁边跨现浇段过程中，应观测支架的变形及沉降，并应采取措施（钢滚筒或小摩擦系数的平面摩擦）使现浇段与悬臂端标高及轴线偏差最小。

9. 本桥施工过程中应进行相关试验，包括混凝土材料配合比试验，混凝土收缩徐变系数、强度及弹性模量等基本参数测定，混凝土泵送工艺试验，挂篮试验及拼装，为确保箱梁成桥线形所进行的施工观测与控制，预应力损失试验等。

10. 应加强施工现场管理，在箱梁混凝土终凝以前，施工人员、机械不得在桥面板上行走。

（八）普通钢筋质量和施工要求

1. 前一梁段伸出的钢筋必须焊接在后一梁段相应的钢筋上。

2. 凡与预应力束发生冲突的普通钢筋，均适当移动以避让预应力束，如需割断普通钢筋，应与监理工程师和设计代表商议后再决定。

3. 锚固齿板内的钢筋应与腹板、底板钢筋采用点焊连接；箱梁底板内平衡拉筋必须与底板内上下层主筋点焊连接。

（九）预应力管道质量和施工要求

1. 设计要求采用真空辅助吸浆工艺及塑料波纹管。

2. 所有纵向预应力管道必须设置内衬管时，才允许浇筑混凝土。

3. 所有管道与管道间的连接及管道与喇叭管的连接应确保其密封性。

4. 纵向预应力管道应严格保证弯曲坐标及弯曲角度，用“井”字形及“U”形定位架精确定位，定位架间距在直线段为1.0 m，曲线上为0.5 m。定位钢筋应与箱梁纵、横向钢筋点焊连接。管道的制作、安装及连接必须保证质量，现场在预应力管道附近对钢筋等施焊时，应采取保护管道的措施，严禁因管道漏浆造成预应力管道堵塞。

5. 垫板必须与管道轴线垂直。

6. 箱梁在绑扎钢筋、浇筑混凝土过程中，严禁踏压波纹管，防止其变形，影响穿束及张拉。

7. 主梁施工完成后对主梁各备用预应力束孔进行端部10～15 cm范围内用密封材料封堵的处理。

（十）预应力钢绞线质量和施工要求

1. 在预应力钢绞线进场之后，钢束张拉之前应对钢绞线进行力学性能试验，以确定张拉吨位、引伸量和锚下应力之间的关系，用以对张拉吨位和引伸量作相应修正以确保施工时锚下应力达到相应的设计值（引伸量修正公式详见施工规范）。

2. 钢束张拉时，应尽量避免滑丝、断丝现象。当出现滑丝、断丝时，其滑丝、断丝总数量不得大于该断面总数的1%，每一钢束的滑丝、断丝数量不得多于一根，否则应换束重新张拉。

3. 钢绞线运至工地后应置于室内并防止锈蚀。

4. 钢绞线的下料用砂轮机切割，切口两端要用20号钢丝绑扎，以免松散。

5. 为提高扁束施工质量，要求采用整体张拉工艺。

（十一）竖向预应力钢筋质量和施工要求

1. 由于该钢筋出现微小损伤或锈蚀将会导致张拉时脆断，因此应严格注意保管，防止损失，同时应注意下料、运输、安装等环节的管理，力求避免碰伤，以免张拉时脆断。

2. 竖向预应力钢筋不得有弯曲情况。

3. 粗钢筋张拉后应切实注意张拉端锚具（螺帽）的拧紧工艺。预应力锚具应逐个检查，其锚垫板喇叭口内侧有毛刺的一律不得使用。

4. 竖向预应力张拉在纵向预应力张拉之后、挂篮拼装之前进行，要求采用千斤顶张拉，张拉吨位56.8吨，采用引伸量与张拉吨位双控，引伸量详见设计图纸，如引伸量达不到要求，应进行补充张拉。竖向预应力的锚固，须采用测力扳手进行，其扭矩不应小于2 kN·m。张拉完成后先不进行压浆，待全桥合拢之后，桥面铺装施工之前，应对全桥所有竖向预应力钢束进行复拉，复拉完毕后应及时压浆。其间应做好竖向预应力钢筋的防腐工作。

5. 竖向预应力粗钢筋张拉应认真做好张拉记录，监理须现场旁站。

（十二）锚具和垫板质量和施工要求

1. 穿索前应清除喇叭管内的漏浆及杂物。

2. 应抽样检查夹片硬度。

3. 应逐个检查垫板喇叭管内有无毛刺，对有毛刺者不准使用。

（十三）预应力质量的控制

1. 梁段混凝土强度达到设计强度的90%且混凝土龄期不小于7天时，方可进行该梁段预应力钢束张拉。

2. 预应力的张拉必须对称、平衡。

3. 张拉底板预应力钢束时，必须先张拉长束后张拉短束。

4. 预应力钢束张拉应严格按设计张拉顺序、张拉控制应力及工艺进行，并认真做好张拉记录，且应在监理在场的情况下进行。

5. 纵向、横向预应力张拉以延伸量和张拉吨位双控，延伸量超过±6%范围时，应停下检查，分析原因并处理完成后方可继续张拉。

6. 预应力钢束（筋）张拉完后，应尽早进行孔道压浆，压浆用水泥的标号不得低于C50，孔道压浆采用真空辅助压浆技术并切实保证压浆质量。压浆材料、外加剂及水泥浆配比应根据管道形成、压浆方法、材料性能及设备条件通过试验确定。原则上要求尽量减小灰浆收缩，保证压浆密实、饱满。压浆所用的水泥浆强度等级原则上要求其设计强度达到箱梁混凝土的设计强度，并据此进行配比设计，水泥浆的掺合材料要求对预应力束不能起腐蚀作用。箱梁悬臂浇筑施工挂篮的前移，应在该梁段预应力束张拉完、管道压浆后进行。

7. 主梁合拢时，应严格控制合拢温度，合拢温度为15 ℃±3 ℃。

8. 预应力张拉及传感器应按有关规定定期标定，张拉人员应持证上岗，监理人员应现场旁站。

9. 纵向预应力钢束在箱梁横断面应保持对称张拉，纵向钢束张拉时两端应保持同步。

10. 各类型钢束的张拉控制吨位和张拉步骤建议如下：

初应力按实际需要选取。

钢绞线：0→初应力→$0.75f_{pk}$

粗钢筋：0→初应力→$0.90f_{pk}$

全桥每施工阶段三向预应力张拉顺序应按纵向预应力→竖向预应力→横向预应力的原则进行。横向预应力钢束宜滞后悬臂两个节段张拉，以消除悬臂端边界效应，便于纵向预应力传递到悬臂板，与横向钢束形成双向受压。

11. 钢束张拉完毕，严禁碰撞锚具和钢绞线（预应力钢筋），钢绞线（预应力钢筋）剩余长度采用砂轮切割机切断。

12. 预应力钢束张拉应认真做好张拉记录，监理须现场旁站。

（十四）边跨、中跨合拢段按吊架施工设计。施工单位也可根据施工经验和设备能力采用其他成功可靠的施工方案，但需经监理工程师和设计代表认可并应通知设计方重新进行结构计算。

（十五）各跨中底板钢束压浆混凝土未达到设计强度的90%之前，不得在跨中范围内堆放重物或行走施工机具。

（十六）凡需焊接的受力部分，均需满足可焊性要求，并且当使用强度不同的钢材焊接时，所选用的焊接材料的强度应能保证焊接及接头强度高于较低强度的钢材。

（十七）凡设槽口的埋入式锚头，管道压浆后均需封锚。封锚混凝土应密实并与梁体混凝土结合良好。

（十八）上部结构主梁施工时，应注意预埋桥面系护栏、伸缩缝以及交通工程等构件的预埋件。

（十九）箱梁施工中因施工所需开设的孔洞，均应征得设计单位的同意。所有施工预埋件，在施工完成后应予割除，恢复原状，并注意防锈。

四、本桥下部施工注意事项及要求

（一）考虑到桥位处地形陡峭，边坡稳定性较差，要求施工时尽量减少对自然边坡的扰动，尤其在大、重型机械进、出场及作业时。基础施工完成后对桥梁的边坡应进行铺砌。

（二）本桥下部桥墩采用钻孔灌注桩施工，提升滑模完成桥墩施工。墩身施工中应注意预埋桥墩竖向预应力筋。要求每根桩均在基桩钢筋笼内圆周四分点处布设 ϕ57 mm 超声波检测管四根，供成桩质量检测使用。

（三）支座垫块应严格按设计提供的数值控制，并保证支座水平和支座顶面清洁。

（四）主墩的墩身、承台浇筑时应采取必要的降温、散热等措施，以免大体积混凝土浇筑时因收缩应力产生裂缝。

（五）本桥基础均采用桩基础，施工时应根据地质情况，结合施工机械设备条件，精心施工，确保合格率100%。

（六）本桥桩基均按钻孔灌注嵌岩桩设计，施工时应注意清孔；清孔后的泥浆指标：相对密度1.05～1.08；黏度17～20 s；含砂率小于4%，桩底沉淀层厚度不得大于5 cm。

（七）本桥桥位处地基岩溶较为发育，全桥各基桩桩长应由设计代表根据超前钻资料重新核对；待设计代表对各基桩孔底标高确认后方可钻孔。

（八）因本桥地基岩溶较为发育，基桩施工前应做必要的安全准备，以避免钻孔塌孔，造成不良后果。

（九）出于桥梁整体美观考虑，设计要求各桥墩承台顶面埋置于地面线以下0～100 cm处；如现设计承台顶面标高未能满足要求，应通知设计方代表并调整设计。

五、其他

（一）防水材料采用FYT－1改进型防水材料，涂刷于箱梁调平层顶面。

（二）主梁各施工阶段应进行施工监控，并根据监控结果控制挂篮施工控制点标高及调整施工工艺，同时满足成桥标高预抬的要求。本设计所提供各梁段预拱度值为设计理论值，仅作为施工监控数据的参考；施工控制部门应按实际施工状态重新计算各梁段预拱度，并向设计部门提供实际施工工况资料数值进行分析比较，最终由监控单位确定各梁段施工标高控制值。预应力混凝土桥梁在合拢后，受混凝土收缩、徐变等因素影响，3～5年内，跨中将出现下挠现象；因此，本桥需对中跨成桥标高进行预抬；该预抬值待施工条件确定后，由施工监控单位、设计单位及施工单位共同确定预抬值及预抬线型。

（三）桥面伸缩装置，安装要求衔接桥面的平整度，须严格控制标高和平整度。并按照厂家提供的安装指导说明书进行安装。

（四）桥梁上、下部结构的所有外露钢构件均需进行防锈、防蚀处理。

（五）桥梁施工完成后，应按照相关规定进行动、静载试验。

（六）其他未尽事项按《公路桥涵施工技术规范》（JTG/T F50—2011）办理。

（七）本桥设计文件中所采用的防水材料、支座、伸缩缝、锚具系列等定型产品的设计所涉及的产品名称、品牌仅作为设计参数采用的参照，不作为产品采购的指导。

【简析】

本例文是一份公路桥梁方面的技术交底资料，从材料要求、设计要点、挂篮悬臂浇筑施工注意事项、本桥下部施工注意事项及要求等方面进行了详细的技术交底，是一篇很好的技术交底文件资料，可供参考。

第二节　工程变更单

一、工程变更单的含义

变更是指承包人根据监理签发设计文件及监理变更指令进行的、在合同工作范围内各种类型的变更，包括合同工作内容的增减、合同工程量的变化、因地质原因引起的设计更改、根据实际情况引起的结构物尺寸、标高的更改、合同外的其他工作等。工程变更是指对已经正式投入生产的产品所构成的零件进行的变更。在工程项目实施过程中，按照合同约定的程序对部分或全部工程在材料、工艺、功能、构造、尺寸、技术指标、工程数量及施工方法等方面作出的改变。

工程变更是设计和规范的变更。在承包合同中，工程变更是最经常发生也是最关键性的问题。在建筑工程方面，工程变更单是指监理工程师对合同工程或其任何部分的形式、数量或质量作出变更的记录表格或单据。工程变更一般伴有费用变化，变更的范围也非常广泛。工程变更的定义包括广义和狭义两种：广义的工程变更包含合同变更的全部内容，如设计方案和施工方案的变更、工程量清单数量的增减、工程质量和工期要求的变动、建设规模和建设标准的调整、政府行政法规的调整、合同条款的修改以及合同主体的变更等；而狭义的工程变更只包括以工程变更令形式变更的内容，如建筑物尺寸的变动、桥梁基础形式的调整和施工条件的变化等。

二、工程变更单的种类

工程变更也就是合同变更，是指对合同中的工作内容作出修改，追加或取消某些工作。土木工程项目实施过程中，工程变更是合同变更的表现形式。

由于土木工程地质水文条件的复杂性，发生合同变更是较常见的，几乎每一个土木工程项目都会发生工程变更。土木工程合同文件中技术规范或设计图纸及施工方法等发生改变，总是发生在工程施工过程中，有时是事先不可预见的，需要监理工程师依据工程现场情况决定，若处理不当，即使是正常的工程变更也会影响工程进展，必须予以高度重视。

（一）根据提出变更申请和变更要求的不同部门来划分

根据提出变更申请和变更要求的不同部门来划分，将工程变更划分为三类，即筹建处变更、施工单位变更和监理单位变更。

1. 筹建部门变更

筹建部门变更包括上级部门变更、筹建处变更和设计单位变更。

（1）上级部门变更。指上级行政主管部门提出的政策性变更和由于国家政策变化引起的变更。

（2）筹建处变更。筹建处根据现场实际情况，为提高质量标准、加快进度和节约造价等因素综合考虑而提出的工程变更。

（3）设计单位变更。指设计单位在工程实施过程中发现工程中存在的设计缺陷或需要进行优化而提出的工程变更。

2. 施工单位变更

施工单位变更是指施工单位在施工过程中发现设计与施工现场的地形、地貌和地质结构等情况不一致而提出来的工程变更。

3. 监理单位变更

监理方根据现场实际情况提出的工程变更和工程项目变更、新增工程变更等。

（二）按工程变更的性质和费用影响来分类

按工程变更的性质和费用影响来分类，一般也可分为以下三类：

1. 第一类变更（重大变更）

重大变更包括改变技术标准和设计方案的变动，如结构形式的变更、隧道位置的变更、重大防护设施及其他特殊设计的变更。

2. 第二类变更（重要变更）

重要变更包括不属于第一类范围的较大变更，如标高、位置和尺寸变动，变动工程性质、质量和类型等。

3. 第三类变更（一般变更）

一般变更主要包括变更原设计图纸中明显的差错、遗漏；不降低原设计标准下的构件材料代换和现场必须立即决定的局部修改等。

另外，有些工程变更还以其他形式表现出来：因设计变更或工程规模变化而引起的工程量增减；因设计变更而使得某些工程内容被取消；因设计变更或技术规范改变而导致的工程质量、性质或类型的改变；因设计变更而导致的工程任何部分的标高、位置、尺寸的改变；为使工程竣工而实施的任何种类的附加工作；因规范变更而使得工程任何部分规定的施工顺序或时间安排的改变等类型。

三、工程变更的范围

由于工程变更属于合同改造过程中的正常管理工作，工程师可以根据施工进展的实际情况，在认为必要时就以下六个方面发布变更指令：

（1）对合同中任何工作工程量的改变。由于招标文件中的工程量清单所列的工程量是依据设计图纸预算的量值，是为承包人编制投标书时合理进行施工组织设计及报价使用而定的，因此实施过程中会出现实际工程量与预算不符的情况。为了便于合同管理，当事人双方应在专用条款内约定工程量变化较大可以调整单价的百分比。

（2）任何工作质量或其他特性的变更。如在强制性标准外提高或者降低质量标准。

（3）工程任何部分标高、位置和尺寸的改变。这方面的改变无疑会增加或者减少工程量，因此也属于工程变更。

(4) 删减任何合同约定的工作内容。省略的工作应是不再需要的工程，不允许用变更指令的方式将承包范围内的工作变更给其他承包商实施。

(5) 新增工程按单独合同对待。进行永久工程所必需的任何附加工作、永久设备、材料供应或其他服务，包括任何联合竣工检验、钻孔和其他检验以及勘察工作。这种变更指令应是增加与合同工作范围性质一致的新增工作内容，而且不应以变更指令的形式要求承包人使用超过他目前正在使用或计划使用的施工设备范围去完成新增工程。除非承包人同意此项工作按变更对待，一般应将新增工程按一个单独的合同来对待。

(6) 改变原定的施工顺序或时间安排。此类变更属于合同工期的变更，既可能源于增加工程量、增加工作内容等情况，也可能源于工程师为了协调几个承包人施工的干扰而发布的变更指示。

四、工程变更的原则及审批原则

1. 工程变更的原则

设计文件是安排建设项目和组织施工的主要依据，设计一经批准，不得任意变更。只有当工程变更按本办法的审批权限得到批准后，才可组织施工。

工程变更必须坚持高度负责的精神与严格的科学态度，在确保工程质量标准的前提下，对于降低工程造价、节约用地、加快施工进度等方面有显著效益时，应考虑工程变更。

工程变更事先应周密调查，备有图文资料，其要求与现设计相同，以满足施工需要，并填写“变更设计报告单”，详细申述变更设计理由（软基处理类应附土样分析、弯沉检测或承载力试验数据）、变更方案（附上简图及现场图片）以及与原设计的技术经济比较（无单价的填写估算费用），按照本办法的审批权限，报请审批，未经批准的不得按变更设计施工。

工程变更的图纸设计要求和深度等同原设计文件。

2. 工程变更的审批原则

变更设计必须遵守设计任务书和初步设计审批的原则，符合有关技术标准设计规范，符合节约能源、少占耕地、提高工程质量、方便施工、利于营业、节约工程投资和加快工程进度的原则。

变更设计必须在合同条款的约束下进行，任何变更不能使合同失效。变更后的单价仍执行合同中已有的单价，如合同中无此单价或因变更带来影响和变化，应按合同条款进行估价。经承包商提出单价分析数据，监理工程师审定，业主认可后，按认可的单价执行。

无总监理工程师或其代表签发的设计变更令，承包商不得做任何工程设计变更，否则驻地监理工程师可不予计量和支付。

五、工程变更因素

1. 业主原因

工程规模、使用功能、工艺流程、质量标准的变化，以及工期改变等合同内容的调整。

2. 设计原因

设计错漏、设计调整，或因自然因素及其他因素而进行的设计改变等。

3. 施工原因

因施工质量或安全需要变更施工方法、作业顺序和施工工艺等。

4. 监理原因

监理工程师出于对工程协调和对工程目标控制有利的考虑而提出的施工工艺、施工顺序的变更。

5. 合同原因

原定合同部分条款因客观条件变化，需要结合实际修正和补充。

6. 环境原因

不可预见自然因素和工程外部环境变化导致工程变更。

六、工程变更单的写作

1. 基本内容

工程变更单的基本内容是由标题及编号、称呼、正文、附件和落款组成。

（1）标题及编号。写明工程具体名称，如××××新城区农民拆迁安置房小区A2组团工程。

（2）称呼。写明受文单位名称。

（3）正文。写明需要变更的原因及变更的详细内容。

（4）附件。工程变更的详细内容，变更的依据，工程变更对工程造价及其工期的影响程度、对工程项目的功能、安全的影响分析，必要的附图。

（5）落款。落款部分要写明提出变更的单位名称，并让负责人签字，最后填写日期。

2. 审查内容

工程变更的审查内容由审查意见和落款组成。

（1）审查意见。相关部门要根据变更内容签署意见。

（2）落款。负责人要签字并加盖单位公章，填写日期。

七、撰写工程变更单的注意事项

（1）工程变更单撰写时应写明工程变更的要求及原因，格式要规范，语言要得体。

（2）工程变更单由提出单位填写，经建设、设计、监理和施工等单位协商同意并签字后方为有效工程变更单。

（3）工程变更单要及时办理，必须是先变更后施工。紧急情况下，必须是在标准规定时限内办理完工程变更手续，否则为不符合要求。

（4）工程变更文件编号要连贯一致，提高变更单的内容质量。

（5）工程变更一旦经相关部门批准后，应要求施工单位尽快实施，项目单位和监理单位应将变更点作为工程质量控制检查重点进行监控。

八、案例分析

【例文一】

工程变更单

工程名称：××××新城区农民拆迁安置房小区C2组团工程　　　　编号：××

致××市建院有限公司：

由于图纸未明确原因，兹提出设计院明确图纸的工程变更（内容见附件），请予以审批。

附件：

1. 由于安置房工程斜坡屋面拉梁层板面取消的原因，建议只将分户墙砌至斜坡屋面，其余室内隔墙只砌至拉梁底。

2. 由于建施图上并未明确采用什么材质，经查招标文件附件三第1页为彩板卷帘门。经与建设、监理方商议，建议采用普通彩板卷闸门。

3. 在以下部位增设成品铸铁花饰栏杆：①B型(1/B)轴2.13标高至梁底段均增设栏杆，栏杆样式及面漆等均与楼梯栏杆相同。下设100高60宽C20细石混凝土挡水线。②A型(1/B)轴4.8标高至梁底段均增设成品铸铁花饰栏杆，栏杆样式面漆等均与楼梯栏杆相同。下设100高60宽C20细石混凝土挡水线。

4. 1～8#楼工程外墙饰面工程时，由于建施总说明11.11只说明阳台、雨棚和挑檐等的下方均设成品铝合金滴水线，墙身大样（一）中第10大样的铝合金窗上下条均增设成品铝合金滴水线。

5. 为满足水电预埋，现1～8#楼屋面拉梁层梯间两侧Ⓑ轴、(1/B)轴上增设两根构造柱（上顶），以便于水电埋管，构造柱规格为200 mm×200 mm，内配4ϕ12、ϕ8@200，采用C20混凝土浇筑。

6. 外墙立面铝合金百叶时，因未注明叶厚及颜色，建议叶厚定为1 mm、叶距60 mm，颜色与外墙铝合金窗相同，色卡编号：MAX：6046TF－2#。

以上内容请设计院核定。

提出单位　××省一建建筑工程有限公司
代 表 人　李××
日　　期　20××－8－7

建设单位意见：	监理单位意见：	设计单位意见：
建设单位代表 签字： 日期：20××－8－7	监理单位代表 签字： 日期：20××－8－7	设计单位代表 签字： 日期：20××－8－7

【简析】

这份工程变更单表格制作较为规范，写作也较为完整，但也存在一定的问题，主要表现在以下几个方面：

（1）受文单位名称不规范。受文单位应填写全称，“××市建院有限公司”应该为“××市建筑设计院有限公司”。

（2）填写不详细，如“建议采用普通彩板卷闸门”，应详细填写彩板卷闸门的型号，改成“建议采用普通彩板卷闸门，型号为：叶宽8 cm，叶厚0.45 mm，颜色为绿色”。

（3）落款部分的日期填写不规范。如“20××－8－7”应改成“20××年8月7日”。

【例文二】

工程变更单

工程名称：×××××××××小区 A2 组团工程　　　　编号：××

致：××××××有限公司：

由于图纸未明确原因，兹提出设计院明确图纸的工程变更（内容见附件），请予以审批。

附件：

1. S（14）—01 基础平面布置图Ⓐ轴基础梁 ZJL—4 集中标注梁宽为 800，而在右侧定位标注为 150，550，不符。经与贵公司联系后将右侧定位标注分别改为：650，200，600，650（从下往上）。

2. S（14）—01 基础平面布置图㊲轴基础梁 ZJL—7 集中标注梁宽为 600，在下侧定位标注为 350，450，不符。经与贵公司联系后将下侧定位标注分别改为：700，250，350，700（从左往右）。

3. S（14）—01 二层梁平法施工图中①轴 C～D 段的 KL（3）梁无底筋，经与贵公司联系后，将该梁上顶部钢筋 6ϕ 202/4 改为底部钢筋。Ⓐ～Ⓒ轴×1/3～1/5 轴中的次梁 L—3（2）梁上的底部钢筋集中标注为 2ϕ16，而原位标注为 4ϕ 182/2，钢筋规格不同，经与贵公司联系后，将该梁上底部钢筋 4ϕ 182/2 改为顶部钢筋。

4. A（1）—1 的一层平面图上卫生间位置与 S（16）—03 的二层梁平法施工图上梁的位置不对，以与贵公司联系，按 S（16）—03 的二层梁平面施工图上梁位置为准，建施图上卫生间尺寸做相应调整（卫生间墙外侧与梁外侧平）。类似情况均以结构图为准。

以上内容请设计院核定。

提出单位　××省××建筑工程公司

代 表 人　王××

日　　期　20××年××月××日

建设单位意见： 建设单位代表签字： 日期：________	监理单位意见： 监理单位代表签字： 日期：________	设计单位意见： 设计单位代表签字： 日期：________

【简析】

这篇工程变更单表格制作较为规范，对于设计图纸“S（14）—01 基础平面布置图”相关部分向设计院提起“明确图纸的工程变更”，条理清楚，值得借鉴。

实训演练

1. 撰写技术交底文件时应注意哪些事项？
2. 工程变更单的结构包括哪些内容？
3. 阅读下面材料，分析技术交底主体内容是否规范。

技术交底内容：

（1）钻孔及孔径要求：钻孔深度不小于 3.4 m，钻孔直径不小于 37 mm。

（2）布孔方式：沿隧洞轮廓线拱顶部分采用按间距 30 cm 布置两排超前锚杆。

(3) 锚杆规格：采用 ϕ20 钢筋，长度为 3.5 m，准备用砂浆锚杆。

(4) 锚杆与钢支撑焊接在一起，焊接处焊接必须牢固。

4. 阅读下面材料，分析下列工程变更单主体内容是否规范。

工程变更单内容：

××市设计院：

由于招标文件防水层与图纸不同原因，兹提出以下工程变更（内容见附件），必须给予审批。

附件：

因招标文件中屋面防水层均为 2 厚 991 防水涂料，而 A2—2 图表二屋面建筑构造表中屋面防水层构造做法为聚合物高分子复合防水卷材（1.2）和聚合物水泥基防水涂料（2.0），以何为准，你们必须设计明确。

第八章　建筑纠纷起诉状与答辩状

工程项目建设是一个复杂的过程，当事人会因工程质量、安全、工期、工程款等发生民事纠纷，建筑人会因未取得建设工程规划许可证或违反建设工程规划许可证核定的相关内容，擅自动工兴建等发生行政纠纷。这些纠纷不仅直接关系到当事人的权利和义务，而且有碍企业经济活动的正常进行和社会经济秩序的正常维护。

解决建筑工程民事纠纷的方法有四种：一是当事人自行和解，即双方当事人通过平等协商，自行解决纠纷；二是通过调解组织调解解决，即由第三者调停、疏导，促使发生纠纷的双方当事人依法自愿达成协议以解决纠纷；三是仲裁解决，即双方当事人自愿将争议提交给共同认可的第三方，由其作出裁决以解决纠纷；四是诉讼解决，即诉诸国家审判机关，由其作出裁判解决纠纷。

解决建筑工程行政纠纷的重要途径是行政诉讼。

如果当事人选择了通过法律途径来解决纠纷，那就要写作相关的法律文书。

第一节　建筑纠纷起诉状

建筑纠纷起诉状根据其所适用的不同性质的诉讼程序，可分为民事起诉状和行政起诉状。

一、建筑纠纷民事起诉状

1. 建筑纠纷民事起诉状的含义

民事起诉状是原告对与自己有直接利害关系的民事权利和义务方面的争执或其他民事纠纷，向应当作为第一审受理本案的人民法院提起诉讼的法律文书。建筑纠纷民事起诉状是单位工程建设过程中或建设后，当事人因工程质量、安全、工期或工程款等而引发的纠纷，在调解、和解无效的情况下，一方向作为第一审受理本案的人民法院提起诉讼时所写的法律文书。

在诉讼的过程中，提出诉讼者为原告，被诉讼者为被告。原告诉讼时应向人民法院提交诉状，并具有正本和副本。其中，正本一份，副本份数根据被告人数确定，有几个被告就有几个副本。

2. 建筑纠纷民事起诉的条件

民事诉讼是法律行为，根据《中华人民共和国民事诉讼法》《建筑法》和《建设工程质量管理条例》等法律法规的规定，民事起诉应具备如下条件：

（1）必须是建筑工程当事人因工程建设发生纠纷才能写诉状。这些纠纷应属建筑法、经济法、建筑工程质量管理条例等法律法规的调整范围。

（2）原告必须是与本案有直接利害关系的人。

（3）有明确的被告。

（4）诉讼必须向应当作为第一审受理本案的人民法院提起。所谓第一审人民法院指原告所在地的辖区基层法院。

3. 建筑纠纷民事起诉状的写法

（1）首部。首部包括标题和当事人基本情况。

①标题：在首行居中写“建筑纠纷民事起诉状”。

②当事人基本情况：当事人包括原告、被告和他们的代理人。

原告和被告如果是自然人，需写清楚他们的姓名、性别、年龄、工作单位、住址；如果原告或被告之间有亲属关系，还应当写明他们之间的亲属关系。如果当事人是法人或其他组织，在“原告”这个称谓下面，要写明单位的名称和单位所在地，并写清楚该单位的法定代表人或主要负责人姓名、职务、电话。如果是该单位委托业务经办人或律师代理进行诉讼的，要写明“委托代理人”及其姓名、单位、职务等。原告或被告如果是多个，要依次列写。

（2）正文。正文包括诉讼请求、事实和理由、证据和证据来源。

①诉讼请求：原告向法院提起诉讼的目的，也称作案由。诉讼请求要写得明确、具体、合法，各自独立的请求事项要分项列出，最后一项通常为诉讼费用的负担要求。

②事实和理由：该部分是诉讼的核心内容。

事实要按事件的基本要素叙述清楚，即时间、地点、人物、事件、原因和结果这六个要素要齐全，叙述事实要主次分清，并明确双方争执的焦点。

理由要明确，着重论证纠纷的性质、被告应负的法律责任、原告诉讼请求的合法性。最后有针对性地引用相关法律条文，以获得法律上的支持。

③证据和证据来源：一般采用清单式列举的方法，即只需要依照一定顺序列举出证据和证据来源、证明人姓名和住址，不需要写出证据的内容，也不需要对证据进行分析。

（3）尾部。尾部应写明受理诉讼的法院名称、附件、起诉人姓名或名称、起诉状制作的日期。其中，附件部分要注明副本的份数，如其诉讼时提交证据的，还要依次注明证据的名称和数量。

二、建筑纠纷行政起诉状

1. 建筑纠纷行政起诉状的含义

建筑纠纷行政起诉状是公民、法人或其他组织认为建设行政机关和建设行政机关工作人员的具体行政行为侵犯其合法权益，按照行政诉讼法的规定向一审人民法院提起诉讼，要求依法裁判的书状。

2. 建筑纠纷行政起诉条件

根据《中华人民共和国行政诉讼法》第四十一条的规定，提起诉讼应当符合下列条件：

（1）原告是认为具体行政行为侵犯其合法权益的公民、法人或者其他组织。

（2）有明确的被告。

（3）有具体的诉讼请求和事实根据。

（4）属于人民法院受案范围和受诉人民法院管辖。

3. 建筑纠纷行政起诉状的写法

建筑纠纷行政起诉状格式与建筑纠纷民事起诉状格式一样，但应注意以下问题：

（1）行政起诉状要写明行政诉讼参加人。

（2）向有管辖权的法院提交起诉状，要在诉讼时效期限内。

（3）行政起诉状的制作要针对行政诉讼特点，提出诉讼请求，表明事实和理由。

（4）起诉状应附有行政处罚决定书或行政复议决定书。

三、案例分析

【例文一】

建筑纠纷民事起诉状

原告：×市建筑工程有限公司　公司地址：×市×区×街×号。

　　代表人：梅×，男，47 岁，董事长，电话×××××。

被告：×市×学校　学校地址：×市×区×街×号。

　　代表人：李×，男，38 岁，校长，电话×××××。

诉讼请求：

1. 依法判令被告立即支付拖欠工程款 61.2 万元整，并赔偿拖欠工程款利息 5.3 万元整，本息合计 66.5 万元整。

2. 要求被告承担本案诉讼费用。

事实和理由：

原告人通过招标程序取得了承建被告综合楼和学生公寓工程项目，双方于××××年××月××日订立了建筑承包合同，合同就工程进度、付款的方式、违约责任等作出了详细的规定。原告人承揽到该工程后，组织施工队伍，备料备款，积极组织生产，两栋楼房相继开工，在施工过程中，原告人严格按照国家建筑行业标准和合同的约定施工，并虚心接受甲方（被告方）指派的工程监理的指导。到××××年××月××日，综合楼已建至第二层，学生公寓楼±0.000 以下工程已全部完工。然而，被告方却不按合同给付工程款。在原告一再催要和交涉下，被告方直到××××年××月××日才给付了部分工程进度款。原告方为了不延误工期，自筹资金和材料，积极组织生产，全部工程于××××年××月××日通过竣工验收，质量等级为合格，并于同月底将全部工程交付被告使用。

工程完工后，原告方依合同找被告方索要工程欠款，被告方以经济困难、上级拨款未到位以及原告违约等种种理由拒付。原告所承建的综合楼和学生公寓工程连同基础及附属工程，经原告委托的×市工程造价有限公司工程评估总造价为 375 万元（主要对附属工程评估），除去已付的款项外，时至今日仍欠 61.2 万元。

为维护原告人的合法权益，现依据《建筑法》和《合同法》的有关规定，特具状起诉，请求法院依法审理并支持原告人的诉讼请求。

此致

×市×区人民法院

附件：

1. 原、被告双方订立的建筑承包合同复印件1份。

2. ×市工程造价有限公司工程评价报告1份。

3. 本起诉状副本1份。

具状人：×市建筑工程有限公司

代表人：梅×

××××年××月××日

【简析】

该建筑纠纷民事起诉状写作格式比较规范。首部标题写明了诉状性质；由于当事人原告、被告都是法人，所以既写明了原告企业、被告单位的名称、地址，又写明了双方代表人姓名、职务等。正文的诉讼请求明确具体、言简意赅；陈述事实和理由时，把纠纷发生的经过、主要日期、争执焦点、事实证据、法规等都写得清清楚楚，突出了主要情节，表达准确。尾部写明了致送人民法院名称、附件材料名称和数量、起诉企业名称和代表人姓名、起诉状制作日期。

【例文二】

建筑纠纷行政起诉状

原告：张×，男，60岁，汉族，住×市×区×街×号。

被告：×市×区城市建设局。

法定代表人：李×，局长。

诉讼请求：

1. 要求撤销被告××××年××月××日对原告所作的×罚字〔×〕第×号《行政处罚决定书》；

2. 要求确认原告在×区×街×号所建二层楼为合法建筑。

事实和理由：

原告为了解决家庭人口多、住房紧张的困难，经过向被告申请，按照被告批准的×建字〔×〕第×号《私房建筑许可证》及建楼图纸要求，于××××年××月××日在×街×号自己家院内建成一座二层东楼。在施工前，被告曾派人到现场查看，在施工中和竣工时也都有被告所批准的建楼要求。然而，被告于××××年××月××日下达×罚字〔×〕第×号《行政处罚决定书》，说原告所建东楼有五处违章，强行要求原告拆除西侧挑檐和二层侧窗，并罚款1 000元。原告认为被告的说法和处罚是没有道理的。

一、原告是按照《私房建筑许可证》和审批图纸进行建筑施工的，怎么说“所建东楼有五处违章”呢？

二、从施工开始到施工结束，被告曾派王××代表（有被告的授权委托书为证）被告经常到施工现场查看，直到竣工验收时，一直没有提出异议，即应视为建筑全部合格，符合要求。假如说建筑有五处违章，为什么不当场提出，而在事隔很长时间才作出处理决定呢？

综上所述，被告××××年×月×日所作的×罚字〔×〕第×号《行政处罚决定书》不仅没有准确的法律依据，而且还违背了被告所审批的《私房建筑许可证》和图纸的技术规定，是完全错误的。原告所建的二层东楼，完全是合法建筑。被告错误的行政行为直接侵犯了原告的合法权益，给原告造成了不应有的损害。《中华人民共和国行政诉讼法》第二条规定："公民、法人或者其他组织认为行政机关和行政机关工作人员的具体行政行为侵犯其合法权益，有权依照本法向人民法院提出诉讼。"为此，特依法向贵院提起诉讼，请依法裁判。

此致

×市×区人民法院

附：

1. ×罚字〔×〕第×号《行政处罚决定书》复印件1份。

2. 本起诉状副本1份。

具状人：张×

××××年××月××日

【简析】

该建筑纠纷行政起诉状写作格式较为规范。首部标题写明了诉状性质；当事人原告是自然人，所以写明了姓名、性别、年龄和住址；当事人被告是建设行政机关，所以写明了被告机关的名称、代表人姓名和职务。正文的诉讼请求具体明确、简明扼要；陈述事实和理由时，把原告的建房申请、审批和施工过程以及被告的行政处罚内容等都写得清清楚楚，突出了主要情节，表达准确。尾部写明了致送人民法院名称，附有行政处罚决定书及数量、起诉人姓名、起诉状制作日期。

从以上可以看出，撰写起诉状，应注意以下两点：

1. 叙写要如实，阐述要客观

原告的起诉能否最终胜诉，关键在于所诉是否属实、是否具备充足的理由。这是法院审理案件据以判明是非责任的重要依据。因此，叙写时要做到诉讼请求合理合法，所叙事实真实有据。特别是当己方有一定过错责任时，应当和盘托出，切不可为求胜诉而歪曲事实，夸大对己有利的一面，掩饰对己不利的一面。

2. 行为要庄重，用语要文明

要围绕争执的焦点把主要事实叙清，不要纠缠细枝末叶；要用庄重、平实的语言讲理、讲法、讲证据，不要在行为中使用贬低对方人格的词语。当自己有一定责任时，更应该平心静气、客观公允，不能文过饰非、强词夺理、纠缠不清。

第二节　建筑纠纷答辩状

一、建筑纠纷答辩状的含义

建筑纠纷答辩状是在建筑纠纷诉讼过程中，被告针对原告的起诉状或上诉作出回答和辩驳的书状。

民事诉讼法规定，被告收到人民法院送达的起诉状副本后15日内应该提交答辩状，人民法院收到答辩状后，应当在5日内将答辩状副本发送原告；被上诉人收到原审人民法院送达的上诉状副本后15日内应当提出答辩状。行政诉讼法规定，被告应在收到起诉状副本之日起10日内向人民法院提出答辩状。

民事诉讼法和行政诉讼法均规定，当事人不提交答辩状，不影响人民法院对案件审理。

根据审判程序可分为一审答辩状和二审答辩状；根据法律适用范围可分为民事答辩状和行政答辩状。

二、建筑纠纷答辩状的写法

建筑纠纷民事答辩状和建筑纠纷行政答辩状的结构和写法相似，都包括如下要素。

1. 首部

首部包括标题和答辩人基本情况。

（1）标题：为“建筑纠纷答辩状”，如要反诉，则写明“民事答辩与反诉状”。

（2）答辩人基本情况：被告、被上诉人称“答辩人”，分公民和法人及其他组织两种类型。

答辩人如果是公民，就写清楚姓名、性别、年龄、民族、籍贯、职业或工作单位和职务、住址等；如果是法人及其他组织，写清楚名称、所在地址，法定代表人（或代表人）姓名、职务、电话，企业性质、工商登记核准号、经营范围和方式、开户银行、账号等。不列被答辩一方。

2. 正文

正文包括答辩缘由、答辩理由和诉讼请求三项内容，答辩理由是中心。

（1）答辩缘由：一般用“答辩人因××一案，提出如下答辩”作为过渡，下接理由部分。

（2）答辩理由：这是答辩状的主体部分。一审答辩状和二审答辩状的写作目的和方法略有不同。

一审答辩状的目的是对原告的起诉状进行反驳。答辩可以根据不同的案情采取不同的写作方法：起诉事实不实的，可以重点采取叙述的方法叙述真实情况；起诉超过法定诉讼有效期限的，可以重点分析原告的起诉超过诉讼有效期间，已经丧失实体诉权的理由；原告资格不合格，则重点分析原告的资格问题。写答辩理由时，对原告起诉状中的真实材料、正确理由、合法合理的请求，应予以概括肯定，不能强词夺理，进行诡辩。

二审答辩状的目的要求二审法院维持一审裁判，驳回上诉。写作方法主要采用反驳，即根据一审法院查明案件事实和审理情况，对上诉理由逐条驳斥，证明一审裁判的正确性。

（3）诉讼请求：写完理由后，另起一行提出答辩人的诉讼主张。

3. 尾部

尾部应写明受诉讼法院名称、附件、答辩人姓名或名称、答辩状制作日期。其中，附件部分要注明副本的份数，如答辩时提交证据的，还要依次注明证据的名称和数量。

三、撰写答辩状的注意事项

1. 要有针对性

针对对方提出的事实和理由进行辨析和反驳，不可抛开对方提出的问题另作文章。

2. 要尊重事实

事实是判案的基础，事实是客观存在的，答辩状最有力的反驳就是揭示事实的真实情况，并列举出证据。

3. 要熟悉法律

撰写答辩状应当熟悉并熟练运用有关法律条文，使自己的理由和主张建立在合法的基础上。

4. 要抓住关键

撰写答辩状应当避开枝节，抓住双方在案件中争执的焦点，在关系到胜诉和败诉的关键问题上下功夫，充分研究事实，掌握证据，分清主次，进行有目的的辩驳，争取主动。

四、案例分析

【例文一】

建筑纠纷民事答辩状

答辩人：×市×学校　学校地址：×市×区×街×号。

代表人：李×，男，38岁，校长，电话×××××。

因被答辩人诉答辩人拖欠工程款纠纷一案，提出如下答辩：

1. 答辩人在××××年×月未及时按工程进度给付工程款事出有因。答辩人是依监理方关于地基工程处理存在质量问题需返工而暂时拒付款的，待被答辩人依监理方整改方案通过整改并验收合格后给付工程款。

2. 被答辩人委托×市工程造价有限公司评估的造价是单方面行为，答辩人不予认可。答辩人认为，为公平、合理结算剩余工程款，应共同商定某一中介组织，重新对此工程按当年建筑定额标准予以评估。

3. 被答辩人延误工期，影响答辩人新学年开学，应承担违约责任，故答辩人不同意承担延期付款利息。

综上所述，答辩人认为在公平、合理地界定双方争议工程的总价款后，考虑到学校是国家拨款的事业单位，愿意分期、分批给付剩余工程款。被答辩人有过错，答辩人不应承担利息和诉讼费。

此致

×市×区人民法院

附件：

1. 监理工程师整改通知单1份；

2. 学生公寓楼地基基础工程报验单1份。

答辩人：×市×学校

代表人：李×

××××年××月××日

【简析】

该建筑纠纷民事答辩状写作格式比较规范。首部标题写明了答辩性质；答辩人写明了名称、地址、法人。正文首先写明了答辩缘由，突出了针对性；重点写了答辩理由，从三个方面对起诉状进行驳斥：因工程质量问题需返工而推迟付进度款，责任在被答辩人；被答辩人单方面委托造价公司评估，答辩人可不予认可；被答辩人延误工期影响了答辩人新学年开学，答辩人不同意承担延期付款利息。这三条可谓条条有理有据。最后答辩人水到渠成地提出了合理合法的诉讼主张。尾部写明了致送人民法院名称、附件材料名称和数量、答辩人名称和代表人姓名、答辩状制作日期。

【例文二】

建筑纠纷行政答辩状

答辩人：×市×区城市建设局，驻×区×街×号。

法定代表人：李×，局长。

委托代理人：王×，副局长。

被答辩人：张×，男，60岁，汉族，住×市×区×街×号。

答辩人对被答辩人因答辩人发出的×罚字〔×〕第×号《行政处罚决定书》提起的行政诉讼，答辩如下：

一、张×违章增建地下室。张×于××××年××月××日写了一份《申请》，请求建南楼二层六间，还未获批准，就于××××年××月初动工挖了地下室，深约1 m，西端紧靠西邻吴×家的门洞。××××年××月××日张×的西邻吴×来我局向建管科科长袁×反映张×挖地下室，影响他家门洞，请城建局解决。建管科科长袁×等人到张×家查验了现场，指出张×挖地下室是违章施工。要求张×办证手续齐全后，才能施工。张×于××××年××月又提出盖东楼的申请。在××××年××月××日我局以×建字〔×〕第×号《私房建筑许可证》批准其建东楼时，袁×对张×明确提出："把地下室填上，按许可证批准的事项和有关规定施工"。事实证明，张×建地下室是先斩后奏，没有经过任何人的同意，更没有任何批准手续，纯属违章建筑。其行为违反了《×市私房建筑管理实施细则》第11条："在距邻居地界1 m内，不准挖坑、挖沟或形成积水"的规定。直到××××年××月××日我局袁×等四位同志到张×家，再次丈量所建房屋尺寸时，地下室依然存在。

二、张×的《私房建筑许可证》上批准的建筑面积为44.64 m^2×2，但其实际建筑面积是45.99 m^2×2，共超出2.7 m^2。这是由于加宽、加长了各0.10 m所造成的，是违章行为。

三、张×的《私房建筑许可证》上批准楼房高度为6 m。张×在××××年××月××日办理许可证时，我局经办人员史××等人向他明确交代了房高6 m的起标点是以×区×街中心点加20 cm起标。建房户张×是清楚的。这一点，张×在起诉状中也承认了。但事实上张×又擅自提高房屋的高度，其所建的楼房高度是7.02 m，超出批准的高度1.02 m。所以认定其违反了《×市私房建筑管理规定实施细则》第三章第五条"房屋的层高一般应控制在3～3.2 m……临街房屋标高，高出街道中心以15～20 cm为宜，不允许任意提高房屋标高，影响四邻"的规定。

四、擅自改变建筑立面。张×的申请图纸为东楼，正立面为西立面，主要的门窗向西开。按图，有两个向西开的门，并无申请向南开门。因其南临×村×街，东邻胡同、北邻自己的北房，同意他在三面各开一个小侧窗。但张×在施工中，擅自将建筑正立面由西立面改成南立面，改变批准的建筑立面，将东楼变成了北楼，因而造成了西侧二层出现了侧窗；同时，由于其将东楼改变成北楼，违背了我局的批示，所以实际上就等于我局所批的×建字〔×〕第×号《私房建筑许可证》由于张×的原因而作废。这是明显的违章行为。

五、违章建挑檐。按照建筑管理的常规，一切建筑物应限定在平面位置图，即坐落图范围内施工。张×所建房屋应在本局批准的 7.20 m×6.20 m 内进行，超出此范围就是违章。原告擅自建西侧挑檐 1.1 m 多。在张×建挑檐过程中，我局工作人员史×听到反映后，找张×指出其建筑是错误的，要打掉。××××年××月××日史×把张×叫到我局建管科明确指出："批准你建房宽 6.20 m，你违背批示，应改过来：出檐 20～30 cm，我们说你不能出格，可是你出得太多。"张×对此置之不理。

综上所述，张×在私房建筑中的错误事实是清楚的。根据《×市城市建设规划管理办法》第 23 条的规定，张×在建房中违反了：①未领取建筑执照擅自兴建地下室；②未按批准图纸施工，擅自变更设计，增加建筑面积。根据《×市私房建筑管理实施细则》第 15 条第 1 款"无执照施工或未按执照批准事项施工，擅自改变位置、层数、面积、立面、结构者"视为违章行为之规定，确认张×的私房建筑有五处违章。

根据《×市私房建筑管理实施细则》第 17 条第 1 款"责令停工、纠正、限期拆除"；第 2 款"处罚房主工程造价的10%以下罚款"；第 3 款"强行拆除"的规定，我局于××××年××月××日对张×下达了×罚字〔×〕第×号《行政处罚决定书》，要求其：①去掉西侧挑檐 1.1 m；②去掉二层侧窗；③对擅自建地下室，改变方位、房高、面积，罚款 1 000 元。这是有理有据的，是完全合法的。

为此，我们强烈要求法院：

一、维持××××年××月××日我局作出的×罚字〔×〕第×号《行政处罚决定书》，并强制执行；

二、对张×的违章行为重新从严处理，即将其房屋超高，东、西、南三处挑檐等违章部分全部打掉。

三、由于张×违章，批准的东楼盖成了北楼，造成我局批的图纸、手续全部作废，待法院判决后，令其重新办理手续。

此致

×市×区人民法院

答辩人：×市×区城市建设局（公章）
法定代表人：李×，局长。
委托代理人：王×，副局长。
××××年××月××日

【简析】

该建筑纠纷行政答辩状的写作格式规范，答辩理由充分，阐述事实翔实，提出的诉讼主张合理合法。首部标题写明了答辩性质；答辩人写明了名称、驻地、法人和委托代理人。正文首先写明了答辩缘由，突出了针对性；重点写了答辩理由，针对建筑纠纷行政起诉状提出的问题，从违章增建地下室、超建筑面积、超建筑高度、改变建筑立面和违章建挑檐五个方面，通过事实进行辩驳，可谓条条有理有据。最后答辩人提出了有法可依的诉讼主张。尾部写明了致送人民法院名称、答辩人名称和代表人姓名、答辩状制作日期。

实训演练

1. 什么是建筑纠纷起诉状和答辩状？

2. 结合案例谈谈建筑纠纷民事起诉状和建筑纠纷行政起诉状的写法及注意事项。

3. 结合案例谈谈建筑纠纷民事答辩状的写法及注意事项。

4. 根据祥龙实业公司负责人的口述材料，写一份起诉状。

据祥龙实业公司负责人口头反映：2012年1月5日，通过招标，我单位与瑞虎建筑公司签订了安装乘客电梯的合同。所需20层楼电梯2台，安装及调试运行均由该公司负责，总计设备费380万元，工程费20万，合计400万元。1月15日，瑞虎建筑公司进场安装，2月10日完工。2月20日我公司付款。安装完成后至3月中旬，设备就开始出现问题，刚开始瑞虎建筑公司还派人来修理、调整，后来干脆不来，让我们自己解决。双方签订的合同上说“设备硬件保修一年，在一年内无偿包换”，可对方根本不履行。我们自己找了几个电梯专业人员检查，都认为是元件质量太差，所以，我们要求退货，但该公司不肯。我们觉得损失太大，所以要起诉它，要求对方不仅要退货，还得赔偿我们损失。

5. 根据上面的材料结合下面的材料，为瑞虎建筑公司写一份答辩状。

瑞虎建筑公司认为祥龙实业公司所叙理由不实，设备不存在硬件质量问题。设备经常出故障，是他们使用不当和错误操作造成的，本公司不能承担责任。以上问题以公司维修记录为证。

第九章　建筑工程验收文书

第一节　建设方验收文件写作

一、工程竣工验收程序及文件清单简介

（一）工程竣工验收程序简介

1. 工程竣工验收的准备工作

（1）工程竣工预验收。此项工作由监理单位组织，建设单位、施工单位参加。

工程竣工后，监理工程师按照施工单位自检验收合格后提交的《单位工程竣工预验收申请表》（《工程竣工报验单》），审查资料并进行现场检查；如存在质量问题，监理方就存在的问题提出书面意见，并签发《监理工程师通知书》，要求施工单位限期整改；施工单位整改完毕后，按有关文件要求，编制《建设工程竣工验收报告》交监理工程师检查，由项目总监签署意见后，提交建设单位审批，以进入下一个验收环节。

（2）工程竣工验收各相关单位准备工作。此项工作由建设单位负责组织实施，工程勘察、设计、施工、监理等单位参加。

①施工单位：

a. 施工单位编制《建设工程竣工验收报告》呈报监理、建设单位。

b. 工程技术资料（验收前 20 个工作日）整理完成呈报监理方审查，监理方收到技术资料后，在 5 个工作日内将技术资料呈报建设单位。

②监理方：编制《工程质量评估报告》呈报建设单位。

③勘察单位：编制《质量检查报告》呈报建设单位（在竣工验收前 5 个工作日）。

④设计单位：编制《质量检查报告》呈报建设单位（在竣工验收前 5 个工作日）。

⑤建设单位：

a. 取得规划、公安消防、环保、燃气工程等专项验收合格文件。

b. 监督站出具的电梯验收准用证。

c. 提前 15 日把《工程技术资料》和《工程竣工质量安全管理资料送审单》交监督站审核（监督站在 5 日内返回《工程竣工质量安全管理资料退回单》给建设单位）。

d. 工程竣工验收前 7 天把验收时间、地点、验收组名单以书面形式通知监督站。

2. 工程竣工验收应具备的条件及相关资料

（1）完成工程设计和合同约定的各项内容。

（2）《建设工程竣工验收报告》。

（3）《工程质量评估报告》。

（4）勘察单位和设计单位质量检查报告。

（5）有完整的技术档案和施工管理资料。

（6）有工程使用的主要建筑材料、建筑构配件和设备的进场试验报告。

（7）建设单位已按合同约定支付工程款。

（8）有施工单位签署的工程质量保修书。

（9）市政基础设施的有关质量检测和功能性试验资料。

（10）有规划部门出具的规划验收合格证。

（11）有公安消防部门出具的消防验收意见书。

（12）有环保部门出具的环保验收合格证。

（13）有监督站出具的电梯验收准用证。

（14）燃气工程验收证明。

（15）建设行政主管部门及其委托的监督站等部门责令整改的问题已全部整改完成。

（16）已按政府有关规定交清工程质量安全监督费。

（17）单位工程施工安全评价书。

3. 工程竣工验收的程序

（1）由建设单位组织工程竣工验收并主持验收会议，其中建设单位应做会前简短发言、工程竣工验收程序介绍及会议结束总结发言。

（2）工程勘察、设计、施工、监理单位分别汇报工程合同履约情况和在工程建设各环节执行法律、法规和工程建设强制性标准情况。

（3）验收组审阅建设、勘察、设计、施工、监理单位的工程档案资料。

（4）验收组和专业组（由建设单位组织勘察、设计、施工、监理单位、监督站和其他有关专家组成）人员实地查验工程质量。

（5）专业组、验收组发表意见，分别对工程勘察、设计、施工、设备安装质量和各管理环节等方面作出全面评价；验收组形成工程竣工验收意见，填写《建设工程竣工验收报告》并签名加盖公章。

（6）参与工程竣工验收的各方不能形成一致意见时，应当协商提出解决的方法，待意见一致后，重新组织工程竣工验收。

（二）竣工验收备案文件清单简介

1. 文件说明

（1）规划许可证和规划验收认可文件：城市规划管理局颁发的《建设工程规划许可证》和《建设工程规划验收合格通知书》。

（2）工程施工许可证或开工报告：建设委员会颁发的《建设工程施工许可证》或按照国务院规定的权限和程序批准的开工报告。

（3）施工图设计文件审查报告：由规划委员会有关部门审查后颁发的《建设工程施工图设计文件审查报告》。

（4）工程质量监督注册登记表：由建设工程质量监督站、专业监督站办理的《工程质量监督注册登记表》。

（5）单位工程竣工验收记录：由建设单位组织勘察、设计、监理、施工各方在工程验收合格后签署的《单位工程验收记录》。各单位签字要齐全，并加盖法人单位公章。

(6) 消防部门出具的建筑工程消防验收意见书：由消防单位对该工程的消防验收合格后签发的《建筑工程消防验收意见书》或批复报告。

(7) 建设工程档案预验收意见：由规划委员会工程档案管理部出具的《建设工程竣工档案预验收意见》。

(8) 建筑工程室内环境检测报告：由建设委员会批准具有检测资格的检测机构出具的《室内环境质量检测报告》。

(9) 市政基础设施工程质量检测及功能性试验资料：根据各专业规定要求的检测和功能性试验资料。

(10) 工程竣工验收报告：竣工前由参建各单位向建设单位提出的各种报告。具体包括：勘察单位《工程质量检查报告》、设计单位《工程质量检查报告》、监理单位《工程质量评估报告》、施工单位《工程竣工报告》。

2. 文件要求

(1) 所有备案文件应由建设单位收集、整理，符合要求后由建设单位报送备案。

(2) 备案文件要求真实、有效，不得提供虚假证明文件。

(3) 备案文件要求提供原件，如为复印件应注明原件存放单位，复印人需签名并注明复印日期，并加盖建设单位公章。

二、分部工程验收记录

1. 分部工程验收简介

分部工程的质量验收是在分项工程质量验收的基础上由建设单位组织进行的，是比分项工程高一级别的验收。除了对本分部工程中所含的各分项工程检查评定外，还要检查本分部工程中所涉及的质量控制资料、安全和工程检验（检测）报告，对分部工程进行观感质量验收。工程中分部工程验收包括的分部有：地基与基础分部、主体结构分部、建筑装饰装修分部、建筑屋面分部、建筑给排水及采暖分部、建筑电气分部和建筑节能分部。

其中，前两分部工程验收时，施工、监理、勘察、设计单位必须参加，同时质量监督部门也必须参加；后五个分部工程验收时勘察单位可参加，质量监督单位可不参加或邀请参加。分部工程验收中最重要的是基础分部、主体结构分部的验收。

2. 分部工程验收记录

分部工程验收记录表如下所示：

分部工程质量验收记录表

<table>
<tr><td colspan="3">单位（子单位）工程名称</td><td colspan="2">××家园2号商住楼</td><td colspan="2">结构类型及层数</td><td>框架、26层</td></tr>
<tr><td>施工单位</td><td colspan="3">×××建筑工程公司</td><td>技术部门负责人</td><td>×××</td><td>质量部门负责人</td><td>×××</td></tr>
<tr><td>分包单位</td><td colspan="3">—</td><td>分包单位负责人</td><td>—</td><td>分包技术负责人</td><td>—</td></tr>
<tr><td>序号</td><td colspan="2">子分部（分项）工程名称</td><td>分项工程（检验批）数量</td><td colspan="2">施工单位检查评定</td><td colspan="2">验收意见</td></tr>
<tr><td rowspan="6">1</td><td>1</td><td>无支护土方</td><td>4</td><td colspan="2">√</td><td colspan="2" rowspan="6">各分项检验都验收合格，符合质量验收规范要求</td></tr>
<tr><td>2</td><td>有支护土方</td><td>9</td><td colspan="2">√</td></tr>
<tr><td>3</td><td>地基与基础</td><td>8</td><td colspan="2">√</td></tr>
<tr><td>4</td><td>桩基</td><td>8</td><td colspan="2">√</td></tr>
<tr><td>5</td><td>地下防水</td><td>4</td><td colspan="2">√</td></tr>
<tr><td>6</td><td>混凝土基础</td><td>2</td><td colspan="2">√</td></tr>
<tr><td>2</td><td colspan="2">质量控制资料</td><td colspan="3">齐全，符合要求</td><td colspan="2">同意验收</td></tr>
<tr><td>3</td><td colspan="2">安全和功能检验（检测）报告</td><td colspan="3">符合要求，合格</td><td colspan="2">同意验收</td></tr>
<tr><td>4</td><td colspan="2">观感质量验收</td><td colspan="3">好</td><td colspan="2">同意验收</td></tr>
<tr><td rowspan="5">验收单位</td><td colspan="2">分包单位</td><td colspan="5">项目经理　　年　月　日</td></tr>
<tr><td colspan="2">施工单位</td><td colspan="5">项目经理　　年　月　日</td></tr>
<tr><td colspan="2">勘察单位</td><td colspan="5">项目负责人　　年　月　日</td></tr>
<tr><td colspan="2">设计单位</td><td colspan="5">项目负责人　　年　月　日</td></tr>
<tr><td colspan="2">监理（建设）单位</td><td colspan="5">各分项工程均符合设计及规范要求，资料和报告齐全、合格。观感良好，同意验收
总监理工程师　×××
（建设单位项目专业负责人）×××　　年　月　日</td></tr>
<tr><td colspan="8">注：地基基础、主体结构分部工程质量验收不填写“分包单位”“分包单位负责人”和“分包技术负责人”。地基基础、主体结构分部工程验收勘察单位应签认，其他分部工程验收勘察单位可不签认。</td></tr>
</table>

三、工程竣工验收报告

工程竣工验收报告的主要内容有工程概况、施工工程完成简况、监理工作情况、建设单位工作情况主工程总体评价。

1. 工程概况

工程概况包括工程的设计者、地质勘察设计单位、监理单位、施工单位、建设依据、规划许可证、施工许可证、建筑面积、结构类型、建筑用途等。

2. 施工工程完成简况

施工单位根据施工合同完成任务的情况，施工技术是否先进；工程质量是否达到合同要求；施工过程中是否严格执行各项法律、法规及地方标准；是否有效保证质量和工期。

3. 监理工作情况

监理服务是否满意，质量控制、进度控制、投资控制、合同管理、组织协调工作是否都有效，工作是否到位等。

4. 建设单位工作情况

建设单位如何开展基本建设工作，在工程建设中与监理单位、施工单位配合工作的情况、解决问题的情况、组织各阶段及竣工验收的情况等，在工程建设中协调外单位和社会团体协作情况等。

5. 工程总体评价

工程总体评价包括对该工程的满意度和该工程存在的问题及其他方面进行总体评价，最后是否同意验收。

四、住宅质量保证书和住宅使用说明书简介

住宅质量保证书和住宅使用说明书主要是对商品住宅而言，由房地产开发商提供，其主要内容包括该工程的地基基础、主体结构、屋面防水及其他（如地下室、卫生间）防水、供热系统、电气管线、给水排水管道等在国家规定的保修年限内，保证其正常使用的质量要求及用户使用中应注意的事项。

（一）工程概况

（1）该工程建设地点。

（2）该工程建设特点：包括结构类型、建筑面积、绿化面积、设施设备情况和智能化系统等。

（二）使用及注意事项

1. 装饰装修注意事项

（1）不能改动承重结构。

（2）不得破坏卫生间防水系统。

（3）不得破坏内外墙保温系统。

2. 门窗使用说明及注意事项

各种门窗使用时不得用重力撞击、磕碰。滑轨、门槛应及时清理干净。合页下不能挤垫杂物。

3. 户内电气使用说明

户内电气包括电表、配电箱的使用说明，户内插座、卫生间插座的造型及安全性。对讲机的使用说明，电话、电视线的接线等。

4. 消防系统

消防系统包括消防栓的位置和如何使用，消防水系统（消防泵、水箱）的位置和状态等。严禁移动和挪用消防器材。

5. 户内采暖设施的使用及注意事项

采暖设施主要包括暖气管道和散热器，装修时注意散热效果及维修便利。户内手动阀不要随意拧动或拆卸。

五、案例分析

【例文一】

工程竣工验收报告

工程名称：福莱花苑 8#

验收日期：2010.9.30

建设单位（签章）：××房地产集团置业有限公司

一、工程概况

工程名称	福莱花苑 8#楼	工程地点	××市福莱花苑小区院内西侧辛庄街以北、福莱里以东
建筑面积	19 700 m^2	工程造价	约 2 400 万元
结构类型	框剪结构	层　数	地下二层、地上二十三层
开工日期	2008.5.26	验收日期	2010.9.30
监督单位	××市建设工程质量监督站	监督编号	F01—2004—054
建设单位	××房地产集团置业有限公司		
工程用途	民用住宅		
规划许可证			
勘察单位	××市勘测设计研究院有限公司	资质证号	
设计单位	××市建筑设计研究股份有限公司		
总包单位	××集团有限公司第十建安分公司		
承建单位（土建）	××集团有限公司第十建安分公司		
承建单位（设备安装）	××集团有限公司第十建安分公司		
承建单位（装修）	××集团有限公司第十建安分公司		
监理单位	××市泰和监理有限公司		
施工图审查单位	××市勘察设计服务中心		
施工许可证号	××开字〔2004〕第 008 号		
施工合同履约情况	根据设计图纸、国家有关规范规定完成合同约定的所有施工内容		

二、工程质量检查情况

<table>
<tr><th>分部工程名称</th><th>质量情况</th><th>质量控制资料评定</th><th>观感质量验收</th></tr>
<tr><td>地基与基础工程</td><td>合格</td><td rowspan="3">共25项，经审查符合要求25项，经核查符合规范要求25项</td><td rowspan="9">共检查16项，符合要求16项，不符合要求0项</td></tr>
<tr><td>主体工程</td><td>合格</td></tr>
<tr><td>建筑装饰装修</td><td>合格</td></tr>
<tr><td>建筑屋面</td><td>合格</td><td rowspan="2">安全和主要使用功能核查及抽查结果</td></tr>
<tr><td>建筑给水排水及采暖</td><td>合格</td></tr>
<tr><td>建筑电气</td><td>合格</td><td rowspan="4">共核查14项，符合要求14项，共抽查14项，符合要求14项，经返工处理符合要求0项。</td></tr>
<tr><td>智能建筑</td><td>/</td></tr>
<tr><td>通风与空调工程</td><td>合格</td></tr>
<tr><td>电梯安装工程</td><td>/</td></tr>
<tr><td colspan="4">注：地基与基础工程和主体工程，届时如无法检查，可根据两分部工程完成时检查的情况填写。</td></tr>
</table>

三、参验人员签字

姓　名	工作单位	职　称	职　务

四、工程竣工验收结论

竣工验收结论： 该工程位于××市芝罘区福莱花苑小区院内西侧，建筑面积约19700平方米，工程包括基础、主体、屋面及部分装饰施工，现已按设计要求及合同约定施工完毕，该工程符合我国现行法律、法规，施工技术资料齐全、有效，该工程符合我国现行工程建设标准规定，符合设计文件要求，各分部分项工程质量均达到合格，该工程符合施工合同要求。 综上所述，工程质量符合有关法律、法规和工程建设强制性标准，资料齐全、有效，通过验收				
建设单位（签章） 项目负责人： 年　月　日	监理单位（签章） 总监理工程师： 年　月　日	施工单位（签章） 技术负责人： 年　月　日	勘察单位（签章） 勘察负责人： 年　月　日	设计单位（签章） 设计负责人： 年　月　日

【简析】

在实际工作中，竣工验收报告主要是以质检部门规定的表格形式按规范填写。内容包括工程概况、工程质量检查情况、参验人员签字和工程竣工验收结论。其中质量检查情况中需要说明检查和评定的资料项目数量及是否检查合格，验收结论中要注明该工程是否达到施工合同及施工图纸中所要求的国家标准、规范要求，最终定性确定竣工验收是否合格。

【例文二】

住宅使用说明书示例

1. 概况

住宅楼，总建筑面积为××平方米。地下层高3.9米，平时设计为停车库，战时用途为人防库。本工程依据2003年10月《住宅建设装修及设备标准》以及现行的国家、江苏省有关法规而设计建造。

2. 建筑设计

每户住宅由入口、客厅、厨房、卫生间、主卧室及次卧室、阳台等组成，根据住户的具体要求，厨房、卫生间的布置可以在设计提供的方案中作出自己的选择，一经确认，不应更改。每户均设计有两个空调室外机托台并预留空调换热管的穿墙孔。其中在客厅外墙上预留的穿墙孔为高低两个，高孔为壁挂式空调器专用，低孔为落地（柜）式空调器专用，不使用的预留孔洞应统一使用适当的密封材料封堵严密。

3. 结构说明

本建筑层为钢筋混凝土纯剪力墙结构。抗震设防烈度为8度，即发生8度震灾时，可能有局部裂纹出现，发生更大烈度地震时，建筑物也不致发生倒塌或发生危及生命的严重破坏。

本楼采用外墙外侧保温体系，大楼主体的外侧均包有一层 4 cm 厚的聚苯保温板，任何人不得因任何原因损坏保温层。

户内的分隔墙，除 20 cm 厚的钢筋混凝土墙体外，统一采用 6 cm 厚轻型隔墙板。钢筋混凝土墙的强度很高，普通铁钉很难钉入。建议喜爱挂件的住户采用挂镜线装修，确实需要时，也可用水泥钉在墙上固定物体。隔墙板上每钉挂点可钉挂重量不大于 35 kg，钉挂点之间的距离应不小于 60 cm。

4. 通风、燃气

(1) 如感觉燃气管道边有漏气时应立即报告有关单位进行检修。

(2) 燃气灶工作时，若发现火焰颜色突然发黄，如果可以排除灶具自身的原因，有可能是室内氧气不足，应开启外窗。

(3) 与灶具相连的软管应采用耐油加强橡胶管或塑料管，其耐压能力应大于 4 倍工作压力。当发现软管用的时间较长，已失去弹性（按下去比较硬）时，应及时更换新软管。

5. 电信设施

(1) 电源：每户设配电箱，设计负荷 6 kW，分四回路供电，其中回路 1 供除卫生间外所有灯具负荷用电。回路 2 供除厨房外所有插座负荷用电。回路 3 供厨房插座负荷用电。回路 4 供空调负荷用电。客厅和主卧室 2.0 m 高的两个插座为空调专用插座，不宜用于除空调外的其他家用电器。配电箱内漏电开关跳开后，应首先检查是否有不安全用电隐患，确认无误后，先按一下复位按钮，再合开关。

(2) 电话：每户预留两对电话线，客厅、卧室及浴室均设电话插座，任何房间需装电话，均可接线。浴室也可并接一部电话。

(3) 电视：客厅、餐厅及两间卧室设有电视插座。

(4) 对讲：每户设对讲分机，门口设门铃按钮，当有客人来时，可在楼门口主机处键入对方住户号码，家人听到呼叫声，摘下听筒与客人对话，如果允许客人进入，则按下开启楼门电磁锁的按钮。客人来到本层后，按下门口的门铃按钮，通知主人开门。

(5) 三表远传：每户水、电、煤气表均预留远传信号线出线口，以备将来设置远传计量收费系统。

(6) 火警状态时，基本电源切断，紧急照明启动。此时除供消防人员使用的电梯和其他消防设施外，日常用电设施都会停电。紧急照明将导引楼内人员撤出。

6. 门窗

(1) 本楼电梯间前室等部位采用防火门，住户不应私自加锁或改动其任何零部件。

(2) 本楼的户门为具有防盗、隔音、保温三种功能的住宅专用门。

(3) 户内的门窗原则上由住户自理，住户在选择门窗型号时应注意尺寸必须与预留洞口一致。门窗的标志尺寸可以在图纸上查阅或在现房中量取。

(4) 外窗统一采用铝合金平开窗。施工过程中采用专业手段对窗户的密闭、保温性能予以特别保障，住户不得改动，如有松动、漏水等问题，请随时报告有关部门请专业人员进行维修。

(5) 擦拭门窗时，必须小心站位，以免摔出，坠楼导致伤亡。万一因特殊情况打不开户门锁具时，应请专业人员开锁，切不可试图攀窗或攀越阳台由相邻单元进入。空调托台、阳台栏杆、墙体等均采取了限制非法进入相邻单元的措施，窗扇的联结结构也不足以安全承受人的体重。

7. 水火设施

(1) 消防设施：室内消火栓箱位于电梯前室或走道。内设消火栓，消防启动按钮，消防卷盘及移动式灭火器。

(2) 消火栓：$DN65$ 口径，$L=25$ m 长衬胶水龙带和 19 mm 水枪喷嘴。栓口有调压功能。由消防队员使用。

(3) 电气按钮：为消火栓系统加压泵的启动按钮，按下后，位于地下层的消防泵启动，管网内充满高压水。

(4) 移动式灭火器：每个消火栓箱下部均设二瓶 FM4 磷酸铵盐干粉灭火器，装粉量 4 kg，必要时用户可自行取用。平时用户阅读灭火器上使用说明，学会使用。

(5) 给排水设施：所有给排水公共设施用户均不得拆改。

(6) 户内给排水管不得拆改。排水横支管不应改动。水表的后管段，在征得管理部门书面同意后可请专业人员帮助调整。

(7) 卫生设备选型应根据用户已经选定的排水与支管施工现状进行选型，选型时请注意排水口距墙的距离，其中大便器须选用下排水式。

8. 阳台

阳台是半室外、半室内的过渡空间。阳台的地面比室内低 2 cm，以防止飘入的雨水倒灌入室内。通常不鼓励取消阳台门窗而把阳台与卧室合在一起的做法，因为阳台门窗具有保温隔热性能，而阳台栏板及阳台顶板、底板、封阳台窗等未按保温设计，房间加上阳台后会使房间的采暖负荷加大很多，从而降低采暖条件。

9. 地下停车库

地下层设计为小型及微型汽车停放库（指长宽高分别不大于 4.8 m、1.8 m、2.0 m 的车辆），机动车由东侧入口坡道进入；取车者由楼梯下至地下层，驾车经由西侧出口上至地面。车辆及人员进出地下停车库均由自动门禁系统进行控制，以确保车辆及住户的安全。

本地下车库入口坡道较陡，出口车道较缓。其中入口坡道经缓坡→急坡→缓坡→弯道四个阶段进入车库，进库车辆应该以最低挡位拖挡驶入，以免发生危险。

本地下车库中设有消火栓、灭火器及喷淋灭火设施，在火警状态下，该系统将对火患部位自动实施喷水灭火。

车库层所有柱子的四角在下部均包有角钢，以保护柱体不被误撞或误碰的车辆损害，确保建筑体系的安全。

10. 紧急状态

战时、地震、火灾等状态下，楼内设施的使用状态与平时完全不同。尽管绝大多数人一生中可能都用不到这些知识，但仍然请大家仔细阅读本节内容。

战时：战争状态下地下层作为人防使用。

地震时：地震的烈度分为 1～12 度共十二个等级，与大众媒体中所讲的里氏震级之间存在一定的对应关系。地震发生时，建筑主体不会震塌，主要危险可能来自以下几个方面：

家具倾翻移位、摆件坠落、门窗变形、家用电器变形起火、天然气管道变形引起泄漏，导致中毒或起火等。因此，倘若地震发生时，不应急于离开房间，更不能采取跳楼等极端手段。可以在最近的低矮家具缝隙就地躲避，在震动间隙，可以转移到开间较小的房间躲避。

火灾时：火灾的危害非常大，因此平时用电、用气时应该慎重按照设备使用说明要求去做，不应在床上吸烟，教育孩子不要玩火，家中不宜存放油漆、汽油、煤气罐等易燃物。对于小型的火患，尚未形成灾难时，应当迅速报警并积极扑救，以及实施邻里互救。每层消火栓下部的灭火器可以自行取用，但须注意消火栓为消防队员专用设备，没有专业知识的人员不得擅自动用。火灾时的最大危险是有毒的烟气，其次是人的恐惧与失措，最后才是火焰本身。有统计表明，高楼火灾中致人死亡的第一个原因是毒烟；第二个原因是因恐惧慌乱忍不住从高楼跃下造成摔亡；第三个原因才是因火焰烧伤致人死亡，而且比例极小。人吸入高热而有毒的烟气后极容易窒息、晕厥，因此，当烟雾弥漫时，可以选择爬行或低姿行进，快速逃离烟雾区。

敬请浏览下述忠告，或许会有帮助：

(1) 在吸烟后请掐灭烟火。

(2) 在离开房间前请关闭所有电力设施。

(3) 请用湿毛巾掩住口鼻部以防被烟呛昏。

(4) 请短促呼吸，并匍匐脱离危险区，因为地面处含毒气较少，新鲜空气较多。根据浓烟走向，上下楼梯。如果下面楼梯处被火封锁，请尝试其他紧急出口，不要用电梯。

(5) 如果你逃到楼顶，请站在迎风一侧等待救援。

(6) 请记住，火灾中很少有人被烧死，大多数情况是被呛昏后因吸入有毒气体和惊慌失措导致死亡。惊慌失措是不知怎么做导致的，如果你有逃生准备，并熟悉它在紧急情况时的使用方法，就会极大地增加生存希望。

11. 装修事项

轻隔墙（厚度为 60 mm 的墙），原则上不宜改动。轻隔墙的位置变动通常不影响建筑的结构安全性。但是轻隔墙上可能预装有电气、电信管线，因此其位置的变动带来的影响是综合性的。特殊情况必须改动的，应事先征得有关部门的书面同意。

厨房、卫生间地面部分均有防水层，局部地面下有供水管线穿行。因此，装修时切勿在地面上打孔、钉凿，以免破坏管线及防水层。

厨房、卫生间与普通房间交界处为防水层的收口部位，通常在门框中缝。在餐厅、过道地面墙面装修时，必须小心保护厨房、卫生间的防水。

【简析】

该住宅使用说明范例在写作时，首先介绍了该住宅楼的设计依据、工程概况。然后针对该住宅楼通风、燃气、消防、地下车库等的使用做了详细介绍。同时指明了在住宅装修过程中哪些构件、部位不能轻易拆除、改变原设计，以避免因房屋使用不当造成的质量、安全隐患。其中具体的注意事项要根据工程特点而定，比如有无地下室、有无墙体保温、有无轻质隔墙等。

第二节　施工方验收文件写作

一、分部工程验收及工程竣工验收报验单

（一）分部工程验收报验单

1. 分部工程验收报验单简介

施工单位按约定的验收单元施工完毕，自检合格后报请项目监理机构检查验收，报验时按实际完成的工程名称填写报验申请表，任一验收单元，未经项目监理机构验收确认不得进入下一道工序。

分部工程验收在实际工程中，地基与基础分部、主体结构分部这两个重要的分部由监理单位组织建设方、施工单位、勘察单位、设计单位及申请质量监督部门一起参与验收。其他次要分部工程质量监督单位和设计单位可不参加。

2. 分部工程报验申请表填写说明

（1）施工单位在填写报验申请表时，应准确描述报验的工程部位，并附带相应的质量验收文件，如《分项工程报验申请表》《分项工程质量验收检验批》等。若为分包单位完成的分部工程，分包单位的报验资料必须经总包单位审核后方可向监理单位报验。同时，相关部位的签名必须由总包单位相应人员签署。

（2）工程质量控制资料：指相应质量验收规范中规定工程验收时应检查的文件和记录。

（3）安全和功能检验（检测）资料：指相应质量验收规范中规定的安全和功能检验（检测）报告及抽测记录。

（4）分项工程质量验收记录：指相应分部工程中所包含所有分项工程的验算记录。

（5）审查意见：分部工程由总监组织验收，并签署验收意见。

（二）工程竣工验收报验单

单位（子单位）工程竣工验收的程序及相关要求见本章第一节工程竣工验收程序简介。工程竣工报验单填写说明包括工程项目、附件、审查意见，见例文一。

1. 工程项目

工程项目是指施工合同签订的达到竣工要求的工程名称。

2. 附件

附件是指用于证明工程按合同约定完成并符合竣工验收要求的全部竣工资料。

3. 审查意见

总监理工程师组织专业监理工程师按现行的单位（子单位）工程竣工验收的有关规定逐项进行检查，并对工程质量进行预验收，根据核查和预验收结果，总结审查意见为合格或不合格。若为不合格，则应向承包单位列出不合格项目的清单和要求。

二、分部工程质量验收记录

详见本章第一节中分部工程验收记录。

三、单位（子单位）工程质量竣工验收记录

单位工程完工后，由施工单位组织自检合格后，报请监理单位进行工程预验收，向建设单位提交工程竣工报告并填写《单位（子单位）工程质量竣工验收记录》。建设单位组织设计单位、监理单位、施工单位等进行工程质量竣工验收并记录，验收记录上各单位必须签字并加盖公章。

单位工程质量验收记录应由施工单位填写，验收结论由监理单位填写，综合验收结论由参加验收各方共同商定，并由建设单位填写，主要对工程质量是否符合设计和规范要求及总体质量水平作出评价。

四、工程竣工报告

单位工程完工后，由施工单位填写工程竣工报告，其内容主要包括：工程概况，招投标及合同管理，工程建设情况，工艺设备，环保、劳动安全卫生、消防档案管理，工程监理，交工验收和工程质量，竣工决算，问题和建议等。

工程竣工报告写作包括以下内容。

1. 工程概况

（1）建设依据：行政主管部门有关批复、核准、备案文件。注明文件文号、名称和时间。

（2）地理位置：概括描述相对位置。

（3）自然条件：地形、地质、水文和气象等主要特征。

（4）项目法人：主要涉及施工、监理、质量监督等单位名称。

（5）开工、竣工日期。

2. 招投标及合同管理

概述招标投标情况，招标投标存在的问题和处理意见，合同签订及执行情况。

3. 工程建设情况

详细叙述各单项工程的工程总量、开工和完工时间、主要设计变更内容、工程中采用的主要施工工艺、工程事故的处理等，对各单项工程中的主要单位工程应着重说明其结构特点、特殊使用要求和建设情况，同时附工程建设项目一览表。

4. 工艺设备

叙述主要工艺流程，机械设备和工作车船的数量及其性能参数，制造厂家和供货、安装和调试情况，同时附机械设备一览表。

5. 环保、劳动安全卫生、消防和档案管理

概述有关环境保护、劳动安全卫生、消防主要建设内容、工程档案资料归档的情况，以及相关主管部门的专项验收意见。

6. 工程监理

概述监理工作情况以及监理过程中存在的问题和处理意见。

7. 交工验收和工程质量

概述交工验收情况。根据工程质量监督报告，综述工程质量评定情况以及存在问题的处理情况。

8. 竣工决算

概述竣工决算情况以及审计意见。

9. 问题和建议

如实反映竣工验收时存在的主要问题并提出建议意见。

五、施工总结

在工程竣工后，根据工程特点、性质进行全面施工组织和管理总结，应由项目经理负责，可包括以下六方面的内容：

1. 工程概况

工程名称、建筑用途、基础结构类型、建筑面积、主要建筑材料、主要分部分项工程及设计特点等。

2. 管理方面总结要点

根据工程特点与难点，从项目的现场安全文明施工管理、质量管理、工期控制、合约成本控制、总承包控制等方面进行总结。

3. 技术方面总结要点

技术方面主要针对工程施工中采用的新技术、新产品、新工艺、新材料进行总结，并注意施工组织设计（施工方案）编制的合理性及实施情况等。

4. 质量方面的总结要点

施工过程中采用的主要质量管理措施、消除质量通病措施、QC 质量管理活动等。

5. 其他方面的总结要点

降低成本措施、分包队伍的选择和管理、安全技术措施、文明施工措施等。

6. 经验与教训方面总结

施工过程中出现的质量、安全事故的分析，事故的处理情况以及如何杜绝此类事件发生等。

六、工程质量保修书

根据国家相关法规，建设工程实行质量保修制度。建设工程承包单位在向建设单位提交工程竣工验收报告时，应当向建设单位出具质量保修书。质量保修书中应当明确建设工程的保修范围、保修期限和保修责任等。

（1）在正常使用条件下，建设工程的最低保修期限主要有以下四点：

①基础设施工程、房屋建筑的地基基础工程和主体结构工程，最低保修期限为设计文件规定的该工程的合理使用年限。

②屋面防水工程、有防水要求的卫生间、房间和外墙面的防渗漏，最低保修期限为5年。

③供热与供冷系统，最低保修期限为2个采暖期、供冷期。

④电气管线、给排水管道、设备安装和装修工程，最低保修期限为2年。

其他项目的保修期限由发包方与承包方约定。建设工程的保修期，自竣工验收合格之日起计算。

（2）建设工程在保修范围和保修期限内发生质量问题的，施工单位应当履行保修义务，并对造成的损失承担赔偿责任。

（3）建设工程在超过合理使用年限后需要继续使用的，产权所有人应当委托具有相应资质等级的勘察、设计单位鉴定，并根据鉴定结果采取加固、维修等措施，重新界定使用期。

七、案例分析

【例文一】

工程竣工报验单

工程名称：　　　　　　　　　　　　　　　　　　　　　　编号：×××

致：×××监理公司（监理单位） 我方已按合同要求完成了×××工程，经自检合格，请予以检查和验收。 附件： 1.《单位（子单位）工程质量控制资料核查记录》 2.《单位（子单位）工程安全和功能检验资料核查及主要功能抽查记录》 3.《单位（子单位）工程观感质量检查记录》 承包单位（章）：________ 项目经理：________ 日期：________
审查意见： 经初步验收，该工程 （1）符合/不符合我国现行法律、法规要求。 （2）符合/不符合我国现行工程建设标准。 （3）符合/不符合设计文件要求。 （4）符合/不符合施工合同要求 综上所述，该工程初步验收合格/不合格，可以/不可以组织正式验收。 项目监理机构（章）：________ 专业监理工程师：________ 日期：________

【简析】

施工单位向监理单位申请竣工报验时，从资料准备的角度来讲，其前提条件是已完成了相应的质量、观感、施工资料的核查。因此在填写《工程竣工报验单》时，《单位（子单位）工程质量控制资料核查记录》《单位（子单位）工程安全和功能检验资料核查及主要功能抽查记录》《单位（子单位）工程观感质量检查记录》这三种已完成的施工资料要作为附件同步上报，以便监理单位审查。

【例文二】

单位（子单位）工程质量竣工验收记录

工程名称	××大厦	结构类型	框架结构	层数/建筑面积	8层/5 600 m²
施工单位	××建筑工程公司	技术负责人	×××	开工日期	××年××月××日
项目经理	×××	项目技术负责人	×××	竣工日期	××年××月××日
序号	项目	验收记录		验收结论	
1	分部工程	共9分部，经查核定符合标准及设计要求9分部		经各专业分部工程验收，工程质量符合验收标准	
2	质量控制资料核查	共46项，经审查符合要求46项，经核定符合规范要求46项		质量控制资料经核查共46，项符合有关规范要求	
3	安全和主要使用功能核查及抽查结果	共核查26项，符合要求26项，共抽查11项，符合要求11项，经返工处理符合要求0项		安全和主要使用功能共核查26项，符合要求，抽查其中11项，使用功能均满足	
4	观感质量验收	共抽查23项，符合要求23项，不符合要求0项		观感质量验收为较好	
5	综合验收结论	经对本工程综合验收，各分部分项工程符合设计要求，施工质量满足有关施工质量验收规范和标准要求，单位工程竣工验收合格			
参加验收单位	建设单位（公章）	监理单位（公章）	施工单位（公章）	设计单位（公章）	
	单位（项目）负责人： ××× ××年×月×日	总监理工程师： ××× ××年×月×日	单位负责人： ××× ××年×月×日	单位（项目）负责人： ××× ××年×月×日	

【简析】

单位（子单位）工程质量竣工验收记录是施工单位在建筑工程项目中最后一份验收资料，采取表格方式进行填写。主要内容包括观感质量验收（实地考察验收）、分部工程及相应质量验收、安全控制资料检查。填写时要注明资料核查的份数，不合格及合格资料的份数。最后综合评定质量竣工验收是否合格。

【例文三】

施工总结

一、工程概况

本工程为××化工有限公司20万吨/年苯加氢项目。我方承建××20万吨苯加氢工程的A标段的土建，机电设备安装，电仪安装调试，一二类压力容器安装，部分非标设备制作安装及配套的电气、照明、给排水、工艺管道等所属设备设施安装，负责管道设备的强度试验、气密性试验。并配合自动化系统的安装、调试、管道设备的清洗。

1. 土建

综合楼建筑面积为1 885 m^2 建筑层数为三层，总高度为14.75 m，本工程基础形式为独立基础，主体结构为矩形框架填充墙结构。工艺主装置占地面积为5 060.00 m^2，包括压缩机房、蒸发框架、Ⓔ～(3/E)轴框架、①～⑰轴管廊、②～③轴框架、⑥～⑧轴框架、⑫～⑭轴框架、塔基础、压缩机基础、地坑及其他设备基础等。装置±0.000标高相当于绝对标高3.100 m，基础底标高－5.750～－2.350 m，自然地面标高3.000 m。轴框架基础形式为独立基础，主体为钢结构分别为1～3层不等，主体高度7.5～18 m不等。甲醇裂解制氢装置建筑面积为232.05 m^2，基础形式为独立基础，主体结构为混凝土框架，高度6.0 m，框架内外分部设备基础。共完成土石方6 000余方，钢筋330余吨，商品混凝土2 500余方，钢结构制作安装700余吨。

2. 设备

本装置设备主要由静设备和动设备组成，其中静设备包括7台塔器、5台反应器、46台容器、37台换热器；动设备由50台泵、4台压缩机组成。

3. 工艺管道

甲醇裂解制氢装置工艺管线共计84条，总公里数约为0.5公里，共有17多种介质，设计压力范围0.2～1.98 MPa，温度为60 ℃～320 ℃。工艺主装置工艺管道完成1 500余条管线，总公里数约为40公里，共有35种介质，设计压力为0.2～8.2 MPa。

4. 电气

本工程电气主要包括高、低压配电系统、动力配电系统、照明系统、防雷接地系统。完成接地铜包钢2 000余米、电缆敷设10万余米、电缆桥架500余米。

5. 仪表

本工程仪表采用EMERSON公司的DELTA－VDCS控制系统，重要参数集中在控制室进行监控操作，安全连锁部分在TRICON的SIS系统上实现。现场主要完成仪表917套，仪表柜13只、操作台12只、仪表防尘接线箱70只、光缆20.4万余米、仪表接地线2 300余米、电缆桥架直线段500余米。

二、法定文件

中标文件、施工合同、施工许可证和施工图纸齐全。

三、工程质量控制

××化工有限公司20万吨/年粗苯加氢生产线土建及安装工程投标文件质量目标定为优良工程。根据我公司质量管理体系的运行和工程质量保证体系的运转，在施工管理体系的基础上，建立××化工有限公司20万吨/年粗苯加氢生产线土建及安装工程质量管理运转网络，指导思想集中体现公司“精心安装，优质服务，不断创新，保证质量”的质量方针。

该工程由分公司主任工程师总管质量，由执行线项目经理主管质量，通过各专业管理组的责任工程师以及材料、动力、设备的品质保证工程师具体负责各组和系统的材料设备、安装、施工的质量管理工作及控制工作，重点控制工程各阶段的“人、机、料、法、环”

等影响质量的诸因素和分阶段组织施工作业班组进行工序控制点和停止点的自检、互检，以达到工程各阶段的质量始终处于稳定受控状态。由监督系分公司技术监督科科长主管质量，通过分公司施工技术科进行质量策划和编制质量计划，落实到各施工专业管理组的责任工程师，以及材料、动力、设备的品质保证责任工程师，予以实施和进行目标管理，并由分公司技术监督科负责质量监督管理，在分公司技术监督科各专业质检工程师的领导下，通过项目部的各专业质检员，对各专业的施工技术员和设备材料员所承担的工作内容进行进货检验和试验、过程检验和试验、最终检验和试验，同时对施工作业班组进行工序控制点和停止点的抽检和专检，严格执行质量“一票否决制”，从而最终确保工程各阶段的质量始终处于稳定受控状态，以实现工程的质量目标。同时该工程自开工至竣工交验前，通过施工准备和过程控制所完成的成品，由执行线主管经理组织各专业安装组和系统管理责任工程师，按施工组织设计和质量计划规定的要求制定明确有效的保护方法和手段，并落实到各专业系统的施工技术员，设备材料员和作业班组进行成品保护，工程施工完毕后，项目部将按合同规定的期限做好竣工验收资料的汇集整理工作，经竣工验收后的单位工程，将按规定期限办理交工手续。

四、工程进度控制

我们对项目总体进度的控制主要遵循两个基本原则：一是土建结构工程满足设备安装的进度要求，不影响安装，为安装工程预留充足的工作时间。二是安装工程满足业主要的机械竣工工期要求，保证装置的顺利投产。三是建筑装修工程满足合同规定的对总工期的要求。工程计划在×××年××月××日前完成。我方完全按照工程总进度的要求施工，并在×××年××月××日完成所有工作内容。为保证工程进度我方采取了如下措施：

(1) 工程进度的检查：每周的计划通过每周例会检查落实。月度实际进度通过施工队每月提交的工程进度报表和现场跟踪检查工程项目实际进度确定。在对工程实际进度检查的基础上，项目部主要采用横道图比较法与计划进度进行比较，以判断实际进度是否出现偏差。如果出现进度偏差，需进一步分析此偏差对进度控制目标的影响程度及其产生的原因，并提出纠偏措施，要求施工单位进行调整，定出追回落后工期的措施和时间表。

(2) 工程进度的协调：在每周例会上通报工程进度情况，确定薄弱环节，以解决工程施工过程中的相互协调配合问题，部署赶工措施。

(3) 组织措施上由项目经理亲自负责项目分解、进度协调；技术措施上做到应用新技术提高工效和控制好关键工序。只有关键工序进度有保证，总工期进度才能有保证。

五、合同履约情况

1. 完成合同约定内容

在整个施工过程中，我公司认真履行了合同中签订的各项条款，严格执行国家的法律、法规，严格按照施工图纸、设计变更组织施工。

2. 克服困难

土建施工高峰期正值本地区最冷时期，且较常年气温偏低，这对土建无论是质量还是工期都是严峻的考验；设备到货时间参差不齐，且拖延时间较长；大型吊装期间正值本地区风力最大的时期，且遭遇沙尘暴等恶劣天气；工艺管道图纸到位较晚且不齐全，给现场施工拖延较长时间，造成工艺管道工期紧，使原本紧张的工期雪上加霜；电气设计图纸不到位，使现场施工无图可依。纵使有以上种种困难，我公司本着精心安装、用心服务的服务理念，诚信合作、理性经营、利益共享的经营理念，严格工艺、持续改进质量的一贯传统，增加施工力量，增加技术管理力量，采用先进质量保证方案，保质保量保时地完成了合同内及增加的施工任务，为本工程的顺利提前投产贡献了一份绵薄之力。

3. 工程质量保修内容

本工程竣工验收后，我公司将严格按照施工合同和国家法律法规条文的规定，对工程进行回访和保修，为建设单位提供优质的售后服务。总之，我们热情欢迎各方领导和有关部门对我公司施工的工程进行检查验收，希望对工程中出现的不足之处提出宝贵意见，我们将认真听取各方意见和建议，以促进我公司施工质量的不断提高和持续发展。

谢谢！

××市安装工程有限公司

××××年××月××日

【简析】

该例文为某一工业厂房的建筑安装工程施工总结。写作时在工程概况方面抓住工程特点，从结构、建筑特点、设备及管网安装特点进行了叙述。对于施工过程中的技术难点的克服、如何保证施工质量及工期进行了详细描述。较为规范。

【例文四】

工程质量保修书

工程名称：____________________

发包方：__________（全称）__________

承包方__________（全称）__________

为保护建设单位、施工单位、房屋建筑所有人和使用人的合法权益，维护公共安全和公众利益，根据《建筑法》《建设工程质量管理条例》《房屋建筑工程质量保修办法》及其他有关法律、行政法规，遵循平等、自愿、公平的原则，签订工程质量保修书。承包人在质量保修期内按照有关管理规定及双方约定承担工程质量保修责任。

一、工程质量保修范围、保修期限。

在正常使用条件下，房屋建筑工程质量保修期限承诺如下：

（一）地基基础工程和主体结构工程，保修期限为设计文件规定的该工程的合理使用年限；

（二）屋面防水工程、有防水要求的卫生间、房间和外墙面的防渗漏，保修期限为5年；

（三）供热与供冷系统，保修期限为2个采暖期、供冷期；

（四）电气管线、给排水管道、设备安装，保修期限为2年；

（五）装修工程保修期限为2年；

（六）门窗保修期限为1年；

（七）地面、楼面空鼓开裂、大面积起砂保修期限为2年；

（八）卫生洁具、配件、给水阀门保修期限为1年；

（九）灯具、开关插座保修期限为 1 年；

（十）其他项目保修期限双方约定如下：

（略）。

二、质量保修责任。

（一）施工单位承诺和双方约定保修的项目和内容，应接到发包方保修通知后 7 日内派人保修。承包人不在约定期限内派人保修的，发包人可委托其他人员维修，保修费用由施工单位承担。

（二）发生需紧急抢修事故（如上水跑水、暖气漏水漏气、燃气泄漏、电器设备故障造成停电等），承包方接到事故通知后，应立即到达事故现场抢修。非施工质量引起的事故，抢修费用由发包方或造成事故者承担。

（三）在国家规定的工程合理使用期限内或保修期内，确保地基基础和主体结构工程的质量，因承包方原因致使工程在合理使用期限内造成人身和财产损害的，承包方应承担损害赔偿责任。

（四）因保修不及时，造成新的人身、财产损害的，由造成拖延的责任方承担赔偿责任。

（五）房地产开发企业售出的商品房保修，应当执行《城市房地产开发经营管理条例》和其他有关规定。

（六）下列情况不属于质量保修范围：

1. 因使用不当或者第三方造成的质量缺陷。

2. 不可抗力造成的质量缺陷。

3. 用户自行添置、改动的结构、设施、管道、线路、设备及其他装饰装修项目。

三、保修费用由质量缺陷责任方承担。

四、双方约定的其他工程质量保修事项。

五、本保修书未尽事项，执行国家的法律、法规规定。

保修书一式五份。

发包方（公章）　　　　　　　　承包方（公章）

法定代表人（签字）：　　　　　法定代表人（签字）：

××××年××月××日　　　　　××××年××月××日

【简析】

本例文主要内容包括质量保修内容、保修期限、质量保修责任以及其他可能出现的保修事项（约定保修事项）。在写作时，首先明确了工程质量保修的内容、保修年限，同时对保修程序及不予承接保修的范围进行了说明，是一份比较规范的质量保修书。

第三节　监理方验收文件写作

一、单位工程竣工预验收报验表

<table>
<tr><td colspan="2">单位工程竣工预验收报验表（A8）</td><td>编号</td><td></td></tr>
<tr><td>工程名称</td><td></td><td>日期</td><td></td></tr>
<tr><td colspan="4">致__________（监理单位）：
我方已按合同要求完成了__________工程，经自检合格，请予以检查和验收。
附件：

承包单位名称：　　　　项目经理（签字）：</td></tr>
<tr><td colspan="4">审查意见：

经预验收，该工程：

1.□符合□不符合我国现行法律、法规要求；
2.□符合□不符合我国现行工程建设标准；
3.□符合□不符合设计文件要求；
4.□符合□不符合施工合同要求。
综上所述，该工程预验收结论：　□合格　　□不合格；
可否组织正式验收：　　□可　　□否。
监理单位名称：　　　　总监理工程师（签字）：　　　　日期：</td></tr>
<tr><td colspan="4">注：本表由承包单位填报，建设单位、监理单位、承包单位各存一份。</td></tr>
</table>

二、竣工移交证书

<table>
<tr><td colspan="3">竣工移交证书（B8）</td><td>编号</td><td></td></tr>
<tr><td>工程名称</td><td colspan="4"></td></tr>
<tr><td colspan="5">致__________（建设单位）：

兹证明承包单位__________施工的__________工程，已按施工合同的要求完成，并验收合格，即日起该工程移交建设单位管理，并进入保修期。

附件：单位工程验收记录</td></tr>
<tr><td colspan="2">总监理工程师（签字）</td><td colspan="3">监理单位（章）</td></tr>
<tr><td colspan="2">

日期：　年　月　日</td><td colspan="3">

日期：　年　月　日</td></tr>
<tr><td colspan="2">建设单位代表（签字）</td><td colspan="3">建设单位（章）</td></tr>
<tr><td colspan="2">

日期：　年　月　日</td><td colspan="3">

日期：　年　月　日</td></tr>
<tr><td colspan="5">注：本表由监理单位填写，建设单位、监理单位、承包单位各存一份。</td></tr>
</table>

三、工程质量评估报告

工程质量评估报告是单位工程、分部工程及某些分项工程完工后，在施工单位自检质量合格的基础上，监理工程师根据日常巡查、旁站掌握的情况，结合对工程初验的意见，编写对工程质量予以正确评定的报告。它是监理工程师对工程质量客观、真实的评价，是监理资料的主要内容之一，也是质量监督站核验质量等级的重要基础资料。

（一）工程质量评估报告的总体要求

工程质量评估报告应能客观、公正、真实地反映所评估的单位工程、分部、分项工程的施工质量状况，能对监理过程进行综合描述，能反映工程的主要质量状况、反映出工程的结构，安全、重要使用功能及观感质量等方面的情况。

（二）编写工程质量评估报告的时间

应随工程进展阶段编写质量评估报告。监理单位在工程进展到以下阶段时应编写工程质量评估报告：

（1）地基与基础分部（包括桩基工程±0.01 以下的结构及防水分项）工程之后、基础土方回填前，应编写地基与基础分部工程质量评估报告。

（2）整个建筑物主体结构完成后、装饰工程施工之前，应编写主体工程分部工程质量评估报告。

（3）工程竣工后、各方组织验收前，应编写单位工程（包括安装和装饰工程）的质量评估报告。

（三）工程质量评估报告的内容

工程质量评估报告内容一般应包括工程概况、质量评估依据、分部分项工程划分及质量评定、质量评估意见四个部分。

1. 工程概况

工程概况应说明工程所在地理位置，建筑面积，设计、施工、监理单位，建筑物功能、结构形式、装饰特色等。

2. 质量评估依据

（1）设计文件。

（2）建筑安装工程质量检验评定标准、施工验收规范及相应的国家、地方现行标准。

（3）国家、地方现行有关建筑工程质量管理办法、规定等。

3. 分部分项工程及质量评定

分部工程质量评估报告应叙述分项工程进行划分及施工单位自评质量等级情况，要着重反映监理工程师日常对分项工程质量等级的核查情况。地基与基础分部工程还应重点说明桩基的施工质量状况，主体工程分部应增加对建筑物沉降观测对混凝土强度的评定情况，砖混结构应说明对砂浆强度的评定情况。编写单位工程质量评估报告时，要简述各分部工程的质量评定情况，设备安装、调试、试运转情况。重点叙述对质量保证资料的审查、观感质量评定等，反映工程的结构、安全、重要使用功能、装饰工程的质量特色等，另外，还应说明建筑物有无异常的沉降、裂缝、倾斜等情况。

4. 质量评估意见

监理单位应对所评估的分部、分项、单位工程有确切的意见。监理工程师可以根据对分项工程旁站检查及等级抽查情况评估分项、分部工程的质量等级。单位工程竣工后，监理工程师应根据主体、装饰工程质量等级评定，质量保证资料的审查，观感质量评定来评估工程的结构、安全、重要使用功能及主要质量情况，并应有确切的质量评估结论性意见。

四、案例分析

【例文】

房屋建筑工程和市政基础设施工程

单位工程质量评估报告

监 理 号：

工程名称：谢家敬老院

子项名称：配料库

监理单位（章）：四川精正建设管理咨询有限公司

（甲、乙、丙级）

年　月　日

工 程 概 况

工程名称	谢家敬老院		
工程地址	彭山区谢家镇		
建筑面积	1 436 m^2	结构类型	砖混结构
层　数	三层	总　高	12.55 m
电　梯		自动扶梯	
开工日期	2009.03.06	工程完工日期	
施工许可证号		施工图审查批准书号	建施设审　号
建设单位	彭山区民政局		

单位	名称	资质等级
勘察单位	四川	
设计单位	眉山精典建筑设计有限公司	
施工单位	彭山区建宏建筑工程有限公司	
检测机构		
地基处理、桩基础、钢结构、预应力、幕墙、装饰、设备安装等子分部工程分包设计、施工单位		

职务	姓名	专业	证书
总监理工程师	潘华利	工民建	
监理工程师	徐忠明	工民建	
	李柄文	工民建	
	张凤清	工民建	
监理员			

四川建宏建材有限公司熟料及矿粉库地基与基础分部工程质量评估报告

<table>
<tr><td colspan="2">监理周期</td><td>30天</td><td>基础类型</td><td>钢筋混凝土结构</td></tr>
<tr><td rowspan="6">工程建设过程中质量控制情况</td><td>原材料、构配件检验</td><td colspan="3">钢筋、水泥、砂石均有出厂合格证书，并经过进场抽查，见证取样送检比例为100%。复试报告均合格</td></tr>
<tr><td>验槽试桩或地基处理</td><td colspan="3">经验槽检查，地勘人员认为基底土与地勘报告相符，满足设计要求。</td></tr>
<tr><td>检测情况试块、试件</td><td colspan="3">垫层混凝土C10、基础承台C30，试块强度评定均满足设计要求。</td></tr>
<tr><td>防水层</td><td colspan="3"></td></tr>
<tr><td>检验批检查情况</td><td colspan="3">土方开挖、回填、钢筋加工安装、模板工程、混凝土工程等检验批共____批，经检查，主控项目和一般项目均满足质量验收规范的规定，隐蔽工程在隐蔽前均经监理工程师检查、签认。可进入下道工序。</td></tr>
<tr><td>质量文件的签认情况</td><td colspan="3">基础部位和工序的工程质量措施经审查合格。工程材料进场报验单、见证取样记录、施工测量放线报验单、工程隐蔽资料、设计交底、图纸会审要及时签认。
对工程项目检验批的质量验收记录均及时签认。</td></tr>
<tr><td colspan="2">监理抽测情况</td><td colspan="3">经检查，混凝土密实，观感质量较好。
抽测一般项目的允许偏差共60点，合格54点，合格点率90%。
抽测混凝土强度均满足设计要求。</td></tr>
<tr><td colspan="2">发现问题以及处理结果</td><td colspan="3"></td></tr>
<tr><td colspan="2">工程建设过程中执行规范法规情况</td><td colspan="3">严格按现行规范、标准、法规及审查通过的设计图纸施工。无重大设计变更，一般修改均经设计签认。</td></tr>
<tr><td colspan="2">其他需要说明的问题</td><td colspan="3"></td></tr>
<tr><td colspan="2">基础分部工程质量评估意见</td><td colspan="3">施工质量符合勘察、设计文件的要求。无影响结构安全的质量问题。
（公章）
项目监理工程师：　　总监理工程师：　　年　月　日</td></tr>
<tr><td colspan="2">备注</td><td colspan="3"></td></tr>
</table>

彭山中亚塑料制品厂综合楼主体结构分部工程质量评估报告

<table>
<tr><td colspan="2">监理周期</td><td>____天</td><td>结构类型</td><td>砖混结构</td></tr>
<tr><td rowspan="4">工程建设过程中质量控制情况</td><td>原材料、构配件检验</td><td colspan="3">钢筋、水泥、砂石、原材料均有出厂合格证书，并经过进场抽查，见证取样送检比例为100%。复试报告均合格</td></tr>
<tr><td>检测情况试块、试件</td><td colspan="3">柱、梁、板混凝土C20，1～3层混合砂浆M7.5，试块强度评定均满足设计要求。</td></tr>
<tr><td>检验批检查情况</td><td colspan="3">钢筋加工安装、模板工程、混凝土工程等检验批共18批，经检查，主控项目和一般项目均满足质量验收规范的规定，隐蔽工程在隐蔽前均经监理工程师检查、签认。可进入下道工序</td></tr>
<tr><td>质量文件的签认情况</td><td colspan="3">主体部位和工序的工程质量措施经审查合格。工程材料进场报验单、见证取样记录、施工测量放线报验单、工程隐蔽资料、设计交底、图纸会审要及时签认。
对工程项目检验批的质量验收记录均及时签认</td></tr>
<tr><td colspan="2">监理抽测情况</td><td colspan="3">经检查，混凝土密实，观感质量较好。
抽测一般项目的允许偏差共50点，合格45点，合格点率90%。
抽测混凝土强度均满足设计要求</td></tr>
<tr><td colspan="2">发现问题以及处理结果</td><td colspan="3"></td></tr>
<tr><td colspan="2">工程建设过程中执行规范法规情况</td><td colspan="3">严格按现行规范、标准、法规及审查通过的设计图纸施工。无重大设计变更，一般修改均经设计签认</td></tr>
<tr><td colspan="2">主体分部工程质量评估意见</td><td colspan="3">施工质量符合勘察、设计文件的要求。无影响结构安全的质量问题。

（公章）

项目监理工程师：　　　　总监理工程师：　　　　年　月　日</td></tr>
<tr><td colspan="2">备注</td><td colspan="3"></td></tr>
</table>

装饰、屋面、设备安装分部工程质量评估报告

序号	名称	旁站监理检查内容及结论
1	装饰装修	材料合格。抹灰、门窗、涂饰工程均与设计要求相符，并按相关规定施工。经检查，质量合格。 总监理工程师：　　　　年　月　日
2	建筑屋面	材料合格。屋面找平层、保温层、防水层工程及细部构造均与设计要求相符，并按相关规定施工。经检查，质量合格。 总监理工程师：　　　　年　月　日
3	给排水	设备、材料进场验收合格，工程按设计及相关规范施工，隐蔽工程已签认。试验项目齐全，系统功能满足设计及相关规范要求，生活给水系统经有关部门取样检验，符合国家《生活饮用水标准》。经检查，质量合格。 总监理工程师：　　　　年　月　日
4	建筑电气	设备材料进场验收合格，产品有许可证编号和安全认证标志。工程按设计及相关规范施工，隐蔽工程已签认。试验项目齐全，系统功能满足设计及相关规范要求。经检查，质量合格。 总监理工程师：　　　　年　月　日
5	智能建筑	总监理工程师：　　　　年　月　日
6	通风与空调	总监理工程师：　　　　年　月　日
7	电梯	总监理工程师：　　　　年　月　日
8	其他	总监理工程师：　　　　年　月　日
9	工程质量保证文件	工程设备材料进场报验单、见证取样记录、施工测量放线报验单、试验报告、消防检测报告、工程隐蔽资料，均及时签认。对工程项目检验批的质量验收记录均及时签认。 总监理工程师：　　　　年　月　日

单位工程质量评估意见

单位工程质量监理小结	该初装饰竣工工程，施工单位严格按现行规范、标准、法规及已审查通过的设计图纸施工。无重大设计变更，一般修改均经设计签认。在对该工程的质量监督工作中，按有关规定对工程必检项目进行了监督检查，并对结构工程进行了监督抽查和抽样测试，未发现其他影响结构安全的质量问题。该工程施工质量符合《工程建设标准强制性条文》相关要求。
监理结论	施工质量符合设计文件及相关规范要求。无影响结构安全的质量问题。 （公章） 项目监理工程师：　　　总监理工程师：　　　年　　月　　日
备注	

【简析】

工程质量评估报告是项目监理部在重要分部工程施工完成时和单位工程竣工时必须编制的对工程质量进行综合评价鉴定的重要文件，由项目总监理工程师负责组织，并向项目监理人员布置相关工作进行编写。

本节主要提供了单位工程竣工预验收报验表和竣工移交证书的样表，实际操作时，根据实际情况填写即可。此处所引单位工程质量评估报告的例文，项目清楚，条款明晰，填写规范，可资借鉴。

实训演练

1. 某建筑工程概况如下：框架结构，建筑面积为50 000 m^2，地上33层，地下2层，总建筑高度为123 m。结构抗震等级2级，结构安全等级2级；基础为筏板基础，筏板厚度为1.5 m（大体积混凝土）。合同工期为480日历天，实际所用工期为450日历天，工程质量优良。在施工中，技术难点有大体积筏板基础混凝土浇筑、变形缝模板加固、工期保证、大跨度现浇板施工等，施工中运用的新工艺、新技术有GBF空心管施工、大型组合钢模运用、飞模运用等。根据以上基本情况，请查阅相关资料，模拟场景，从施工方的角度完成该工程的竣工报告。

2. 请自行准备一套2 000 m^2 以上的住宅楼施工图，根据该图设计要求，完成该工程的住宅使用说明书写作。

3. 根据第2题中所用图纸，完成该工程的工程质量保修书写作。

参考文献

[1] 中共中央办公厅，国务院办公厅．党政机关公文处理工作案例：中发办〔2012〕14 号 [EB/OL]．(2013-02-22)．http：//www.gov.cn/zwgk/2013-02/22/content_2337704.htm.
[2] 国务市场监督管理总局，国家标准化管理委员会．GB/T 9704—2012 党政机关公文格式 [S]．北京：中国标准出版社，2012.
[3] 王金星，谭国应．当代实用写作 [M]．长沙：湖南教育出版社，2010.
[4] 郭筱筠．建筑应用文写作 [M]．北京：北京交通大学出版社，2010.
[5] 宫照敏．建筑应用文写作 [M]．北京：机械工业出版社，2010.
[6] 谭吉平，周林．建筑应用文写作 [M]．北京：中国建筑工业出版社，1998.
[7] 李化鹏．法律文书写作 [M]．北京：中国政法大学出版社，1999.
[8] 孙莉，邱平．实用应用文写作 [M]．北京：北京交通大学出版社，2006.
[9] 孙和平．财经应用文写作 [M]．成都：西南财经大学出版社，2007.
[10] 宋有武，边勋．应用文写作教程及其实训 [M]．北京：北京交通大学出版社，2007.
[11] 张德实．应用文写作 [M]．北京：高等教育出版社，2003.
[12] 徐中玉．应用文写作 [M]．北京：高等教育出版社，2004.
[13] 程超胜．建筑工程应用文写作教程 [M]．武汉：武汉理工大学出版社，2011.
[14] 任志涛．招投标与合同管理 [M]．北京：电子工业出版社，2009.
[15] 王永胜．建设工程招标文件示范文本 [M]．沈阳：东北大学出版社，2002.
[16] 全国监理工程师培训考试教材．建设工程监理相关法规文件汇编 [M]．北京：知识产权出版社，2003.